数学·统计学系列

不等式的秘密

Secrets in Inequalities (volume I)

（第一卷）

（第二版）

[越南] 范建熊 著

隋振林 译

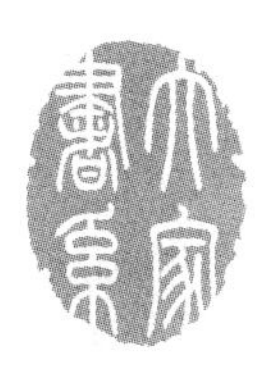

哈爾濱工業大學出版社
HARBIN INSTITUTE OF TECHNOLOGY PRESS

内容简介

本书第Ⅰ部分(1~8章)的内容主要介绍了常用的不等式,如AM-GM不等式、Cauchy-Schwarz不等式、Hölder不等式等,并给出了这些不等式新颖、有趣的证明。通过大量的例子介绍了初等不等式的证明方法和技巧,如Cauchy求反技术、Chebyshev关联技术、平衡系数法、凸函数法和导数等方法。第Ⅱ部分(第9章)是作者收集了近百个国内不等式的典型问题,内容丰富、解答新颖,富有启发性。

本书适合高中以上文化程度的学生、教师、不等式爱好者参考使用,是一本数学奥林匹克有价值的参考资料。

图书在版编目(CIP)数据

不等式的秘密.第1卷/(越)范建熊著;隋振林译.—2版.—哈尔滨:哈尔滨工业大学出版社,2014.2(2024.10重印)

ISBN 978-7-5603-4600-7

Ⅰ.①不… Ⅱ.①范…②隋… Ⅲ.①不等式-普及读物 Ⅳ.①O178-49

中国版本图书馆CIP数据核字(2014)第017361号

策划编辑 刘培杰 张永芹
责任编辑 张永芹 王勇钢
出版发行 哈尔滨工业大学出版社
社 址 哈尔滨市南岗区复华四道街10号 邮编150006
传 真 0451-86414749
网 址 http://hitpress.hit.edu.cn
印 刷 哈尔滨市石桥印务有限公司
开 本 787mm×1092mm 1/16 印张14.25 字数284千字
版 次 2012年2月第1版 2014年2月第2版
2024年10月第10次印刷
书 号 ISBN 978-7-5603-4600-7
定 价 38.00元

(如因印装质量问题影响阅读,我社负责调换)

前言

你手中正捧着这本初级不等式的新书，我们听到你问：“又是一本不等式的书?”用作者的话说，你也许是对的。

现今大量的不等式和不等式技巧出现在各种书籍和竞赛内容中。尝试学习和掌握全部的不等式以及不等式技巧是不可能的，也是没有必要的。本书的主要目的是帮助你理解不等式是如何处理的，以及你如何当场建立自己的方法，而不仅仅记忆那些你已经学会的知识。为了获得和掌握一个实用的不等式，你必须全面掌握不等式的基础知识。本书第Ⅰ部分(1~8章)的内容是为解决第Ⅱ部分(第9章)练习而准备的。自己通过努力解决问题是至关重要的，因为只有通过练习，才能加深理解，尤其是第Ⅱ部分我们提供的问题；关于这一点，本书的目的并不只是展现新颖的解题方法，而是诸多的问题和方法给你最好的练习。

当然，有许多关于不等式方面的书，你或许已经厌倦它们，但我们要告诉你本书不是你想象的那样。只需阅读本书开始部分的 Nesbitt 不等式的证明，你就会明白我们的真正意图。

现在你再读本书,你就会相信我们,你将在本书中找到新的和旧的不等式的新颖的证明,仅此一点就是你阅读本书甚至只是为了看看快速浏览一下的最好的理由。

你将会发现第一个对经典不等式作出奉献的章节:从 AM-GM 不等式和 Cauchy-Schwarz 不等式的派生不等式的使用到 Chebyshev 不等式和重排不等式。你会发现这里有和经典主题相关的最重要和最精彩的内容:对称不等式,凸函数不等式,甚至你很少知道的平衡系数法,作者也将陆续介绍。

可能你认为作出一个严肃的评论很简单。不过,我要强调的是,这些评论在任何一本不等式的书中都很重要。为什么呢?因为它们创造了不等式领域的至少一半以上。更进一步地说,在深层次真正理解它们并不是一件容易的事。这也是本书的第Ⅰ部分的目标,也是这本书的首要目标。

每一个主题都是通过大量的各种例子描述出来的,这些例子来自多个渠道,尤其是世界范围内的数学竞赛内容、最近出版的竞赛书籍,或多或少的互联网的相关网站。这就使得世界各地的学生和老师阅读本书生动有趣。

作者看似非常专注于创造新的不等式,这一点可以在整本书中表现出来;但更多的是在第2章或者本书的结尾部分。证明的每一个步骤都是以易于思考的方式加以叙述,这也来自于作者对不等式的深入理解,也是作者渴望传递给读者的。许多练习是为有兴趣的以及专业解题的人们而准备的,作者建议我们,首先找到自己的解题方法,再来查阅作者的解法。

我们以作者的话来作为结束语:

"不要让问题压倒你,即使是令人印象深刻的问题。学习以上最先提到的五个基本不等式的应用,再加上 Abel 恒等式、对称不等式及其派生的方法。现在轻松对待 AM-GM 不等式(不等式的基石)。"

Mircea Lascu, Marian Tetiva

致谢(略)

缩写和记号

缩写

IMO	国际数学奥林匹克
TST	IMO 选拔考试
APMO	亚洲太平洋地区数学奥林匹克
MO	国家数学奥林匹克
MYM	数学和越南青年杂志
VMEO	竞赛网站 www. diendantoanhoc. net
LHS,RHS	左边,右边
WLOG	不失一般性

记号

$\mathbf{N}$	自然数集
$\mathbf{N}^*$	自然数集,0 除外
$\mathbf{Z}$	整数集
$\mathbf{Z}^+$	正整数集
$\mathbf{R}$	有理数集
$\mathbf{Q}$	实数集
$\mathbf{Q}^+$	正实数集

目录

第Ⅰ部分 基本不等式

第Ⅱ部分

第 I 部分

基本不等式

AM - GM 不等式

第1章

1.1 AM - GM 不等式及应用

定理 1(AM - GM 不等式) 对所有正实数 $a_1, a_2, \cdots, a_n$，下列不等式成立

$$\frac{a_1 + a_2 + \cdots + a_n}{n} \geqslant \sqrt[n]{a_1 a_2 \cdots a_n}$$

当且仅当 $a_1 = a_2 = \cdots = a_n$ 时,等号成立.

证明 当 $n = 2$ 时,不等式显然成立. 如果不等式对 n 个正实数成立,那么它对 $2n$ 个正实数也成立. 这是由于

$$a_1 + a_2 + \cdots + a_{2n} \geqslant n\sqrt[n]{a_1 a_2 \cdots a_n} + n\sqrt[n]{a_{n+1} a_{n+2} \cdots a_{2n}} \geqslant 2n\sqrt[2n]{a_1 a_2 \cdots a_{2n}}$$

因此不等式对 n 是 2 的指数幂形式个正实数是成立的. 假设不等式对 n 成立,我们设

$$a_n = \frac{s}{n-1}, s = a_1 + a_2 + \cdots + a_{n-1}$$

依据归纳假设,我们有

$$s + \frac{s}{n-1} \geqslant n\sqrt[n]{\frac{a_1 a_2 \cdots a_{n-1} \cdot s}{n-1}} \Rightarrow s \geqslant (n-1)\sqrt[n-1]{a_1 a_2 \cdots a_{n-1}}$$

因此,如果不等式对 n 个正实数成立,那么它对 $n-1$ 个正实数成立,由归纳法(Cauchy 归纳)可知,不等式对每一个自然数 n 都是成立的. 当且仅当 $a_1=a_2=\cdots=a_n$ 时,等号成立.

AM - GM 不等式作为一个著名的、应用广泛的定理,在证明不等式方面也是不可缺少的. 下面通过一些著名的不等式来研究它的强大的应用.

案例 1 (Nesbitt 不等式)

(1) 证明对所有非负实数 a,b,c, $\frac{a}{b+c}+\frac{b}{c+a}+\frac{c}{a+b}\geqslant\frac{3}{2}$.

(2) 证明对所有非负实数 a,b,c,d, $\frac{a}{b+c}+\frac{b}{c+d}+\frac{c}{d+a}+\frac{d}{a+b}\geqslant 2$.

证明 (1) 考虑下列表达式

$$S=\frac{a}{b+c}+\frac{b}{c+a}+\frac{c}{a+b}$$

$$M=\frac{b}{b+c}+\frac{c}{c+a}+\frac{a}{a+b}$$

$$N=\frac{c}{b+c}+\frac{a}{c+a}+\frac{b}{a+b}$$

我们有 $M+N=3$,根据 AM - GM 不等式,我们得到

$$M+S=\frac{a+b}{b+c}+\frac{b+c}{c+a}+\frac{c+a}{a+b}\geqslant 3$$

$$N+S=\frac{a+c}{b+c}+\frac{a+b}{c+a}+\frac{b+c}{a+b}\geqslant 3$$

所以 $M+N+2S\geqslant 6$,即有 $2S\geqslant 3\Rightarrow S\geqslant\frac{3}{2}$.

(2) 考虑下列表达式

$$S=\frac{a}{b+c}+\frac{b}{c+d}+\frac{c}{d+a}+\frac{d}{a+b}$$

$$M=\frac{b}{b+c}+\frac{c}{c+d}+\frac{d}{d+a}+\frac{a}{a+b}$$

$$N=\frac{c}{b+c}+\frac{d}{c+d}+\frac{a}{d+a}+\frac{b}{a+b}$$

则 $M+N=4$. 根据 AM - GM 不等式,我们有

$$M+S=\frac{a+b}{b+c}+\frac{b+c}{c+d}+\frac{c+d}{d+a}+\frac{d+a}{a+b}\geqslant 4$$

$$N+S=\frac{a+c}{b+c}+\frac{b+d}{c+d}+\frac{a+c}{d+a}+\frac{b+d}{a+b}=\frac{a+c}{b+c}+\frac{a+c}{d+a}+\frac{b+d}{c+d}+\frac{b+d}{a+b}\geqslant$$
$$\frac{4(a+c)}{a+b+c+d}+\frac{4(b+d)}{a+b+c+d}=4$$

因此，$M+N+2S\geqslant 8$，即$2S\geqslant 4\Rightarrow S\geqslant 2$. 当且仅当$a=b=c=d$或$a=c,b=d=0$或$a=c=0,b=d$.

案例2 （加权AM - GM不等式）

假设$a_1,a_2,\cdots,a_n$是正实数，如果n个非负实数$x_1,x_2,\cdots,x_n$的和为1，则

$$a_1x_1+a_2x_2+\cdots+a_nx_n\geqslant a_1^{x_1}a_2^{x_2}\cdots a_n^{x_n}$$

证明 这个不等式的证明和经典AM - GM不等式的证明是类似的.

在$n=2$的情形，我们必须详细地证明(因为不等式中出现了实数指数). 我们先来证明，如果$x,y\geqslant 0,x+y=1$以及$a,b>0$，则

$$ax+by\geqslant a^xb^y$$

证明这个不等式的最简单的方法是考虑x,y是有理数的情况，至于实数我们可以采用极限的方法来进行. 如果x,y是有理数，设$x=\frac{m}{m+n},y=\frac{n}{m+n}(m,n\in\mathbf{N})$，根据AM - GM不等式，我们有

$$ma+nb\geqslant (m+n)a^{\frac{m}{m+n}}b^{\frac{n}{m+n}}\Rightarrow ax+by\geqslant a^xb^y$$

如果x,y是实数，则存在两个有理数序列$\{r_n\},\{s_n\}(n\geqslant 0,n\in\mathbf{N})$，使得

$$r_n\to x,s_n\to y,r_n+s_n=1$$

于是
$$ar_n+bs_n\geqslant a^{r_n}b^{s_n}$$

或者
$$ar_n+b(1-r_n)\geqslant a^{r_n}b^{1-r_n}$$

取极限，令$n\to+\infty$，我们有

$$ax+by\geqslant a^xb^y$$

尽管AM - GM不等式非常简单，但它在数学竞赛中的不等式证明方面扮演着重要的角色. 用下面的一些例子来帮助你熟悉这个重要的不等式.

例1.1.1 设$a,b,c>0$且$a+b+c=3$，证明

$$\sqrt{a}+\sqrt{b}+\sqrt{c}\geqslant ab+bc+ca$$

证明 注意到恒等式

$$2(ab+bc+ca)=(a+b+c)^2-(a^2+b^2+c^2)$$

则该不等式等价于

$$\sum_{cyc}a^2+2\sum_{cyc}\sqrt{a}\geqslant 9$$

由AM - GM不等式，我们有

$$\sum_{cyc}a^2+2\sum_{cyc}\sqrt{a}=\sum_{cyc}(a^2+\sqrt{a}+\sqrt{a})\geqslant 3\sum_{cyc}a=9$$

所以，不等式成立.

例1.1.2(IMO Shortlist 1998) 设$x,y,z>0$，且$xyz=1$，证明

$$\frac{x^3}{(1+y)(1+z)}+\frac{y^3}{(1+z)(1+x)}+\frac{z^3}{(1+x)(1+y)}\geqslant\frac{3}{4}$$

证明　利用 AM - GM 不等式,我们有

$$\frac{x^3}{(1+y)(1+z)}+\frac{1+y}{8}+\frac{1+z}{8}\geqslant\frac{3x}{4}$$

因此

$$\sum_{\text{cyc}}\frac{x^3}{(1+y)(1+z)}+\frac{1}{4}\sum_{\text{cyc}}(1+x)\geqslant\sum_{\text{cyc}}\frac{3x}{4}\Rightarrow\sum_{\text{cyc}}\frac{x^3}{(1+y)(1+z)}\geqslant$$

$$\frac{1}{4}\sum_{\text{cyc}}(2x-1)\geqslant\frac{3}{4}$$

当 $x=y=z=1$ 时,等号成立.

例 1.1.3(APMO 1998)　设 $x,y,z>0$,证明

$$\left(1+\frac{x}{y}\right)\left(1+\frac{y}{z}\right)\left(1+\frac{z}{x}\right)\geqslant 2+\frac{2(x+y+z)}{\sqrt[3]{xyz}}$$

证明　不等式整理之后等价于

$$\frac{x}{y}+\frac{y}{z}+\frac{z}{x}\geqslant\frac{x+y+z}{\sqrt[3]{xyz}}$$

由 AM - GM 不等式,我们有

$$3\left(\frac{x}{y}+\frac{y}{z}+\frac{z}{x}\right)=\left(\frac{2x}{y}+\frac{y}{z}\right)+\left(\frac{2y}{z}+\frac{z}{x}\right)+\left(\frac{2z}{x}+\frac{x}{y}\right)\geqslant$$

$$\frac{3x}{\sqrt[3]{xyz}}+\frac{3y}{\sqrt[3]{xyz}}+\frac{3z}{\sqrt[3]{xyz}}$$

即

$$\frac{x}{y}+\frac{y}{z}+\frac{z}{x}\geqslant\frac{x+y+z}{\sqrt[3]{xyz}}$$

例 1.1.4　设 $a,b,c,d>0$,证明

$$16(abc+bcd+cda+dab)\leqslant(a+b+c+d)^3$$

证明　应用 AM - GM 不等式,我们得到

$$\begin{aligned}&16(abc+bcd+cda+dab)=16ab(c+d)+16cd(a+b)\leqslant\\&4(a+b)^2(c+d)+4(c+d)^2(a+b)=\\&4(a+b+c+d)(a+b)(c+d)\leqslant\\&(a+b+c+d)^3\end{aligned}$$

当且仅当 $a=b=c=d$ 时,成立等号.

例 1.1.5(Pham Kim Hung)　设 a,b,c 是周长为 3 的三角形的三边长,证明

$$\frac{1}{\sqrt{a+b-c}}+\frac{1}{\sqrt{b+c-a}}+\frac{1}{\sqrt{c+a-b}}\geqslant\frac{9}{ab+bc+ca}$$

证明　设 $x=\sqrt{b+c-a}$, $y=\sqrt{c+a-b}$, $z=\sqrt{a+b-c}$,我们有 $x^2+y^2+z^2=3$.

不等式变为

$$\frac{1}{x}+\frac{1}{y}+\frac{1}{z}\geqslant\frac{36}{9+x^2y^2+y^2z^2+z^2x^2}$$

又设 $m=xy,n=yz,p=zx$,则上述不等式等价于

$$(m+n+p)(m^2+n^2+p^2+9)\geqslant 36\sqrt{mnp}$$

由 AM - GM 不等式,我们有

$$m+n+p\geqslant 3\sqrt[3]{mop}$$

$$m^2+n^2+p^2+9=m^2+n^2+p^2+1+\cdots+1\geqslant$$

$$12\sqrt[12]{m^2\cdot n^2\cdot p^2\cdot 1\cdot\cdots\cdot 1}=12\sqrt[6]{mnp}$$

两式相乘即得

$$(m+n+p)(m^2+n^2+p^2+9)\geqslant 36\sqrt{mnp}$$

所以,原不等式成立.

例 1.1.6(Phan Thanh Nam) 设 $a_1,a_2,\cdots,a_n$ 是正实数,且满足 $a_i\in[0,i],i\in\{1,2,\cdots,n\}$,证明

$$2^na_1(a_1+a_2)\cdots(a_1+a_2+\cdots+a_n)\geqslant(n+1)a_1^2a_2^2\cdots a_n^2$$

证明 根据 AM - GM 不等式,我们有

$$a_1+a_2+\cdots+a_k=1\cdot\left(\frac{a_1}{1}\right)+2\cdot\left(\frac{a_2}{2}\right)+\cdots+k\cdot\left(\frac{a_k}{k}\right)\geqslant$$

$$\frac{k(k+1)}{2}\left(\frac{a_1}{1}\right)^{\frac{2}{k(k+1)}}\cdot\left(\frac{a_2}{2}\right)^{\frac{4}{k(k+1)}}\cdots\left(\frac{a_k}{k}\right)^{\frac{2k}{k(k+1)}}$$

将上述不等式对于 $k\in\{1,2,\cdots,n\}$,相乘,我们有

$$\prod_{k=1}^{n}(a_1+a_2+\cdots+a_k)\geqslant\prod_{k=1}^{n}\left(\frac{k(k+1)}{2}\prod_{i=1}^{k}\left(\frac{a_i}{i}\right)^{\frac{2i}{k(k+1)}}\right)=$$

$$\frac{n!\ (n+1)!}{2^n}\prod_{i=1}^{n}\left(\frac{a_i}{i}\right)^{c_i}$$

这里的指数 c_i 由下式确定

$$c_i=2i\left[\frac{1}{i(i+1)}+\frac{1}{(i+1)(i+2)}+\cdots+\frac{1}{n(n+1)}\right]=2i\left(\frac{1}{i}-\frac{1}{n+1}\right)\leqslant 2$$

这是由于 $a_i\leqslant i,i\in\{1,2,\cdots,n\},\left(\frac{a_i}{i}\right)^{c_i}\geqslant\left(\frac{a_i}{i}\right)^2$. 因此

$$a_1(a_1+a_2)\cdots(a_1+a_2+\cdots+a_n)\geqslant\frac{n!\ (n+1)!}{2^n}\prod_{i=1}^{n}\left(\frac{a_i}{i}\right)^2=$$

$$\frac{n+1}{2^n}a_1^2a_2^2\cdots a_n^2$$

当且仅当 $a_i=i(i=1,2,\cdots,n)$ 时,成立等号.

例 1.1.7(USA MO 1998)　设 a,b,c 是正实数,证明

$$\frac{1}{a^3+b^3+abc}+\frac{1}{b^3+c^3+abc}+\frac{1}{c^3+a^3+abc}\leqslant\frac{1}{abc}$$

证明　注意到 $a^3+b^3\geqslant ab(a+b)$,所以

$$\frac{abc}{a^3+b^3+abc}\leqslant\frac{abc}{ab(a+b)+abc}=\frac{c}{a+b+c}$$

类似地可得另外两个不等式,并将它们相加,我们有

$$\frac{abc}{a^3+b^3+abc}+\frac{abc}{b^3+c^3+abc}+\frac{abc}{c^3+a^3+abc}\leqslant 1$$

所以,原不等式成立.

注意　IMO Shortlist 1996 类似的问题.

设 x,y,z 是积为 1 的三个正数,证明

$$\frac{xy}{x^5+xy+y^5}+\frac{yz}{y^5+yz+z^5}+\frac{zx}{z^5+zx+x^5}\leqslant 1$$

例 1.1.8　如果 $x_1,x_2,\cdots,x_n>0$,且满足 $\frac{1}{1+x_1}+\frac{1}{1+x_2}+\cdots+\frac{1}{1+x_n}=1$,证明

$$x_1x_2\cdots x_n\geqslant(n-1)^n$$

证明　所给条件变形为

$$\frac{1}{1+x_1}+\frac{1}{1+x_2}+\cdots+\frac{1}{1+x_{n-1}}=\frac{x_n}{1+x_n}$$

应用 AM - GM 不等式,我们有

$$\frac{x_n}{1+x_n}\geqslant\frac{n-1}{\sqrt[n-1]{(1+x_1)(1+x_2)\cdots(1+x_{n-1})}}$$

类似地可得其他 $n-1$ 个不等式,并将它们相乘,即得所证不等式.

例 1.1.9　设 x,y,z 是正数,且满足 $x^5+y^5+z^5=3$,证明

$$\frac{x^4}{y^3}+\frac{y^4}{z^3}+\frac{z^4}{x^3}\geqslant 3$$

证明　注意到

$$(x^5+y^5+z^5)^2=x^{10}+2x^5y^5+y^{10}+2y^5z^5+z^{10}+2z^5x^5=9$$

从这个形式,我们利用 AM - GM 不等式,可得

$$10\cdot\frac{x^4}{y^3}+6x^5y^5+3x^{10}=\underbrace{\frac{x^4}{y^3}+\cdots+\frac{x^4}{y^3}}_{10}+\underbrace{x^5y^5+\cdots+x^5y^5}_{6}+x^{10}+x^{10}+x^{10}\geqslant 19x^{\frac{100}{19}}$$

类似地,可得

$$10\cdot\frac{y^4}{z^3}+6y^5z^5+3y^{10}\geqslant 19y^{\frac{100}{19}}$$

$$10\cdot\frac{z^4}{x^3}+6z^5x^5+3z^{10}\geqslant 19z^{\frac{100}{19}}$$

将上述三个不等式相加,我们有

$$10\left(\frac{x^4}{y^3}+\frac{y^4}{z^3}+\frac{z^4}{x^3}\right)+3(x^5+y^5+z^5)^2\geqslant 19(x^{\frac{100}{19}}+y^{\frac{100}{19}}+z^{\frac{100}{19}})$$

于是,只需证明下列不等式

$$x^{\frac{100}{19}}+y^{\frac{100}{19}}+z^{\frac{100}{19}}\geqslant x^5+y^5+z^5$$

而这是成立的. 事实上

$$(x^5+y^5+z^5)+19\sum_{cyc}x^{\frac{100}{19}}=3+19\sum_{cyc}x^{\frac{100}{19}}=\sum_{cyc}(1+19x^{\frac{100}{19}})\geqslant 20\sum_{cyc}x^5$$

例 1.1.10(Mathlinks Contest)　设 $a,b,c>0,abc=1$,证明

$$\sqrt{\frac{a+b}{a+1}}+\sqrt{\frac{b+c}{b+1}}+\sqrt{\frac{c+a}{c+1}}\geqslant 3$$

证明　由 AM - GM 不等式,我们有

$$\text{LHS}\geqslant 3\sqrt[3]{\sqrt{\frac{a+b}{a+1}}\cdot\sqrt{\frac{b+c}{b+1}}\cdot\sqrt{\frac{c+a}{c+1}}}=3\sqrt[6]{\frac{(a+b)(b+c)(c+a)}{(a+1)(b+1)(c+1)}}$$

于是,我们只需证明

$$(a+b)(b+c)(c+a)\geqslant(a+1)(b+1)(c+1)\qquad(*)$$

由于 $abc=1$,所以式($*$)等价于

$$ab(a+b)+bc(b+c)+ca(c+a)\geqslant a+b+c+ab+bc+ca$$

根据 AM - GM 不等式,我们有

$$2\text{LHS}+\sum_{cyc}ab=\sum_{cyc}(a^2b+a^2b+a^2c+a^2c+bc)\geqslant 5\sum_{cyc}a$$

$$2\text{LHS}+\sum_{cyc}a=\sum_{cyc}(a^2b+a^2b+b^2a+b^2a+c)\geqslant 5\sum_{cyc}ab$$

由此

$$4\text{LHS}+\sum_{cyc}ab+\sum_{cyc}ab\geqslant 5\sum_{cyc}a+5\sum_{cyc}ab\Rightarrow 4\text{LHS}\geqslant 4\sum_{cyc}a+4\sum_{cyc}ab=4\text{RHS}$$

所以,原不等式成立. 当且仅当 $a=b=c=1$,等号成立.

例 1.1.11　设 a,b,c 是某三角形的三边长,证明

$$(a+b-c)^a(b+c-a)^b(c+a-b)^c\leqslant a^ab^bc^c$$

证明　由加权 AM - GM 不等式,我们有

$$\left(\frac{a+b-c}{a}\right)^{\frac{a}{a+b+c}}\cdot\left(\frac{b+c-a}{b}\right)^{\frac{b}{a+b+c}}\cdot\left(\frac{c+a-b}{c}\right)^{\frac{c}{a+b+c}}\leqslant$$

$$\frac{a}{a+b+c}\cdot\frac{a+b-c}{a}+\frac{b}{a+b+c}\cdot\frac{b+c-a}{b}+\frac{c}{a+b+c}\cdot\frac{c+a-b}{c}=1$$

整理即得

$$(a+b-c)^a(b+c-a)^b(c+a-b)^c \leqslant a^a b^b c^c$$

当且仅当 $a=b=c$ 时,成立等号.

例 1.1.12 设 $a,b,c \geqslant 0, a+b+c=2$,证明

$$a^2b^2+b^2c^2+c^2a^2 \leqslant 1$$

证明 由恒等式

$$(ab+bc+ca)(a^2+b^2+c^2)=$$
$$ab(a^2+b^2)+bc(b^2+c^2)+ca(c^2+a^2)+abc(a+b+c)$$

我们有

$$(ab+bc+ca)(a^2+b^2+c^2) \geqslant ab(a^2+b^2)+bc(b^2+c^2)+ca(c^2+a^2) \geqslant$$
$$2(a^2b^2+b^2c^2+c^2b^2) \tag{1}$$

利用 AM - GM 不等式,以及

$$a^2+b^2+c^2+2(ab+bc+ca)=(a+b+c)^2=4$$

我们有

$$2(ab+bc+ca)(a^2+b^2+c^2) \leqslant \left(\frac{2(ab+bc+ca)+(a^2+b^2+c^2)}{2}\right)^2 \leqslant 4$$

即

$$(ab+bc+ca)(a^2+b^2+c^2) \leqslant 2 \tag{2}$$

由式(1),(2) 即得

$$a^2b^2+b^2c^2+c^2a^2 \leqslant 1$$

当且仅当 $a=b=1, c=0$ 或其循环排列时,等号成立.

例 1.1.13 设 $a,b,c,d>0$,证明

$$\frac{1}{a^2+ab}+\frac{1}{b^2+bc}+\frac{1}{c^2+cd}+\frac{1}{d^2+da} \geqslant \frac{4}{ac+bd}$$

证明 注意到

$$\frac{ac+bd}{a^2+ab}=\frac{a^2+ab+ac+bd}{a^2+ab}-1=\frac{a(a+c)+b(d+a)}{a(a+b)}-1=$$
$$\frac{a+c}{a+b}+\frac{b(d+a)}{a(a+b)}-1$$

根据 AM - GM 不等式,我们得到

$$(ac+bd)\sum_{\text{cyc}}\frac{1}{a^2+ab}=\sum_{\text{cyc}}\frac{a+c}{a+b}+\sum_{\text{cyc}}\frac{b(d+a)}{a(a+b)}-4 \geqslant \sum_{\text{cyc}}\frac{a+c}{a+b}$$

此外

$$\sum_{\text{cyc}}\frac{a+c}{a+b}=(a+c)\left(\frac{1}{a+b}+\frac{1}{c+d}\right)+(b+d)\left(\frac{1}{b+c}+\frac{1}{d+a}\right) \geqslant$$
$$\frac{4(a+c)}{a+b+c+d}+\frac{4(b+d)}{a+b+c+d}=4$$

当且仅当 $a=b=c=d$ 时,等号成立.

例 1.1.14 设 $a,b,c,d,e\geqslant 0$,且 $a+b+c+d+e=5$,证明

$$abc+bcd+cde+dea+eab\leqslant 5$$

证明 不失一般性,我们设 $e=\min(a,b,c,d,e)$.

根据 AM - GM 不等式,我们有

$$abc+bcd+cde+dea+eab=e(a+c)(b+d)+bc(a+d-e)\leqslant$$

$$e\left(\frac{a+b+c+d}{2}\right)^2+\left(\frac{b+c+a+d-e}{3}\right)^3=\frac{e(5-e)^2}{4}+\frac{(5-2e)^3}{27}$$

因此,只需证明

$$\frac{e(5-e)^2}{4}+\frac{(5-2e)^3}{27}\leqslant 5$$

这是成立的,可由 $(e-1)^2(e+8)\geqslant 0$ 推出.

例 1.1.15(Pham Kim Hung) 设 $a,b,c,d>0$,证明

$$\left(\frac{1}{a}+\frac{1}{b}+\frac{1}{c}+\frac{1}{d}\right)^2\geqslant\frac{1}{a^2}+\frac{4}{a^2+b^2}+\frac{9}{a^2+b^2+c^2}+\frac{16}{a^2+b^2+c^2+d^2}$$

证明 我们来证明

$$\frac{1}{b^2}+\frac{1}{c^2}+\frac{1}{d^2}+\sum_{\text{sym}}\frac{2}{ab}\geqslant\frac{4}{a^2+b^2}+\frac{9}{a^2+b^2+c^2}+\frac{16}{a^2+b^2+c^2+d^2}$$

由 AM - GM 不等式,我们有

$$\frac{2}{ab}\geqslant\frac{4}{a^2+b^2}$$

$$\frac{2}{ac}+\frac{2}{bc}\geqslant\frac{8}{ac+bc}\geqslant\frac{8}{a^2+b^2+c^2}$$

$$\frac{1}{b^2}+\frac{1}{c^2}\geqslant\frac{4}{b^2+c^2}\geqslant\frac{1}{b^2+c^2+a^2}$$

$$\frac{2}{ad}+\frac{2}{bd}+\frac{2}{cd}\geqslant\frac{18}{ad+bd+cd}\geqslant\frac{16}{a^2+b^2+c^2+d^2}$$

将上述不等式相加,即得所要证明的不等式.

注意 (1) 使用类似的方法,我们可以证明 5 个变量的类似的不等式. 为此,我们有

$$a^2+b^2+c^2+d^2+e^2=\left(a^2+\frac{e^2}{4}\right)+\left(b^2+\frac{e^2}{4}\right)+\left(c^2+\frac{e^2}{4}\right)+\left(d^2+\frac{e^2}{4}\right)\geqslant$$

$$ae+be+ce+de$$

(2) 本题不等式加强为

$$\left(\frac{1}{a}+\frac{1}{b}+\frac{1}{c}+\frac{1}{d}\right)^2\geqslant\frac{1}{a^2}+\frac{4}{a^2+b^2}+\frac{12}{a^2+b^2+c^2}+\frac{18}{a^2+b^2+c^2+d^2}$$

(3) 猜想:设 $a_1,a_2,\cdots,a_n>0$,证明或否定

$$\left(\frac{1}{a_1}+\frac{1}{a_2}+\cdots+\frac{1}{a_n}\right)^2 \geqslant \frac{1}{a_1^2}+\frac{4}{a_1^2+a_2^2}+\cdots+\frac{n^2}{a_1^2+a_2^2+\cdots+a_n^2}$$

例 1.1.16(IMO 2006)　求不等式

$$|ab(a^2-b^2)+bc(b^2-c^2)+ca(c^2-a^2)| \leqslant M(a^2+b^2+c^2)^2$$

对所有实数 a,b,c 都成立的最小的 M 值.

解　记 $x=a-b, y=b-c, z=c-a, s=a+b+c$,则不等式可以写成如下形式

$$9|sxyz| \leqslant M(s^2+x^2+y^2+z^2)^2$$

其中,s,x,y,z 是任意实数,且满足 $x+y+z=0$.

事实上,s 是一个独立变量. 首先我们来考察 xyz 和 $x^2+y^2+z^2$ 之间的关系. 由于 $x+y+z=0$,很显然,x,y,z 中有两个变量的符号相同,不妨设为 x,y,因此假定 $x,y \geqslant 0$($x,y \leqslant 0$ 类似可证). 由 AM - GM 不等式,我们有

$$|sxyz| = |sxy(x+y)| \leqslant |s| \cdot \frac{(x+y)^3}{4} \tag{1}$$

等号当 $x=y$ 时成立. 设 $t=x+y$,再次应用 AM - GM 不等式,我们有

$$2s^2t^6 = 2s^2 \cdot t^2 \cdot t^2 \cdot t^2 \leqslant \frac{(2s^2+3t^2)^4}{4^4}$$

于是

$$4\sqrt{2}|s|t^3 \leqslant \left(s^2+\frac{3}{2}t^2\right)^2 \leqslant (s^2+x^2+y^2+z^2)^2 \tag{2}$$

结合式(1),(2),我们得到

$$|sxyz| \leqslant \frac{1}{16\sqrt{2}}(s^2+x^2+y^2+z^2)^2$$

这就意味着 $M \geqslant \frac{9\sqrt{2}}{32}$. 为证明 $M=\frac{9\sqrt{2}}{32}$ 是最好的常数,我们必须求出 (s,x,y,z),即 (a,b,c),经简单的计算,得到等号成立的值为

$$(a,b,c)=\left(1-\frac{3}{\sqrt{2}},1,1+\frac{3}{\sqrt{2}}\right)$$

使用 AM - GM 不等式的重要的原则是选择合适的系数满足等号成立的条件. 例如,在例 1.1.2 中,使用下列形式的 AM - GM 不等式是错误的(因为等号不成立)

$$\frac{x^3}{(1+y)(1+z)}+(y+1)+(z+1) \geqslant 3x$$

对于每个问题,为 AM - GM 不等式给出一个固定的形式是很困难的. 这取决于你的智慧,但是寻找等号成立的条件是可以帮助我们做到这一点的. 例如,在上面的问题中,猜测到等号成立的条件是 $x=y=z=1$,为了使各个项相等,我

们就选择系数$\frac{1}{8}$

$$\frac{x^3}{(1+y)(1+z)}+\frac{y+1}{8}+\frac{z+1}{8}\geqslant\frac{3x}{4}$$

变量相等使等号成立的这样的问题,在使用 AM - GM 不等式之前是很容易确定的. 对非对称问题,这个方法需要有一定的灵活性(参见例 1.1.13, 1.1.14 和 1.1.16). 有时你需要建立方程组并求出等号成立的条件(这个方法称为“平衡系数法”,这部分内容将在第 6 章中讨论).

1.2 Cauchy 求反技术

在本节中,我们将 AM - GM 不等式关联到一个特别的技术,称为 Cauchy 求反技术. 出乎意料的简单,而且十分有效,是这一技术的特殊优势. 下面的例子体现了这种优势.

例 1.2.1(Bulgaria TST 2003) 设 $a,b,c>0,a+b+c=3$,证明

$$\frac{a}{1+b^2}+\frac{b}{1+c^2}+\frac{c}{1+a^2}\geqslant\frac{3}{2}$$

证明 事实上,直接对分母使用 AM - GM 不等式是不行的,因为不等式改变了方向,即

$$\frac{a}{1+b^2}+\frac{b}{1+c^2}+\frac{c}{1+a^2}\leqslant\frac{a}{2b}+\frac{b}{2c}+\frac{c}{2a}\geqslant\frac{3}{2}?!$$

但是,我们可以以另外的形式使用 AM - GM 不等式

$$\frac{a}{1+b^2}=a-\frac{ab^2}{1+b^2}\geqslant a-\frac{ab^2}{2b}=a-\frac{ab}{2}$$

这样,不等式变成

$$\sum_{cyc}\frac{a}{1+b^2}\geqslant\sum_{cyc}a-\frac{1}{2}\sum_{cyc}ab\geqslant\frac{3}{2}$$

这是由于 $3(\sum_{cyc}ab)\leqslant(\sum_{cyc}a)^2=9$. 当且仅当 $a=b=c=1$ 时等号成立.

注意 使用类似的方法可以证明下列结果.

设 a,b,c,d 是正实数,且 $a+b+c+d=4$,证明

$$\frac{a}{1+b^2}+\frac{b}{1+c^2}+\frac{c}{1+d^2}+\frac{d}{1+a^2}\geqslant 2$$

这个解法似乎像变魔术,AM - GM 不等式应用的两个类似的方法,带来了两个不同的解法,一个是错误的,另一个是正确的. 这种神奇出现在哪里呢? 这不足为奇,这一切来自一个分式的不同的表示形式

$$\frac{a}{1+b^2}=a-\frac{ab^2}{1+b^2}$$

使用分式$\frac{ab^2}{1+b^2}$前面的减号,我们可以对分母$1+b^2$使用AM - GM不等式而不改变不等式的方向. 改变一个表达式的符号到另一个表达式,然后估计第二个表达式,是这种技术的关键所在.

例 1.2.2(Pham Kim Hung) 设$a,b,c,d>0,a+b+c+d=4$,证明

$$\frac{a}{1+b^2c}+\frac{b}{1+c^2d}+\frac{c}{1+d^2a}+\frac{d}{1+a^2b}\geqslant 2$$

证明 根据AM - GM不等式,我们有

$$\frac{a}{1+b^2c}=a-\frac{ab^2c}{1+b^2c}\geqslant a-\frac{ab^2c}{2b\sqrt{c}}=a-\frac{ab\sqrt{c}}{2}=a-\frac{b\sqrt{a\cdot ac}}{2}\geqslant$$

$$a-\frac{b(a+ac)}{4}$$

依据这个估计式,我们有

$$\sum_{\text{cyc}}\frac{a}{1+b^2c}\geqslant\sum_{\text{cyc}}a-\frac{1}{4}\sum_{\text{cyc}}ab-\frac{1}{4}\sum_{\text{cyc}}abc$$

再次使用AM - GM不等式,很容易得到

$$\sum_{\text{cyc}}ab\leqslant\frac{1}{4}\left(\sum_{\text{cyc}}a\right)^2=4,\sum_{\text{cyc}}abc\leqslant\frac{1}{16}\left(\sum_{\text{cyc}}a\right)^3=4$$

因此

$$\frac{a}{1+b^2c}+\frac{b}{1+c^2d}+\frac{c}{1+d^2a}+\frac{d}{1+a^2b}\geqslant a+b+c+d-2=2$$

例 1.2.3 设$a,b,c>0$,证明

$$\frac{a^3}{a^2+b^2}+\frac{b^3}{b^2+c^2}+\frac{c^3}{c^2+d^2}+\frac{d^3}{d^2+a^2}\geqslant\frac{a+b+c+d}{2}$$

证明 我们有下列估计式

$$\frac{a^3}{a^2+b^2}=a-\frac{ab^2}{a^2+b^2}\geqslant a-\frac{ab^2}{2ab}=a-\frac{b}{2}$$

注意 本题关于4个变量的类似结果

$$\frac{a^4}{a^3+2b^3}+\frac{b^4}{b^3+2c^3}+\frac{c^4}{c^3+2d^3}+\frac{d^4}{d^3+2a^4}\geqslant\frac{a+b+c+d}{3}$$

例 1.2.4 设$a,b,c>0,a+b+c=3$,证明

$$\frac{a^2}{a+2b^2}+\frac{b^2}{b+2c^2}+\frac{c^2}{c+2a^2}\geqslant 1$$

证明 根据AM - GM不等式我们有下列估计式

$$\frac{a^2}{a+2b^2}=a-\frac{2ab^2}{a+2b^2}\geqslant a-\frac{2ab^2}{3\sqrt[3]{ab^4}}=a-\frac{2(ab)^{\frac{2}{3}}}{3}$$

这就意味着

$$\sum_{cyc}\frac{a^2}{a+2b^2}\geqslant\sum_{cyc}a-\frac{2}{3}\sum_{cyc}(ab)^{\frac{2}{3}}$$

于是,只需证明

$$(ab)^{\frac{2}{3}}+(bc)^{\frac{2}{3}}+(ca)^{\frac{2}{3}}\leqslant 3$$

由 AM - GM 不等式,我们即得结果,因为

$$\left(\sum_{cyc}a\right)^2=\frac{2}{3}\left(\sum_{cyc}a\right)^2+\frac{1}{3}\left(\sum_{cyc}a\right)^2\geqslant 2\sum_{cyc}a+\sum_{cyc}ab=$$
$$\sum_{cyc}(a+a+ab)\geqslant 3\sum_{cyc}(ab)^{\frac{2}{3}}$$

注意 当我们把条件 $a+b+c=3$ 改成 $ab+bc+ca=3$ 或者 $\sqrt{a}+\sqrt{b}+\sqrt{c}=3$ 时,不等式依然成立(第二个条件的情形稍微有些困难),这些问题留给读者,这里就不给出解答了.

例 1.2.5 设 $a,b,c>0,a+b+c=3$,证明

$$\frac{a^2}{a+2b^3}+\frac{b^2}{b+2c^3}+\frac{c^2}{c+2a^3}\geqslant 1$$

证明 使用例 1.2.4 同样的技术,我们只需证明

$$b\sqrt[3]{a^2}+c\sqrt[3]{b^2}+a\sqrt[3]{c^2}\leqslant 3$$

根据 AM - GM 不等式,我们有

$$3\sum_{cyc}a\geqslant\sum_{cyc}a+2\sum_{cyc}ab=\sum_{cyc}(a+ac+ac)\geqslant 3\sum_{cyc}a\sqrt[3]{c^2}$$

等号,当且仅当 $a=b=c=1$ 时成立.

例 1.2.6 设 $a,b,c>0,a+b+c=3$,证明

$$\frac{a+1}{b^2+1}+\frac{b+1}{c^2+1}+\frac{c+1}{a^2+1}\geqslant 3$$

证明 我们使用下列估计式

$$\frac{a+1}{b^2+1}=a+1-\frac{b^2(a+1)}{b^2+1}\geqslant a+1-\frac{b^2(a+1)}{2b}=a+1-\frac{ab+b}{2}$$

关于 a,b,c 类似的结果相加,我们有

$$\sum_{cyc}\frac{a+1}{b^2+1}\geqslant 3+\frac{1}{2}\sum_{cyc}a-\frac{1}{2}\sum_{cyc}ab\geqslant 3$$

注意 下面是四变量的类似的问题.

(1) 设 $a,b,c,d>0,a+b+c+d=4$,证明

$$\frac{a+1}{b^2+1}+\frac{b+1}{c^2+1}+\frac{c+1}{d^2+1}+\frac{d+1}{a^2+1}\geqslant 4$$

(2) 设 $a,b,c,d>0$，$a+b+c+d=4$，证明

$$\frac{1}{a^2+1}+\frac{1}{b^2+1}+\frac{1}{c^2+1}+\frac{1}{d^2+1}\geqslant 2$$

例 1.2.7 设 $a,b,c>0$，$a+b+c=3$，证明

$$\frac{1}{1+2b^2c}+\frac{1}{1+2c^2a}+\frac{1}{1+2a^2b}\geqslant 1$$

证明 我们使用下列估计式

$$\frac{1}{1+2b^2c}=1-\frac{2b^2c}{1+2b^2c}\geqslant 1-\frac{2\sqrt[3]{b^2c}}{3}\geqslant 1-\frac{2(2b+c)}{9}$$

例 1.2.8(Pham Kim Hung) 设 $a,b,c,d\geqslant 0$，$a+b+c+d=4$，证明

$$\frac{1+ab}{1+b^2c^2}+\frac{1+bc}{1+c^2d^2}+\frac{1+cd}{1+d^2a^2}+\frac{1+da}{1+a^2b^2}\geqslant 4$$

证明 应用 AM - GM 不等式，我们有

$$\frac{1+ab}{1+b^2c^2}=(1+ab)-\frac{(1+ab)b^2c^2}{1+b^2c^2}\geqslant 1+ab-\frac{1}{2}(1+ab)bc$$

类似的结果相加，我们有

$$\sum_{\text{cyc}}\frac{1+ab}{1+b^2c^2}\geqslant 4+\sum_{\text{cyc}}ab-\frac{1}{2}\sum_{\text{cyc}}bc(1+ab)=4+\frac{1}{2}\Big(\sum_{\text{cyc}}ab-\sum_{\text{cyc}}ab^2c\Big)$$

于是，只需证明

$$ab+bc+cd+da\geqslant ab^2c+bc^2d+cd^2a+da^2b$$

应用类似的结果

$$xy+yz+zt+tx\leqslant\frac{1}{4}(x+y+z+t)^2$$

我们得到

$$(ab+bc+cd+da)^2\geqslant 4(ab^2c+bc^2d+cd^2a+da^2b)$$
$$16=(a+b+c+d)^2\geqslant 4(ab+bc+cd+da)$$

将上述不等式相乘，即得结果. 等号成立的条件是：$a=b=c=d=1$ 或者 $a=c=0$(b,d 任意) 或者 $b=d=0$(a,c 任意).

例 1.2.9(Pham Kim Hung) 设 $a,b,c>0$，$a^2+b^2+c^2=3$，证明

$$\frac{1}{a^3+2}+\frac{1}{b^3+2}+\frac{1}{c^3+2}\geqslant 1$$

证明 根据 AM - GM 不等式，我们有

$$\sum_{\text{cyc}}\frac{1}{a^3+2}=\frac{3}{2}-\frac{1}{2}\sum_{\text{cyc}}\frac{a^3}{a^3+1+1}\geqslant\frac{3}{2}-\frac{1}{2}\sum_{\text{cyc}}\frac{a^3}{3a}=1$$

第2章 Cauchy - Schwarz 和 Hölder 不等式

2.1 Cauchy - Schwarz 不等式及应用

定理 2(Cauchy - Schwarz 不等式) 设$(a_1, a_2, \cdots, a_n)$和$(b_1, b_2, \cdots, b_n)$是两个实数列,我们有

$$(a_1^2 + a_2^2 + \cdots + a_n^2)(b_1^2 + b_2^2 + \cdots + b_n^2) \geqslant (a_1 b_1 + a_2 b_2 + \cdots + a_n b_n)^2$$

等号成立的条件是当且仅当$(a_1, a_2, \cdots, a_n)$和$(b_1, b_2, \cdots, b_n)$对应成比例(即存在实数k满足$a_i = kb_i, i = 1, 2, \cdots, n$).

证明 我将给出这个定理的流行的证法.

第一个证明(使用二次型) 考察下列函数

$$f(x) = (a_1 x - b_1)^2 + (a_2 x - b_2)^2 + \cdots + (a_n x - b_n)^2$$

整理得

$$f(x) = (a_1^2 + a_2^2 + \cdots + a_n^2)x^2 - 2(a_1 b_1 + a_2 b_2 + \cdots + a_n b_n)x + (b_1^2 + b_2^2 + \cdots + b_n^2)$$

因为$f(x) \geqslant 0, \forall x \in \mathbf{R}$,所以判别式$\Delta_f \leqslant 0$即

$$(a_1^2 + a_2^2 + \cdots + a_n^2)(b_1^2 + b_2^2 + \cdots + b_n^2) \geqslant (a_1 b_1 + a_2 b_2 + \cdots + a_n b_n)^2$$

如果方程$f(x)=0$至少有一个实根，等号成立，即$(a_1,a_2,\cdots,a_n)$和$(b_1,b_2,\cdots,b_n)$对应成比例.

第二个证明(使用恒等式) 下列恒等式称为Cauchy - Schwarz展开式. 由它可以立即得到Cauchy - Schwarz不等式

$$(a_1^2+a_2^2+\cdots+a_n^2)(b_1^2+b_2^2+\cdots+b_n^2)-(a_1b_1+a_2b_2+\cdots+a_nb_n)^2=\sum_{i,j=1}^{n}(a_ib_j-a_jb_i)^2$$

第三个证明(使用AM - GM不等式) 是用来证明Hölder不等式的. 注意到，根据AM - GM不等式，我们有

$$\frac{a_i^2}{a_1^2+a_2^2+\cdots+a_n^2}+\frac{b_i^2}{b_1^2+b_2^2+\cdots+b_n^2}\geqslant\frac{2|a_ib_i|}{\sqrt{(a_1^2+a_2^2+\cdots+a_n^2)(b_1^2+b_2^2+\cdots+b_n^2)}}$$

令$i=1,2,\cdots,n$，将上述不等式相加，即得.

哪个是基本不等式？通常的回答是AM - GM不等式. 最原始的基本不等式是什么？

我倾向于Cauchy - Schwarz不等式. 为什么？因为Cauchy - Schwarz不等式在证明对称不等式尤其是三变量的不等式，它经常会给出漂亮的解答. 下面的推论将给出它的大量应用.

推论1(Schwarz不等式) 对任意两个实数列$(a_1,a_2,\cdots,a_n)$和$(b_1,b_2,\cdots,b_n)$，$b_i>0$，$\forall i\in\{1,2,\cdots,n\}$，我们有

$$\frac{a_1^2}{b_1}+\frac{a_2^2}{b_2}+\cdots+\frac{a_n^2}{b_n}\geqslant\frac{(a_1+a_2+\cdots+a_n)^2}{b_1+b_2+\cdots+b_n}$$

证明 直接从Cauchy - Schwarz不等式得到.

推论2 对任意两个实数列$(a_1,a_2,\cdots,a_n)$和$(b_1,b_2,\cdots,b_n)$，我们总有

$$\sqrt{a_1^2+b_1^2}+\sqrt{a_2^2+b_2^2}+\cdots+\sqrt{a_n^2+b_n^2}\geqslant\sqrt{(a_1+a_2+\cdots+a_n)^2+(b_1+b_2+\cdots+b_n)^2}$$

证明 由一个简单的归纳，只需证明该问题在$n=2$的情况. 在这种情况下，不等式变为

$$\sqrt{a_1^2+b_1^2}+\sqrt{a_2^2+b_2^2}\geqslant\sqrt{(a_1+a_2)^2+(b_1+b_2)^2}$$

两边平方，并消去公共项，就变成了Cauchy - Schwarz不等式

$$(a_1^2+a_2^2)(b_1^2+b_2^2)\geqslant(a_1b_1+a_2b_2)^2$$

当然，等号成立的条件是当且仅当$(a_1,a_2,\cdots,a_n)$和$(b_1,b_2,\cdots,b_n)$对应成比例.

推论 3 对任意一个实数列$(a_1,a_2,\cdots,a_n)$,我们有

$$(a_1+a_2+\cdots+a_n)^2\leqslant n(a_1^2+a_2^2+\cdots+a_n^2)$$

证明 对下列两个序列使用 Cauchy - Schwarz 不等式,即得

$$(a_1,a_2,\cdots,a_n),(1,1,\cdots,1)$$

如果使用 AM - GM 不等式是为了减少相等的项(在相等情况的分析中),那么 Cauchy - Schwarz 不等式使用起来更灵活方便. 下列问题是必须的,因为其中包含了许多准确和有效使用 Cauchy - Schwarz 不等式的方法.

例 2.1.1(Pham Kim Hung) 设$a,b,c\geqslant 0$,证明

$$\frac{a^2-bc}{2a^2+b^2+c^2}+\frac{b^2-ca}{2b^2+c^2+a^2}+\frac{c^2-ab}{2c^2+a^2+b^2}\geqslant 0$$

证明 不等式等价于

$$\sum_{cyc}\frac{(a+b)^2}{a^2+b^2+2c^2}\leqslant 3$$

根据 Cauchy - Schwarz 不等式,我们有

$$\frac{(a+b)^2}{a^2+b^2+2c^2}\leqslant\frac{a^2}{c^2+a^2}+\frac{b^2}{b^2+c^2}$$

于是,我们有

$$\sum_{cyc}\frac{(a+b)^2}{a^2+b^2+2c^2}\leqslant\sum_{cyc}\frac{a^2}{c^2+a^2}+\sum_{cyc}\frac{b^2}{b^2+c^2}=3$$

等号成立,当且仅当$a=b=c$和$a=b,c=0$或它们的循环排列.

例 2.1.2(Iran MO 1998) 假设$x,y,z\geqslant 1$,且$\frac{1}{x}+\frac{1}{y}+\frac{1}{z}=2$,证明

$$\sqrt{x+y+z}\geqslant\sqrt{x-1}+\sqrt{y-1}+\sqrt{z-1}$$

证明 由题设,我们有

$$\frac{x-1}{x}+\frac{y-1}{y}+\frac{z-1}{z}=3-\left(\frac{1}{x}+\frac{1}{y}+\frac{1}{z}\right)=3-2=1$$

根据 Cauchy - Schwarz 不等式,我们有

$$\sum_{cyc}x=\left(\sum_{cyc}x\right)\left(\sum_{cyc}\frac{x-1}{x}\right)\geqslant\left(\sum_{cyc}\sqrt{x-1}\right)^2$$

即

$$\sqrt{x+y+z}\geqslant\sqrt{x-1}+\sqrt{y-1}+\sqrt{z-1}$$

例 2.1.3(Nguyen Van Thach) 设$a,b,c>0$,证明

$$\frac{a^3}{a^3+b^3+abc}+\frac{b^3}{b^3+c^3+abc}+\frac{c^3}{c^3+a^3+abc}\geqslant 1$$

证明 设$x=\frac{b}{a},y=\frac{c}{b},z=\frac{a}{c}$,则我们有

$$\frac{a^3}{a^3+b^3+abc}=\frac{1}{1+x^3+\frac{x}{z}}=\frac{1}{1+x^3+x^2z}=\frac{yz}{yz+x^2+xz}$$

由 Cauchy - Schwarz 不等式,我们有

$$\sum_{cyc}\frac{yz}{yz+x^2+xz}\geqslant$$

$$\frac{(xy+yz+zx)^2}{yz(yz+x^2+xz)+zx(zx+y^2+yx)+xy(xy+z^2+zy)}$$

所以,只需证明

$$(xy+yz+zx)^2\geqslant\sum_{cyc}yz(yz+x^2+xz)\Leftrightarrow\sum_{cyc}x^2y^2\geqslant\sum_{cyc}x^2yz$$

这是显然成立的. 等号仅当 $x=y=z$ 或 $a=b=c$ 时成立.

例 2.1.4(Nguyen Anh Tuan, VMEO 2006) 设 a,b,c 是三个任意实数,记

$$x=\sqrt{b^2-bc+c^2},y=\sqrt{c^2-ca+a^2},z=\sqrt{a^2-ab+b^2}$$

证明

$$xy+yz+zx\geqslant a^2+b^2+c^2$$

证明 将 x,y 改写成如下形式

$$x=\sqrt{\frac{3c^2}{4}+\left(b-\frac{c}{2}\right)^2},y=\sqrt{\frac{3c^2}{4}+\left(a-\frac{c}{2}\right)^2}$$

根据 Cauchy - Schwarz 不等式,我们有

$$xy\geqslant\frac{3c^2}{4}+\frac{1}{4}(2b-c)(2a-c)$$

于是,我们有

$$\sum_{cyc}xy\geqslant\frac{3}{4}\sum_{cyc}c^2+\frac{1}{4}\sum_{cyc}(2b-c)(2a-c)=\sum_{cyc}a^2$$

注意 由相同的方法,我们可以证明下列类似的结果.

设 a,b,c 是三个任意实数,记

$$x=\sqrt{b^2+bc+c^2},y=\sqrt{c^2+ca+a^2},z=\sqrt{a^2+ab+b^2}$$

证明:$xy+yz+zx\geqslant(a+b+c)^2$.

例 2.1.5(Pham Kim Hung) 设 $a,b,c,d\geqslant 0$,证明

$$\frac{a}{b^2+c^2+d^2}+\frac{b}{a^2+c^2+d^2}+\frac{c}{a^2+b^2+d^2}+\frac{d}{a^2+b^2+c^2}\geqslant\frac{4}{a+b+c+d}$$

证明 根据 Cauchy - Schwarz 不等式,我们有

$$\left(\frac{a}{b^2+c^2+d^2}+\frac{b}{a^2+c^2+d^2}+\frac{c}{a^2+b^2+d^2}+\frac{d}{a^2+b^2+c^2}\right)(a+b+c+d)\geqslant$$

$$\left(\sqrt{\frac{a^2}{b^2+c^2+d^2}}+\sqrt{\frac{b^2}{a^2+c^2+d^2}}+\sqrt{\frac{c^2}{a^2+b^2+d^2}}+\sqrt{\frac{d^2}{a^2+b^2+c^2}}\right)^2$$

于是,只需证明

$$\sum_{\text{cyc}}\sqrt{\frac{a^2}{b^2+c^2+d^2}}\geqslant 2$$

根据 AM - GM 不等式,我们有

$$\sqrt{\frac{b^2+c^2+d^2}{a^2}}\leqslant\frac{1}{2}\left(\frac{b^2+c^2+d^2}{a^2}+1\right)=\frac{a^2+b^2+c^2+d^2}{2a^2}$$

我们得到

$$\sum_{\text{cyc}}\sqrt{\frac{a^2}{b^2+c^2+d^2}}\geqslant\sum_{\text{cyc}}\frac{2a^2}{a^2+b^2+c^2+d^2}=2$$

等号成立的条件:四个数(a,b,c,d)中,有两个相等,其余为0.

注意 使用相同的方法,我们可以证明本题的一般情况.

设$a_1,a_2,\cdots,a_n\geqslant 0$,证明

$$\frac{a_1}{a_2^2+\cdots+a_n^2}+\frac{a_2}{a_1^2+a_3^2+\cdots+a_n^2}+\cdots+\frac{a_n}{a_1^2+\cdots+a_{n-1}^2}\geqslant\frac{4}{a_1+a_2+\cdots+a_n}$$

例 2.1.6(六变量的 Nesbitt 不等式) 证明:对所有正实数a,b,c,d,e,f,我们总有

$$\frac{a}{b+c}+\frac{b}{c+d}+\frac{c}{d+e}+\frac{d}{e+f}+\frac{e}{f+a}+\frac{f}{a+b}\geqslant 3$$

证明 根据 Cauchy - Schwarz 不等式,我们有

$$\sum_{\text{cyc}}\frac{a}{b+c}=\sum_{\text{cyc}}\frac{a^2}{ab+ac}\geqslant\frac{(a+b+c+d+e+f)^2}{ab+bc+cd+de+ef+fa+ac+ce+ea+bd+df+fb}$$

记上式右边的分母为S,则

$$2S=(a+b+c+d+e+f)^2-(a+d)^2-(b+e)^2-(c+f)^2$$

再次应用 Cauchy - Schwarz 不等式,我们有

$$(1+1+1)[(a+d)^2+(b+e)^2+(c+f)^2]\geqslant(a+b+c+d+e+f)^2$$

因此,$2S\leqslant\frac{2}{3}(a+b+c+d+e+f)^2$,从而,原不等式成立.

例 2.1.7(Korea MO 2002) 两个实数列$(a_1,a_2,\cdots,a_n)$和$(b_1,b_2,\cdots,b_n)$满足

$$a_1^2+a_2^2+\cdots+a_n^2=b_1^2+b_2^2+\cdots+b_n^2=1$$

证明下列不等式

$$(a_1b_2-a_2b_1)^2\leqslant 2|a_1b_1+a_2b_2+\cdots+a_nb_n-1|$$

证明　使用 Cauchy - Schwarz 不等式,由条件

$$a_1^2+a_2^2+\cdots+a_n^2=b_1^2+b_2^2+\cdots+b_n^2=1$$

可得

$$1\geqslant a_1b_1+a_2b_2+\cdots+a_nb_n\geqslant -1$$

根据 Cauchy - Schwarz 展开式,我们有

$$(a_1^2+a_2^2+\cdots+a_n^2)(b_1^2+b_2^2+\cdots+b_n^2)-(a_1b_1+a_2b_2+\cdots+a_nb_n)^2=$$

$$\sum_{i,j=1}^{n}(a_ib_j-a_jb_i)^2\geqslant(a_1b_2-a_2b_1)^2$$

即

$$\left(1-\sum_{i=1}^{n}a_ib_i\right)\left(1+\sum_{i=1}^{n}a_ib_i\right)\geqslant(a_1b_2-a_2b_1)^2$$

总之

$$(a_1b_2-a_2b_1)^2\leqslant 2\mid a_1b_1+a_2b_2+\cdots+a_nb_n-1\mid$$

例 2.1.8(Phan Hong Son)　设 $a,b,c>0$,且 $a+b+c=3$,证明

$$\sqrt{a+\sqrt{b^2+c^2}}+\sqrt{b+\sqrt{c^2+a^2}}+\sqrt{c+\sqrt{a^2+b^2}}\geqslant 3\sqrt{\sqrt{2}+1}$$

证明　不等式两边平方,得

$$\sum_{\text{cyc}}\sqrt{b^2+c^2}+2\sum_{\text{cyc}}\sqrt{(a+\sqrt{b^2+c^2})(b+\sqrt{c^2+a^2})}\geqslant 9\sqrt{2}+6$$

根据 Cauchy - Schwarz 不等式,我们有

$$\sum_{\text{cyc}}\sqrt{(a+\sqrt{b^2+c^2})(b+\sqrt{c^2+a^2})}\geqslant\sum_{\text{cyc}}\sqrt{\left(a+\frac{b+c}{\sqrt{2}}\right)\left(b+\frac{c+a}{\sqrt{2}}\right)}=$$

$$\frac{1}{\sqrt{2}}\sum_{\text{cyc}}\sqrt{[(\sqrt{2}-1)a+3][(\sqrt{2}-1)b+3]}\geqslant\frac{1}{\sqrt{2}}\sum_{\text{cyc}}[(\sqrt{2}-1)\sqrt{ab}+3]=$$

$$\left(1-\frac{1}{\sqrt{2}}\right)\sum_{\text{cyc}}\sqrt{ab}+\frac{9}{\sqrt{2}}$$

因此,只需证明

$$\sum_{\text{cyc}}\sqrt{a^2+b^2}+(2-\sqrt{2})\sum_{\text{cyc}}\sqrt{ab}\geqslant 6$$

这最后的不等式可以直接由下面的结论得到:

设 $x,y\geqslant 0$,则

$$\sqrt{x^4+y^4}+(2-\sqrt{2})xy\geqslant x^2+y^2$$

实际上,上面的不等式等价于

$$x^4+y^4\geqslant(x^2+y^2-(2-\sqrt{2})xy)^2\Leftrightarrow 2(2-\sqrt{2})xy(x-y)^2\geqslant 0$$

这显然是成立的. 等号成立的条件是

$$a=b=c=1$$

例 2.1.9　设 $a,b,c>0$,且 $abc=1$,证明

$$\frac{1}{a^2+a+1}+\frac{1}{b^2+b+1}+\frac{1}{c^2+c+1}\geqslant 1$$

证明 由题设,存在三个正实数 x,y,z,满足

$$a=\frac{yz}{x^2},b=\frac{xz}{y^2},c=\frac{xy}{z^2}$$

这样,不等式变成

$$\sum_{cyc}\frac{x^4}{x^4+x^2yz+y^2z^2}\geqslant 1$$

根据 Cauchy - Schwarz 不等式,我们有

$$\text{LHS}\geqslant\frac{(x^2+y^2+z^2)^2}{x^4+y^4+z^4+xyz(x+y+z)+x^2y^2+y^2z^2+z^2x^2}$$

于是,只需证明

$$(x^2+y^2+z^2)^2\geqslant x^4+y^4+z^4+xyz(x+y+z)+x^2y^2+y^2z^2+z^2x^2$$

而该不等式等价于

$$\sum_{cyc}x^2y^2\geqslant xyz\sum_{cyc}x\Leftrightarrow\sum_{cyc}z^2(x-y)^2\geqslant 0$$

等号成立的条件是 $x=y=z$ 或 $a=b=c$.

例 2.1.10(Samin Riasa) 设 a,b,c 是三角形的三边长,证明

$$\frac{a}{3a-b+c}+\frac{b}{3b-c+a}+\frac{c}{3c-a+b}\geqslant 1$$

证明 由 Cauchy - Schwarz 不等式,我们有

$$4\sum_{cyc}\frac{a}{3a-b+c}=\sum_{cyc}\frac{4a}{3a-b+c}=3+\sum_{cyc}\frac{a+b-c}{3a-b+c}\geqslant$$
$$3+\frac{(a+b+c)^2}{\sum_{cyc}(a+b-c)(3a-b+c)}=4$$

等号当 $a=b=c$ 时成立.

例 2.1.11(Pham Kim Hung) 设 $a,b,c>0$,且满足条件 $a\leqslant b\leqslant c,a+b+c=3$,证明

$$\sqrt{3a^2+1}+\sqrt{5a^2+3b^2+1}+\sqrt{7a^2+5b^2+3c^2+1}\leqslant 9$$

证明 根据 Cauchy - Schwarz 不等式,我们有

$$\left(\sqrt{3a^2+1}+\sqrt{5a^2+3b^2+1}+\sqrt{7a^2+5b^2+3c^2+1}\right)^2=$$
$$\left(\frac{1}{\sqrt6}\sqrt{6(3a^2+1)}+\frac{1}{\sqrt4}\sqrt{4(5a^2+3b^2+1)}+\frac{1}{\sqrt3}\sqrt{3(7a^2+5b^2+3c^2+1)}\right)^2\leqslant$$
$$\left(\frac16+\frac14+\frac13\right)(6(3a^2+1)+4(5a^2+3b^2+1)+3(7a^2+5b^2+3c^2+1))$$

于是,只需证明

$$59a^2+27b^2+9c^2\leqslant 95$$

注意到 $a\leqslant b\leqslant c$,我们有

$$ab+bc+ca\geqslant 2ab+b^2\geqslant 2a^2+b^2$$

或

$$\begin{aligned}5a^2+3b^2+c^2=2(2a^2+b^2)+(a^2+b^2+c^2)\leqslant\\ 2(ab+bc+ca)+(a^2+b^2+c^2)=\\ (a+b+c)^2=9\Rightarrow 59a^2+27b^2+9c^2\leqslant 95\end{aligned}$$

这是因为 $a\leqslant 1$. 等号仅当 $a=b=c$ 时成立.

例 2.1.12(Japan TST 2004) 设 $a,b,c>0$,且 $a+b+c=1$,证明

$$\frac{1+a}{1-a}+\frac{1+b}{1-b}+\frac{1+c}{1-c}\leqslant\frac{2a}{b}+\frac{2b}{c}+\frac{2c}{a}$$

证明 不等式变形如下

$$\frac{3}{2}+\sum_{cyc}\frac{a}{b+c}\leqslant\sum_{cyc}\frac{a}{b}\Leftrightarrow\sum_{cyc}\left(\frac{a}{b}-\frac{a}{b+c}\right)\geqslant\frac{3}{2}\Leftrightarrow\sum_{cyc}\frac{ac}{b(b+c)}\geqslant\frac{3}{2}$$

根据 Cauchy - Schwarz 不等式,我们有

$$\sum_{cyc}\frac{ac}{b(b+c)}=\sum_{cyc}\frac{a^2c^2}{abc(a+c)}\geqslant\frac{(ab+bc+ca)^2}{2abc(a+b+c)}\geqslant\frac{3}{2}$$

等号仅当 $a=b=c$ 时成立.

例 2.1.13(Tran Nam Dung) (1) 证明对所有非负实数 x,y,z

$$6(x+y-z)(x^2+y^2+z^2)+27xyz\leqslant 10(x^2+y^2+z^2)^{\frac{3}{2}}$$

(2) 证明对所有的实数 x,y,z,有

$$6(x+y+z)(x^2+y^2+z^2)\leqslant 27xyz+10(x^2+y^2+z^2)^{\frac{3}{2}}$$

证明 (1) 对于这一部分,必须小心处理等号成立条件 $x=y=2z$ 或其循环排列. 这就要求我们对原式进行估计. 事实上,由 Cauchy - Schwarz 不等式,我们有

$$\begin{aligned}&10(x^2+y^2+z^2)^{\frac{3}{2}}-6(x+y-z)(x^2+y^2+z^2)=\\&(x^2+y^2+z^2)\left(10\sqrt{x^2+y^2+z^2}-6(x+y-z)\right)=\\&(x^2+y^2+z^2)\left(\frac{10}{3}\sqrt{(x^2+y^2+z^2)(2^2+2^2+1^2)}-6(x+y-z)\right)\geqslant\\&(x^2+y^2+z^2)\left(\frac{10(2x+2y+z)}{3}-6(x+y-z)\right)=\\&\frac{10(x^2+y^2+z^2)(2x+2y+28z)}{3}\end{aligned}$$

于是,根据加权 AM - GM 不等式,我们有

$$x^2+y^2+z^2=4\cdot\frac{x^2}{4}+4\cdot\frac{y^2}{4}+z^2\geqslant 9\sqrt[9]{\frac{x^8y^8z^2}{4^8}}$$

$$2x+2y+28z=2x+2y+7\times 4z\geqslant 9\sqrt[9]{(2x)(2y)(4z)^7}=9\sqrt[9]{4^8xyz^7}$$

因此

$$10(x^2+y^2+z^2)^{\frac{3}{2}}-6(x+y-z)(x^2+y^2+z^2)\geqslant 27xyz$$

(2) 如果 $x=y=z=0$,不等式是显然成立的,其他情况,不失一般性,我们假设 $x^2+y^2+z^2=9$,则不等式变成

$$2(x+y+z)\leqslant xyz+10$$

设 $|x|\leqslant|y|\leqslant|z|$,根据 Cauchy - Schwarz 不等式,我们有

$$\begin{aligned}[2(x+y+z)-xyz]^2&=[2(x+y)+(2-xy)z]^2\leqslant\\&[(x+y)^2+z^2][2^2+(2-xy)^2]=\\&(9+2xy)(8-4xy+x^2y^2)=\\&72-20xy+x^2y^2+2x^3y^3=\\&100+(xy+2)^2(xy-7)\end{aligned}$$

由于 $|x|\leqslant|y|\leqslant|z|$, $z^2\geqslant 3\Rightarrow 2xy\leqslant x^2+y^2\leqslant 6\Rightarrow xy-7<0$. 这样便有

$$[2(x+y+z)-xyz]^2\leqslant 100\Rightarrow 2(x+y+z)\leqslant 10+xyz$$

等号成立条件是 $(x,y,z)=(-k,2k,2k)$, $k\in\mathbf{R}$ 或其循环排列.

例 2.1.14 (Vasile Cirtoaje, Crux) 设 a,b,c,d 是四个正实数,且满足 $r^4=abcd$,证明下列不等式

$$\frac{ab+1}{a+1}+\frac{bc+1}{b+c}+\frac{cd+1}{c+1}+\frac{da+1}{d+1}\geqslant\frac{4(1+r^2)}{1+r}$$

证明 由题设条件,存在四个正实数 x,y,z,t 满足

$$a=\frac{ry}{x},b=\frac{rz}{y},c=\frac{rt}{z},d=\frac{rx}{t}$$

则不等式变为如下形式

$$\sum_{cyc}\frac{\frac{r^2z}{x}+1}{\frac{ry}{x}+1}\geqslant\frac{4(r^2+1)}{r+1}\Leftrightarrow\sum_{cyc}\frac{r^2z+x}{ry+x}\geqslant\frac{4(r^2+1)}{r+1}$$

我们必须证明 $A+(r^2-1)B\geqslant\frac{4(r^2+1)}{r+1}$,这里

$$A=\sum_{cyc}\frac{x+z}{ry+x},B=\sum_{cyc}\frac{z}{ry+x}$$

由 AM - GM 不等式,我们有

$$\begin{aligned}&4r\sum_{cyc}xy+8(xz+yt)=\\&[4(r-1)(x+z)(y+t)]+4[(x+z)(y+t)+2(xz+yt)]\leqslant\\&(r-1)\left(\sum_{cyc}x\right)^2+2\left(\sum_{cyc}x\right)^2=(r+1)\left(\sum_{cyc}x\right)^2\end{aligned}$$

根据 Cauchy - Schwarz 不等式,并注意到 $r \geqslant 1$,我们有

$$A=(x+z)\left(\frac{1}{ry+x}+\frac{1}{rt+z}\right)+(y+t)\left(\frac{1}{rx+y}+\frac{1}{rz+t}\right) \geqslant$$

$$\frac{4(x+z)}{x+z+ry+rt}+\frac{4(y+t)}{y+t+rx+rz} \geqslant$$

$$\frac{4(x+y+z+t)^2}{(x+z)^2+(y+t)^2+2r(x+z)(y+t)} \geqslant \frac{8}{r+1}$$

$$B \geqslant \frac{(x+y+z+t)^2}{z(ry+x)+t(rz+y)+x(rt+z)+y(rx+t)} \geqslant$$

$$\frac{(x+y+z+t)^2}{r(xy+yz+zt+tx)+2(xz+yt)} \geqslant \frac{4}{r+1}$$

这样,即证明了不等式. 等号成立条件 $a=b=c=d=r$.

例 2.1.15(Pham Kim Hung) 设 $a,b,c \geqslant 0$,证明

$$\frac{a^2}{a^2+2(a+b)^2}+\frac{b^2}{b^2+2(b+c)^2}+\frac{c^2}{c^2+2(c+a)^2} \geqslant \frac{1}{3}$$

证明 我们设 $x=\frac{b}{a}, y=\frac{c}{b}, z=\frac{a}{c}$,则不等式变成

$$\sum_{\text{cyc}} \frac{1}{1+2(x+1)^2} \geqslant \frac{1}{3}$$

因为 $xyz=1$,则存在三个正实数 m,n,p 满足

$$x=\frac{np}{m^2}, y=\frac{mp}{n^2}, z=\frac{mn}{p^2}$$

因此,只需证明

$$\sum_{\text{cyc}} \frac{m^4}{m^4+2(m^2+np)^2} \geqslant \frac{1}{3}$$

根据 Cauchy - Schwarz 不等式,我们有

$$\text{LHS} \geqslant \frac{(m^2+n^2+p^2)^2}{m^4+n^4+p^4+2(m^2+np)^2+2(n^2+mp)^2+2(p^2+mn)^2}$$

于是,我们只需证明

$$3\left(\sum_{\text{cyc}} m^2\right)^2-\sum_{\text{cyc}} m^4-2\sum_{\text{cyc}}(m^2+np)^2=\sum_{\text{cyc}} m^2(n-p)^2 \geqslant 0$$

这是显然成立的. 等号当 $a=b=c$ 成立,证毕.

例 2.1.16(Pham Kim Hung) 设 $a,b,c \geqslant 0$,证明

$$\frac{a}{b^2+c^2}+\frac{b}{c^2+a^2}+\frac{c}{a^2+b^2} \geqslant \frac{4}{5}\left(\frac{1}{b+c}+\frac{1}{c+a}+\frac{1}{a+b}\right)$$

证明 应用 Cauchy - Schwarz 不等式,我们有

$$\left(\sum_{\text{cyc}} \frac{a}{b^2+c^2}\right)\left(\sum_{\text{cyc}} a(b^2+c^2)\right) \geqslant (a+b+c)^2$$

于是只需证明

$$\frac{(a+b+c)^2}{ab(a+b)+bc(b+c)+ca(c+a)} \geqslant$$
$$\frac{4}{5} \cdot \frac{a^2+b^2+c^2+3(ab+bc+ca)}{ab(a+b)+bc(b+c)+ca(c+a)+2abc}$$

设 $S=\sum_{\text{cyc}} a^2, P=\sum_{\text{cyc}} ab, Q=\sum_{\text{cyc}} ab(a+b)$,则上面的不等式变成

$$\frac{5(S+2P)}{Q} \geqslant \frac{4(S+3P)}{Q+2abc} \Leftrightarrow SQ+10abcS+20abcP \geqslant 2PQ$$

很明显,我们有

$$PQ=\sum_{\text{sym}} a^2b^2(a+b)+2abc(S+P)$$
$$SQ \geqslant \sum_{\text{sym}} ab(a+b)(a^2+b^2) \geqslant 2\sum_{\text{sym}} a^2b^2(a+b)$$

等号当 $a=b, c=0$ 及其循环排列,证毕.

和使用AM - GM不等式一样,使用Cauchy - Schwarz不等式也没有一个固定的方法.它取决于问题的类型以及你使用这个不等式的灵活程度.事实上,Hölder不等式作为一个典型的扩展,虽然在不等式界不知何故被忽视了,在比较大小方面几乎都使用AM - GM不等式或Cauchy - Schwarz不等式,但是它的应用和Cauchy - Schwarz不等式是一致的,本书将强调这个不等式的重要性.我把Hölder不等式放在Cauchy - Schwarz不等式这节中,是因为它是Cauchy - Schwarz不等式的一个自然推广并且与Cauchy - Schwarz不等式在应用方面并没有什么两样.

2.2 Hölder 不等式

定理 3(Hölder 不等式) 对于 m 个正数序列

$$(a_{11}, a_{12}, \cdots, a_{1n}), (a_{21}, a_{22}, \cdots, a_{2n}), \cdots, (a_{m1}, a_{m2}, \cdots, a_{mn})$$

我们有

$$\prod_{i=1}^{m}\left(\sum_{j=1}^{n} a_{ij}\right) \geqslant \left(\sum_{j=1}^{n} \sqrt[m]{\prod_{i=1}^{m} a_{ij}}\right)^m$$

等号成立,当且仅当 m 个序列对应成比例. Cauchy - Schwarz 不等式是 Hölder 不等式当 $m=2$ 的一个直接推论.

推论 1 设 a,b,c,x,y,z,t,u,v 是正实数.我们有

$$(a^3+b^3+c^3)(x^3+y^3+z^3)(t^3+u^3+v^3) \geqslant (axt+byu+czv)^3$$

证明 这是 Hölder 不等式($m=n=3$)的直接推论.我选择 Hölder 不等式

这个特殊情形,是因为它可以列举 Hölder 不等式证明的细节.

根据 AM - GM 不等式,我们有

$$3=\sum_{cyc}\frac{a^3}{a^3+b^3+c^3}+\sum_{cyc}\frac{x^3}{x^3+y^3+z^3}+\sum_{cyc}\frac{m^3}{m^3+n^3+p^3}\geqslant$$
$$\sum_{cyc}\frac{3axm}{\sqrt[3]{(a^3+b^3+c^3)(x^3+y^3+z^3)(m^3+n^3+p^3)}}$$

即

$$axm+byn+czp\leqslant\sqrt[3]{(a^3+b^3+c^3)(x^3+y^3+z^3)(m^3+n^3+p^3)}$$

推论 2　设 $a_1,a_2,\cdots,a_n$ 是正实数,证明

$$(1+a_1)(1+a_2)\cdots(1+a_n)\geqslant(1+\sqrt[n]{a_1a_2\cdots a_n})^n$$

证明　应用 AM - GM 不等式,我们有

$$\frac{1}{1+a_1}+\frac{1}{1+a_2}+\cdots+\frac{1}{1+a_n}\geqslant\frac{n}{\sqrt[n]{(1+a_1)(1+a_2)\cdots(1+a_n)}}$$
$$\frac{a_1}{1+a_1}+\frac{a_2}{1+a_2}+\cdots+\frac{a_n}{1+a_n}\geqslant\frac{n\sqrt[n]{a_1a_2\cdots a_n}}{\sqrt[n]{(1+a_1)(1+a_2)\cdots(1+a_n)}}$$

两个不等式相加即得.

为什么我们有时会忘记 Hölder 不等式? 尽管它应用广泛,但它表达式复杂(有 m 个序列,每个序列有 n 个项),使得我们首次使用时感到混乱. 如果你一直犹豫的话,那么本书将让你信服 Hölder 不等式真实有效并容易使用. 你不必担心使用它! 通常,许多困难的问题使用 Hölder 不等式将变得非常简单.

例 2.2.1(IMO 2001)　设 a,b,c 是正实数,证明

$$\frac{a}{\sqrt{a^2+8bc}}+\frac{b}{\sqrt{b^2+8ac}}+\frac{c}{\sqrt{c^2+8ab}}\geqslant 1$$

证明　对三个序列(每个序列有三个项实际上是推论 1)应用 Hölder 不等式,我们有

$$\left(\sum_{cyc}\frac{a}{\sqrt{a^2+8bc}}\right)\left(\sum_{cyc}\frac{a}{\sqrt{a^2+8bc}}\right)\left(\sum_{cyc}a(a^2+8bc)\right)\geqslant(a+b+c)^3$$

于是只需证明

$$(a+b+c)^3\geqslant\sum_{cyc}a(a^2+8bc)$$

或等价于

$$c(a-b)^2+a(b-c)^2+b(c-a)^2\geqslant 0$$

例 2.2.2(Pham Kim Hung)　设 $a,b,c>0$,且 $abc=1$,证明

$$\frac{a}{\sqrt{7+b+c}}+\frac{b}{\sqrt{7+c+a}}+\frac{c}{\sqrt{7+a+b}}\geqslant 1$$

$$\frac{a}{\sqrt{7+b^2+c^2}}+\frac{b}{\sqrt{7+c^2+a^2}}+\frac{c}{\sqrt{7+a^2+b^2}}\geqslant 1$$

使用相同的方法,确定下列不等式的真假

$$\frac{a}{\sqrt{7+b^3+c^3}}+\frac{b}{\sqrt{7+c^3+a^3}}+\frac{c}{\sqrt{7+a^3+b^3}}\geqslant 1$$

证明 对第一个不等式使用 Hölder 不等式,我们有

$$\left(\sum_{\text{cyc}}\frac{a}{\sqrt{7+b+c}}\right)\left(\sum_{\text{cyc}}\frac{a}{\sqrt{7+b+c}}\right)\left(\sum_{\text{cyc}}a(7+b+c)\right)\geqslant(a+b+c)^3$$

于是,只需证明

$$(a+b+c)^3\geqslant 7(a+b+c)+2(ab+bc+ca)$$

因为 $a+b+c\geqslant 3\sqrt[3]{abc}=3$,所以

$$\begin{aligned}(a+b+c)^3=&(a+b+c)(a+b+c)^2\geqslant\\&3(a+b+c)^2=\\&\frac{7}{3}(a+b+c)^2+\frac{2}{3}(a+b+c)^2=\\&\frac{7}{3}(a+b+c)(a+b+c)+\frac{2}{3}(a+b+c)^2\geqslant\\&7(a+b+c)+\frac{2}{3}(a+b+c)^2\geqslant\\&7(a+b+c)+2(ab+bc+ca)\end{aligned}$$

对第二个不等式,应用 Hölder 不等式,我们有

$$\left(\sum_{\text{cyc}}\frac{a}{\sqrt{7+b^2+c^2}}\right)\left(\sum_{\text{cyc}}\frac{a}{\sqrt{7+b^2+c^2}}\right)\left(\sum_{\text{cyc}}a(7+b^2+c^2)\right)\geqslant(a+b+c)^3$$

另一方面

$$\begin{aligned}\sum_{\text{cyc}}a(7+b^2+c^2)=&7(a+b+c)+(a+b+c)(ab+bc+ca)-3abc\leqslant\\&7(a+b+c)+\frac{1}{3}(a+b+c)^3-3\leqslant(a+b+c)^3\end{aligned}$$

等号成立的条件 $a=b=c=1$(两个不等式).

第三个不等式,不成立. 事实上,我们只要选择 $a\to 0$ 和 $b=c\to+\infty$,或者 $a=10^{-4},b=c=100$.

例 2.2.3 设 a,b,c 是正实数,$k\geqslant 1$ 是自然数,证明

$$\frac{a^{k+1}}{b^k}+\frac{b^{k+1}}{c^k}+\frac{c^{k+1}}{a^k}\geqslant\frac{a^k}{b^{k-1}}+\frac{b^k}{c^{k-1}}+\frac{c^k}{a^{k-1}}$$

证明 根据 Hölder 不等式,我们有

$$\left(\frac{a^{k+1}}{b^k}+\frac{b^{k+1}}{c^k}+\frac{c^{k+1}}{a^k}\right)^{k-1}(a+b+c)\geqslant\left(\frac{a^k}{b^{k-1}}+\frac{b^k}{c^{k-1}}+\frac{c^k}{a^{k-1}}\right)^k$$

于是只需证明

$$\frac{a^k}{b^{k-1}}+\frac{b^k}{c^{k-1}}+\frac{c^k}{a^{k-1}}\geqslant a+b+c$$

再次应用 Hölder 不等式,得到

$$\left(\frac{a^k}{b^{k-1}}+\frac{b^k}{c^{k-1}}+\frac{c^k}{a^{k-1}}\right)(a+b+c)^{k-1}\geqslant(a+b+c)^k$$

等号当 $a=b=c$ 时成立. 注意,这个问题对每一个自然数 $k\geqslant1$ 都是成立的,因此它对实数 $k\geqslant1$ 也是成立的.

例 2.2.4(Titu Andreescu,USA MO 2002) 设 $a,b,c>0$,证明

$$(a^5-a^2+3)(b^5-b^2+3)(c^5-c^2+3)\geqslant(a+b+c)^3$$

证明 根据 Hölder 不等式,我们有

$$\prod_{cyc}(a^5-a^2+3)=\prod_{cyc}(a^3+2+(a^3-1)(a^2-1))\geqslant\prod_{cyc}(a^3+2)=$$

$$(a^3+1+1)(b^3+1+1)(c^3+1+1)\geqslant(a+b+c)^3$$

例 2.2.5(Michael Rozenberg) 设 $a,b,c>0$,且满足 $ab+bc+ca=3$,证明

$$(1+a^2)(1+b^2)(1+c^2)\geqslant8$$

证明 不等式可直接由 Hölder 不等式得到

$$(a^2b^2+a^2+b^2+1)(b^2+c^2+b^2c^2+1)(a^2+a^2c^2+c^2+1)(1+1+1+1)\geqslant$$
$$(1+ab+bc+ca)^4$$

即

$$4(1+a^2)^2(1+b^2)^2(1+c^2)^2\geqslant4^4\Leftrightarrow(1+a^2)(1+b^2)(1+c^2)\geqslant8$$

例 2.2.6(Pham Kim Hung) 设 $a,b,c>0$,且 $a+b+c=1$,证明

$$\frac{a}{\sqrt[3]{a+2b}}+\frac{b}{\sqrt[3]{b+2c}}+\frac{c}{\sqrt[3]{c+2a}}\geqslant1$$

证明 这个不等式可直接由 Hölder 不等式得到

$$\left(\sum_{cyc}\frac{a}{\sqrt[3]{a+2b}}\right)\left(\sum_{cyc}\frac{a}{\sqrt[3]{a+2b}}\right)\left(\sum_{cyc}\frac{a}{\sqrt[3]{a+2b}}\right)\left(\sum_{cyc}a(a+2b)\right)\geqslant\left(\sum_{cyc}a\right)^4=1$$

因为

$$\sum_{cyc}a(a+2b)=(a+b+c)^2=1$$

例 2.2.7(Pham Kim Hung) 设 $a,b,c>0$,证明

$$a^2(b+c)+b^2(c+a)+c^2(a+b)\geqslant$$
$$(ab+bc+ca)\sqrt[3]{(a+b)(b+c)(c+a)}$$

证明 注意到下列表达式是相等的

$$a^2(b+c)+b^2(c+a)+c^2(a+b)$$
$$b^2(c+a)+c^2(a+b)+a^2(b+c)$$

$$ab(a+b)+bc(b+c)+ca(c+a)$$

根据 Hölder 不等式,我们有

$$\left(\sum_{cyc} a^2(b+c)\right)^3 \geqslant \left(\sum_{cyc} ab\sqrt[3]{(a+b)(b+c)(c+a)}\right)^3$$

所以,不等式成立,等号当 $a=b=c$ 时成立.

例 2.2.8(Gabriel Dospinescu) 设 $a,b,c,d>0$,且 $abcd=1$,证明

$$4^4(a^4+1)(b^4+1)(c^4+1)(d^4+1) \geqslant \left(a+b+c+d+\frac{1}{a}+\frac{1}{b}+\frac{1}{c}+\frac{1}{d}\right)^4$$

证明 由 Hölder 不等式,我们有

$$(a^4+1)(b^4+1)(c^4+1)(d^4+1) \geqslant (a+bcd)^4 = \left(a+\frac{1}{a}\right)^4 \Rightarrow$$

$$\sqrt[4]{(a^4+1)(b^4+1)(c^4+1)(d^4+1)} \geqslant a+\frac{1}{a} \Rightarrow$$

$$4\sqrt[4]{(a^4+1)(b^4+1)(c^4+1)(d^4+1)} \geqslant \sum_{cyc} a + \sum_{cyc} \frac{1}{a}$$

等号当 $a=b=c=d=1$ 时成立.

例 2.2.9 设 $a,b,c>0$,证明

$$(a^2+ab+b^2)(b^2+bc+c^2)(c^2+ca+a^2) \geqslant (ab+bc+ca)^3$$

证明 应用 Hölder 不等式,我们有

$$(a^2+ab+b^2)(b^2+bc+c^2)(c^2+ca+a^2)=$$
$$(ab+a^2+b^2)(a^2+ca+c^2)(b^2+c^2+bc) \geqslant$$
$$(ab+bc+ca)^3$$

如果一个不等式可以用 Hölder 不等式来解决,那么它也可以由 AM - GM 不等式来解决,为什么呢? 因为 Hölder 不等式的证明,仅使用了 AM - GM 不等式. 例如,在例 2.2.1 中,我们可以直接使用 AM - GM 不等式,方法如下:

根据 AM - GM 不等式,我们有

$$\frac{a}{\sqrt{b^2+8ac}}+\frac{b}{\sqrt{b^2+8ac}}+\frac{a(b^2+8ac)}{(a+b+c)^3} \geqslant \frac{3a}{a+b+c}$$

类似地可以建立其他两个不等式,并将这些不等式相加,即得所要结果.

但是,AM - GM 不等式与 Cauchy - Schwarz 不等式和 Hölder 不等式之间有什么区别呢? 尽管 Cauchy - Schwarz 不等式和 Hölder 不等式都是利用 AM - GM 不等式证明的,但它们的应用是非常广泛的. 它们可使 AM - GM 不等式繁琐复杂的解法变得简单直观. 我们来看看下面这个例子.

例 2.2.10 设 $a,b,c>0$,且满足 $3\max(a^2,b^2,c^2) \leqslant 2(a^2+b^2+c^2)$,证明

$$\frac{a}{\sqrt{2b^2+2c^2-a^2}}+\frac{b}{\sqrt{2c^2+2a^2-b^2}}+\frac{c}{\sqrt{2a^2+2b^2-c^2}} \geqslant \sqrt{3}$$

证明　由 Hölder 不等式,我们有

$$\left(\sum_{cyc}\frac{a}{\sqrt{2b^2+2c^2-a^2}}\right)\left(\sum_{cyc}\frac{a}{\sqrt{2b^2+2c^2-a^2}}\right)\left(\sum_{cyc}a(2b^2+2c^2-a^2)\right)\geqslant (a+b+c)^3$$

于是只需证明

$$(a+b+c)^3\geqslant 3\sum_{cyc}a(2b^2+2c^2-a^2)$$

上述不等式等价于

$$3\left(abc-\prod_{cyc}(a-b+c)\right)+2\left(\sum_{cyc}a^3-3abc\right)\geqslant 0$$

这是显然成立(第一项大于0的简单证明是做替换 $a-b+c=x$ 等). 等号当 $a=b=c$ 时成立.

用 AM - GM 不等式怎么能解决这个问题呢? 当然,会有不少困难. 请看

$$\sum_{cyc}\frac{a}{\sqrt{2b^2+2c^2-a^2}}+\sum_{cyc}\frac{a}{\sqrt{2b^2+2c^2-a^2}}+\sum_{cyc}\frac{3\sqrt{3}a(2b^2+2c^2-a^2)}{(a+b+c)^3}\geqslant 3\sum_{cyc}\frac{\sqrt{3}a}{a+b+c}=3\sqrt{3}$$

现在,为了使用 AM - GM 不等式,请不要忘记把 $3\sqrt{3}$ 乘到下面这个分数上

$$\frac{a(2b^2+2c^2-a^2)}{(a+b+c)^3}$$

为了使

$$\frac{a}{\sqrt{2b^2+2c^2-a^2}}=\frac{a}{\sqrt{2b^2+2c^2-a^2}}=\frac{3\sqrt{3}a(2b^2+2c^2-a^2)}{(a+b+c)^3}$$

在这种情况下有 $a=b=c$. 为什么 Hölder 不等式和 Cauchy - Schwarz 不等式有更多的优势呢? 因为 AM - GM 不等式的相等条件是相等属性,而 Hölder 不等式和 Cauchy - Schwarz 不等式的相等条件是比例属性. 这种特性使得 Hölder 不等式和 Cauchy - Schwarz 不等式在许多场合很容易使用. 此外, Hölder 不等式在证明涉及根式问题非常有效(例如,可以帮助我们破除根式).

Chebyshev 不等式

第3章

3.1 Chebyshev 不等式及应用

定理 4(Chebyshev 不等式) 设$(a_1,a_2,\cdots,a_n)$和$(b_1,b_2,\cdots,b_n)$是两个增加的实数列,则

$$a_1b_1+a_2b_2+\cdots+a_nb_n\geqslant\frac{1}{n}(a_1+a_2+\cdots+a_n)\cdot(b_1+b_2+\cdots+b_n)$$

证明 直接展开表达式,我们有

$$n(a_1b_1+a_2b_2+\cdots+a_nb_n)-(a_1+a_2+\cdots+a_n)(b_1+b_2+\cdots+b_n)=\sum_{i,j=1}^{n}(a_i-a_j)(b_i-b_j)\geqslant 0$$

注意 使用相同的方法,我们可以得到,如果序列$(a_1,a_2,\cdots,a_n)$是增加的而序列$(b_1,b_2,\cdots,b_n)$是减少的,则

$$a_1b_1+a_2b_2+\cdots+a_nb_n\leqslant\frac{1}{n}(a_1+a_2+\cdots+a_n)\cdot(b_1+b_2+\cdots+b_n)$$

对于对称问题，我们可以重新排列变量的次序以满足 Chebyshev 不等式的条件. 一般地，由 Chebyshev 不等式解决的问题比用其他不等式来得更简洁些. 我们来考察下列简单的例子.

例 3.1.1 设 $a_1,a_2,\cdots,a_n$ 是正实数，且 $a_1+a_2+\cdots+a_n=n$，证明

$$a_1^{n+1}+a_2^{n+1}+\cdots+a_n^{n+1}\geqslant a_1^n+a_2^n+\cdots+a_n^n$$

证明 如果用 AM - GM 不等式来证明这个问题，必须经过两个步骤：首先，证明 $n\sum_{i=1}^{n}a_i^{n+1}+n\geqslant(n+1)\sum_{i=1}^{n}a_i^n$，然后再证明 $\sum_{i=1}^{n}a_i^n\geqslant n$. 如果用 Cauchy - Schwarz 不等式来证明这个问题，必须采用归纳的方法. 不管怎样，Chebyshev 不等式可以立即解决这个问题. 注意到序列 $(a_1,a_2,\cdots,a_n)$ 和 $(a_1^n,a_2^n,\cdots,a_n^n)$ 可以重新排列以满足都是增加的.

现在我们继续学习 Chebyshev 不等式的某些应用.

例 3.1.2 设 $a,b,c,d>0$，且 $a^2+b^2+c^2+d^2=4$，证明

$$\frac{a^2}{b+c+d}+\frac{b^2}{c+d+a}+\frac{c^2}{d+a+b}+\frac{d^2}{a+b+c}\geqslant\frac{4}{3}$$

证明 注意到，如果 (a,b,c,d) 是增加的次序，则

$$\frac{1}{b+c+d}\leqslant\frac{1}{c+d+a}\leqslant\frac{1}{d+a+b}\leqslant\frac{1}{a+b+c}$$

因此. 由 Chebyshev 不等式，我们有

$$4\text{LHS}\geqslant\Big(\sum_{\text{cyc}}a^2\Big)\Big(\sum_{\text{cyc}}\frac{1}{b+c+d}\Big)\geqslant\frac{16(a^2+b^2+c^2+d^2)}{3(a+b+c+d)}\geqslant\frac{4\sqrt{4(a^2+b^2+c^2+d^2)}}{3}$$

即

$$\frac{a^2}{b+c+d}+\frac{b^2}{c+d+a}+\frac{c^2}{d+a+b}+\frac{d^2}{a+b+c}\geqslant\frac{4}{3}$$

例 3.1.3(Poru Loh, Crux) 设 $a,b,c>1$，且满足条件 $\frac{1}{a^2-1}+\frac{1}{b^2-1}+\frac{1}{c^2-1}=1$，证明

$$\frac{1}{a+1}+\frac{1}{b+1}+\frac{1}{c+1}\leqslant 1$$

证明 注意到，如果 $a\geqslant b\geqslant c$，则我们有

$$\frac{a-2}{a+1}\geqslant\frac{b-2}{b+1}\geqslant\frac{c-2}{c+1},\frac{a+2}{a-1}\leqslant\frac{b+2}{b-1}\leqslant\frac{c+2}{c-1}$$

由 Chebyshev 不等式，我们有

$$3\Big(\sum_{\text{cyc}}\frac{a^2-4}{a^2-1}\Big)\leqslant\Big(\sum_{\text{cyc}}\frac{a-2}{a+1}\Big)\Big(\sum_{\text{cyc}}\frac{a+2}{a-1}\Big)$$

由题设,表达式左边等于0,因此

$$\frac{a-2}{a+1}+\frac{b-2}{b+1}+\frac{c-2}{c+1}\geqslant 0$$

等号当 $a=b=c=2$ 时成立.

例 3.1.4 设 $a,b,c,d,e\geqslant 0$,且 $\frac{1}{4+a}+\frac{1}{4+b}+\frac{1}{4+c}+\frac{1}{4+d}+\frac{1}{4+e}=1$,证明

$$\frac{a}{4+a^2}+\frac{b}{4+b^2}+\frac{c}{4+c^2}+\frac{d}{4+d^2}+\frac{e}{4+e^2}\leqslant 1$$

证明 由题设条件,有 $\sum_{cyc}\frac{1-a}{4+a}=0$,我们必须证明

$$\sum_{cyc}\frac{1}{4+a}\geqslant\sum_{cyc}\frac{a}{4+a^2}\Leftrightarrow\sum_{cyc}\frac{1-a}{4+a}\cdot\frac{1}{4+a^2}\geqslant 0$$

假定 $a\geqslant b\geqslant c\geqslant d\geqslant e$,则

$$\frac{1-a}{4+a}\leqslant\frac{1-b}{4+b}\leqslant\frac{1-c}{4+c}\leqslant\frac{1-d}{4+d}\leqslant\frac{1-e}{4+e}$$

$$\frac{1}{4+a^2}\leqslant\frac{1}{4+b^2}\leqslant\frac{1}{4+c^2}\leqslant\frac{1}{4+d^2}\leqslant\frac{1}{4+e^2}$$

对上面的单调序列应用 Chebyshev 不等式,即得所要结果. 等号当 $a=b=c=d=e=1$ 成立.

例 3.1.5(Pham Kim Hung) 设 $a,b,c,d>0$,且满足 $a+b+c+d=4$,证明

$$\frac{1}{11+a^2}+\frac{1}{11+b^2}+\frac{1}{11+c^2}+\frac{1}{11+d^2}\leqslant\frac{1}{3}$$

证明 不等式变形如下

$$\sum_{cyc}\left(\frac{1}{12}-\frac{1}{11+a^2}\right)\geqslant 0$$

或等价于

$$\sum_{cyc}(a-1)\cdot\frac{a+1}{a^2+11}\geqslant 0$$

注意到,如果(a,b,c,d) 是增加次序,则

$$\frac{a+1}{a^2+11}\geqslant\frac{b+1}{b^2+11}\geqslant\frac{c+1}{c^2+11}\geqslant\frac{d+1}{d^2+11}$$

由 Chebyshev 不等式,立即得到所要结果.

例 3.1.6(Vasile Cirtoaje,Romania TST 2006) 设 $a,b,c>0$,且 $a+b+c=3$,证明

$$\frac{1}{a^2}+\frac{1}{b^2}+\frac{1}{c^2}\geqslant a^2+b^2+c^2$$

证明 不等式变形如下

$$\sum_{cyc} a^2b^2 \geqslant a^2b^2c^2\sum_{cyc} a^2 \Leftrightarrow \sum_{cyc} a^2b^2(1+c+c^2+c^3)(1-c) \geqslant 0$$

注意到,如果 $ab<2$ 及 $a \geqslant b$,则

$$a^2(1+b+b^2+b^2) \geqslant b^2(1+a+a^2+a^3)$$

实际上,这个不等式等价于$(a+b+ab-a^2b^2)(a-b) \geqslant 0$,这是显然成立的,因为$ab \leqslant 2$. 由此我们可以得到,如果$ab,bc,ca$都小于2,则由Chebyshev不等式,有

$$\sum_{cyc} a^2b^2(1+c+c^2+c^2)(1-c) \geqslant \left(\sum_{sym} a^2b^2(1+c+c^2+c^3)\right)\left(\sum_{sym}(1-c)\right)=0$$

其他情况,假设 $ab \geqslant 2$,显然,$a+b \geqslant 2\sqrt{2}$,于是 $c \leqslant 3-2\sqrt{2}$ 及 $c^2<\frac{1}{9}$. 即

$$\frac{1}{a^2}+\frac{1}{b^2}+\frac{1}{c^2}>9>a^2+b^2+c^2$$

证毕. 等号当 $a=b=c=1$ 成立.

在下面,我将介绍 Chebyshev 应用的一个特别的方法,这种方法应用广泛非常有效,通常称之为"Chebyshev 联合技术".

3.2 Chebyshev 联合技术

让我们来分析下列不等式.

例 3.2.1(Pham Kim Hung) 设$a,b,c,d>0$,且满足$a+b+c+d=\frac{1}{a}+\frac{1}{b}+\frac{1}{c}+\frac{1}{d}$,证明不等式

$$2(a+b+c+d) \geqslant \sqrt{a^2+3}+\sqrt{b^2+3}+\sqrt{c^2+3}+\sqrt{d^2+3}$$

证明 粗略地看一下这个不等式你会犹豫. 变量a,b,c,d之间的关系很难进行变形;此外,这个不等式中还包含有平方根,用什么办法来处理这种情况呢? 真是出奇,一个简单的方法就是使用 Chebyshev 不等式来揭开这神秘的面纱. 让我们来探索这个方法.

由假设,我们有

$$\sum_{cyc}\frac{1}{a}=\sum_{cyc} a \Leftrightarrow \sum_{cyc}\left(a-\frac{1}{a}\right)=0 \Leftrightarrow \sum_{cyc}\left(\frac{a^2-1}{a}\right)=0$$

不等式变形如下

$$\sum_{cyc}(2a-\sqrt{a^2+3}) \geqslant 0 \Leftrightarrow \sum_{cyc}\frac{a^2-1}{2a+\sqrt{a^2+3}} \geqslant 0$$

往下如何进行？尝试对下面的序列使用 Chebyshev 不等式

$$(a^2-1, b^2-1, c^2-1, d^2-1)$$

$$\left(\frac{1}{2a+\sqrt{a^2+3}}, \frac{1}{2b+\sqrt{b^2+3}}, \frac{1}{2c+\sqrt{c^2+3}}, \frac{1}{2d+\sqrt{d^2+3}}\right)$$

但是，这个想法失败了，因为第一个序列是增加的，而第二个序列是降低的，使用 Chebyshev 不等式，就会改变不等式号的方向. 希望不要是这样的，注意到 $\sum_{cyc}\left(\frac{a^2-1}{a}\right)=0$，我们改变不等式为如下形式

$$\sum_{cyc}\frac{a^2-1}{a}\cdot\frac{a}{2a+\sqrt{a^2+3}}\geqslant 0$$

假设 $a\geqslant b\geqslant c\geqslant d$，使用恒等式$\frac{a}{2a+\sqrt{a^2+3}}=\frac{1}{2+\sqrt{1+\frac{3}{a^2}}}$，我们考察

$$\left(\frac{a^2-1}{a}, \frac{b^2-1}{b}, \frac{c^2-1}{c}, \frac{d^2-1}{d}\right)$$

和 $$\left(\frac{a}{2a+\sqrt{a^2+3}}, \frac{b}{2b+\sqrt{b^2+3}}, \frac{c}{2c+\sqrt{c^2+3}}, \frac{d}{2d+\sqrt{d^2+3}}\right)$$

这两个增加的序列. 于是，由 Chebyshev 不等式，我们得到

$$\sum_{cyc}\left(\frac{a^2-1}{a}\right)\cdot\left(\frac{a}{2a+\sqrt{a^2+3}}\right)\geqslant\frac{1}{4}\left(\sum_{cyc}\frac{a^2-1}{a}\right)\left(\sum_{cyc}\frac{a}{2a+\sqrt{a^2+3}}\right)=0$$

证毕，等号当 $a=b=c=d=1$ 时成立.

这个简单证法的关键在哪里？这就是通过题设条件以及符合 Chebyshev 不等式的条件的适当的系数，来拆分分式的分子和分母. 根据这个方法，我们构建了如下一般的方法.

假设我们需要证明的不等式（作为分数和的形式来表示）

$$\frac{x_1}{y_1}+\frac{x_2}{y_2}+\cdots+\frac{x_n}{y_n}\geqslant 0$$

在这里 $x_1, x_2, \cdots, x_n$ 是实数，$y_1, y_2, \cdots, y_n$ 是正实数.

一般地，每一个不等式都可以转化为这样的形式，如果一些分数具有一个负的分母，我们将用 -1 来乘它的分子和分母. 这样一来，我们将找到一个新的正数序列 $(a_1, a_2, \cdots, a_n)$ 满足序列

$$(a_1x_1, a_2x_2, \cdots, a_nx_n)$$

是增加的，但序列

$$(a_1y_1, a_2y_2, \cdots, a_ny_n)$$

是降低的. 应用 Chebyshev 不等式之后，我们有

$$\sum_{i=1}^{n} \frac{x_i}{y_i} \geqslant \frac{1}{n}\left(\sum_{\text{cyc}} a_i x_i\right) \sum_{\text{cyc}} \left(\frac{1}{a_i y_i}\right)$$

于是,只需证明

$$\sum_{i=1}^{n} a_i x_i \geqslant 0$$

这个方法为什么这么优越?因为它摆脱了不等式中的分式.甚至适当地选择可以使得 $\sum_{i=1}^{n} a_i x_i = 0$,这可以帮助我们快速完成证明.事实上,许多问题可以采用这种方法来解决.现在,让我们进一步考察下列例子.

例 3.2.2　设 $a,b,c>0$,且满足 $a+b+c=3$,证明

$$\frac{1}{c^2+a+b}+\frac{1}{a^2+b+c}+\frac{1}{b^2+c+a} \leqslant 1$$

证明　不等式等价于

$$\sum_{\text{cyc}} \left(\frac{1}{3}-\frac{1}{c^2-c+3}\right) \geqslant 0 \Leftrightarrow \sum_{\text{cyc}} \frac{a(a-1)}{a^2-a+3} \geqslant 0$$

或

$$\sum_{\text{cyc}} \frac{a-1}{a-1+\frac{3}{a}} \geqslant 0$$

根据 Chebyshev 不等式及假设条件 $a+b+c=3$,只需证明,如果 $a \geqslant b$,则 $a-1+\frac{3}{a} \leqslant b-1+\frac{3}{b}$ 或者 $(a-b)(ab-3) \leqslant 0$,这是显然成立的.因为 $ab \leqslant \frac{(a+b)^2}{4} \leqslant \frac{9}{4} < 3$.等号当 $a=b=c=1$ 时成立.

例 3.2.3(Pham Kim Hung)　设 $a,b,c>0$,$0 \leqslant k < 2$,证明

$$\frac{a^2-bc}{b^2+c^2+ka^2}+\frac{b^2-ca}{c^2+a^2+kb^2}+\frac{c^2-ab}{a^2+b^2+kc^2} \geqslant 0$$

证明　尽管这个问题可以使用例 2.1.1 相同的方法解决,在此我们使用 Chebyshev 不等式给出一个简单的解法.注意到,如果 $a \geqslant b$,则对任意正实数 c,我们有

$$(a^2-bc)(b+c) \geqslant (b^2-ca)(c+a)$$

及

$$(b^2+c^2+ka^2)(b+c)-(c^2+a^2+kb^2)(c+a)=$$
$$(b-a)\left(\sum_{\text{cyc}} a^2-(k-1)\sum_{\text{cyc}} bc\right) \leqslant 0$$

有了这些结果,我们将不等式写成如下形式

$$\sum_{\text{cyc}} \frac{(a^2-bc)(b+c)}{(b+c)(b^2+c^2+ka^2)} \geqslant 0$$

由 Chebyshev 不等式,这是成立的,因为$\sum_{cyc}(a^2-bc)(b+c)=0$

例 3.2.4　设$a,b,c>0$,证明

$$\sqrt{a^2+8bc}+\sqrt{b^2+8ca}+\sqrt{c^2+8ab}\leqslant 3(a+b+c)$$

证明　不等式等价于

$$\sum_{cyc}(3a-\sqrt{a^2+8bc})\geqslant 0\Leftrightarrow\sum_{cyc}\frac{a^2-bc}{3a+\sqrt{a^2+8bc}}\geqslant 0$$

或

$$\sum_{cyc}\frac{(a^2-bc)(b+c)}{(3a+\sqrt{a^2+8bc})(b+c)}\geqslant 0$$

根据 Chebyshev 不等式,只需证明:如果$a\geqslant b$,则

$$(b+c)(3a+\sqrt{a^2+8bc})\leqslant(c+a)(3b+\sqrt{b^2+8ca})\Leftrightarrow$$

$$(b+c)\sqrt{a^2+8bc}-(c+a)\sqrt{b^2+8ca}\leqslant 3c(b-a)$$

我们使用分子有理化,有

$$(b+c)\sqrt{a^2+8bc}-(c+a)\sqrt{b^2+8ca}=$$

$$\frac{(b+c)^2(a^2+8bc)-(c+a)^2(b^2+8ca)}{(b+c)\sqrt{a^2+8bc}+(c+a)\sqrt{b^2+8ca}}=$$

$$\frac{c(b-a)[8a^2+8b^2+8c^2+15c(a+b)+6ab]}{(b+c)\sqrt{a^2+8bc}+(c+a)\sqrt{b^2+8ca}}$$

于是只需证明

$$8a^2+8b^2+8c^2+15c(a+b)+6ab\geqslant 3[(b+c)\sqrt{a^2+8bc}+(c+a)\sqrt{b^2+8ca}]$$

这由 AM－GM 不等式立即可得,因为

$$\text{RHS}\leqslant\frac{3}{2}[(b+c)^2+(a^2+8bc)+(c+a)^2+(b^2+8ca)]=$$

$$3(a^2+b^2+c^2+5bc+5ac)\leqslant\text{LHS}$$

注意　这里有一个类似的例子.

设$a,b,c>0$,证明

$$\frac{a^2-bc}{\sqrt{7a^2+2b^2+2c^2}}+\frac{b^2-ca}{\sqrt{7b^2+2c^2+2a^2}}+\frac{c^2-ab}{\sqrt{7c^2+2a^2+2b^2}}\geqslant 0$$

例 3.2.5(Pham Kim Hung)　设$a,b,c,d>0$,且$a^2+b^2+c^2+d^2=4$,证明

$$\frac{1}{5-a}+\frac{1}{5-b}+\frac{1}{5-c}+\frac{1}{5-d}\leqslant 1$$

证明　不等式等价于

$$\sum_{cyc}\left(\frac{1}{5-a}-\frac{1}{4}\right)\leqslant 0\Leftrightarrow\sum_{cyc}\frac{a-1}{5-a}\leqslant 0\Leftrightarrow\sum_{cyc}\frac{(a-1)(a+1)}{(5-a)(a+1)}\leqslant 0\Leftrightarrow$$

$$\sum_{\text{cyc}}\frac{a^2-1}{4a-a^2+5}\leqslant 0$$

注意到 $\sum_{\text{cyc}}(a^2-1)=0$,所以,由 Chebyshev 不等式,只需证明,如果 $a\geqslant b$,则

$$4a-a^2+5\geqslant 4b-b^2+5$$

这个条件就是 $a+b\leqslant 4$,这是显然的,因为 $a^2+b^2\leqslant 4$. 等号当 $a=b=c=d=1$ 时成立.

例 3.2.6(Pham Kim Hung) 设 $a_1,a_2,\cdots,a_n>0$,且满足

$$a_1+a_2+\cdots+a_n=\frac{1}{a_1}+\frac{1}{a_2}+\cdots+\frac{1}{a_n}$$

证明下列不等式

$$\frac{1}{n^2+a_1^2-1}+\frac{1}{n^2+a_2^2-1}+\cdots+\frac{1}{n^2+a_n^2-1}\geqslant\frac{1}{a_1+a_2+\cdots+a_n}$$

证明 不失一般性,我们假设 $a_1\geqslant a_2\geqslant\cdots\geqslant a_n$. 题设条件等价于

$$\frac{1-a_1^2}{a_1}+\frac{1-a_2^2}{a_2}+\cdots+\frac{1-a_n^2}{a_n}=0 \qquad (*)$$

记 $S=\sum_{i=1}^{n}a_i,k=n^2-1$,根据式(*),不等式可以改写成

$$\frac{1-a_1}{k+a_1^2}+\frac{1-a_2}{k+a_2^2}+\cdots+\frac{1-a_n}{k+a_n^2}\geqslant\frac{n-S}{S}\Leftrightarrow$$

$$\sum_{i=1}^{n}\frac{1-a_i^2}{a_i}\left[\frac{a_i}{(1+a_i)(k+a_i^2)}-\frac{a_i}{(1+a_i)S}\right]\geqslant 0$$

对于每一个 $i\neq j,i,j\in\{1,2,\cdots,n\}$,我们记

$$S_{ij}=\left[\frac{a_i}{(1+a_i)(k+a_i^2)}-\frac{a_i}{(1+a_i)S}\right]-\left[\frac{a_j}{(1+a_j)(k+a_j^2)}-\frac{a_j}{(1+a_j)S}\right]=$$
$$\frac{a_j-a_i}{(1+a_i)(1+a_j)}\left[\frac{a_ia_j(a_i+a_j+1)-k}{(a_i^2+k)(a_j^2+k)}+\frac{1}{S}\right]$$

如果 $S_{ij}\leqslant 0(1\leqslant i<j\leqslant n,i,j\in\mathbf{N})$,则由 Chebyshev 不等式,我们有

$$\sum_{i=1}^{n}\frac{1-a_i^2}{a_i}\left[\frac{a_i}{(1+a_i)(k+a_i^2)}-\frac{a_i}{(1+a_i)S}\right]\geqslant$$
$$\frac{1}{n}\left[\sum_{i=1}^{n}\frac{1-a_i^2}{a_i}\right]\left[\sum_{i=1}^{n}\left(\frac{a_i}{(1+a_i)(k+a_i^2)}-\frac{a_i}{(1+a_i)S}\right)\right]=0$$

否则,假设存在两个下标 $i<j$ 满足 $S_{ij}\geqslant 0$,或者

$$\frac{a_ia_j(a_i+a_j+1)-k}{(a_i^2+k)(a_j^2+k)}+\frac{1}{S}\leqslant 0$$

这个条件就意味着

$$\frac{1}{S} \leqslant \frac{k - a_i a_j(a_i + a_j + 1)}{(a_i^2 + k)(a_j^2 + k)} \leqslant \frac{1}{k + a_i^2} + \frac{1}{k + a_j^2} < \sum_{i=1}^{n} \frac{1}{k + a_i^2}$$

等号当 $a_1 = a_2 = \cdots = a_n = 1$ 时成立. 证毕.

为什么 Chebyshev 联合技术从 Chebyshev 应用的其他方法脱颖而出? 这可能是它应用广泛的缘故. 这令人惊讶吗? 当然不是. 事实上,这是个自然的方法. 我相信你已经使用过它,只是没有一个共同的名称而已. 从现在开始,你不会刻意凭直观的感觉和突然的想象使用 Chebyshev 联合技术. 有时候,用合适的系数乘以分子和分母可以更快地达到目的,例如上面的问题. 但有时并不能如愿. 构造一个好的系数需要大量的精力,因此,找到它们的"经验"变得非常重要. 为此,让我们看看下面的例子.

例 3.2.7 设 $a,b,c > 0$,且 $a + b + c = 3$,证明

$$\frac{1}{9 - ab} + \frac{1}{9 - bc} + \frac{1}{9 - ca} \leqslant \frac{3}{8}$$

证明 设 $x = bc, y = ca, z = ab$,则不等式变成为

$$\sum_{\text{cyc}} \frac{1}{9 - x} \leqslant \frac{3}{8} \Leftrightarrow \sum_{\text{cyc}} \frac{1 - x}{9 - x} \geqslant 0$$

假设 a_x, a_y, a_z 是我们要寻找的系数,我们将不等式变形为

$$\sum_{\text{cyc}} a_x(1 - x) \cdot \frac{1}{a_x(9 - x)} \geqslant 0$$

数列 (a_x, a_y, a_z) 必须满足两个条件:

(1) 两个序列 $(a_x(1 - x), a_y(1 - y), a_z(1 - z))$ 和 $(a_x(9 - x), a_y(9 - y), a_z(9 - z))$,一个是增加的,另一个是减少的;

(2) $\sum_{\text{cyc}} a_x(1 - x) \geqslant 0$.

让我们来做某些测试. 首先选择 $a_x = 1 + x, a_y = 1 + y, a_z = 1 + z$. 此时,条件(1) 已经满足,条件(2) 不满足. 因为

$$\sum_{\text{cyc}} a_x(1 - x) = 3 - \sum_{\text{cyc}} x^2 \leqslant 0$$

然后,选择 $a_x = 8 + x, a_y = 8 + y, a_z = 8 + z$. 这时,条件(2) 满足了(可以很容易验证),但条件(1) 并不总是为真. 幸运的是,如果选择 $a_x = 6 + x, a_y = 6 + y, a_z = 6 + z$. 在这种情况下,它们是很显然的. 如果 $x \geqslant y \geqslant z$,则 $a_x(1 - x) \geqslant a_y(1 - y) \geqslant a_z(1 - z)$ 和 $a_x(9 - x) \leqslant a_y(9 - y) \leqslant a_z(9 - z)$. 于是,只需证明

$$\sum_{\text{cyc}} a_x(1 - x) \geqslant 0 \Leftrightarrow 5\Big(\sum_{\text{cyc}} ab\Big) + \Big(\sum_{\text{cyc}} ab\Big)^2 \leqslant 18 + 6abc$$

由 AM - GM 不等式,我们有

$$\prod_{\text{cyc}} (3 - 2a) = \prod_{\text{cyc}} (a + b - c) \leqslant abc$$

这个不等式可以变形为 $9+3abc\geqslant 4\sum_{cyc}ab$. 在上面的不等式中，替换成 $3abc\geqslant 4\sum_{cyc}ab-9$，有

$$5\left(\sum_{cyc}ab\right)+\left(\sum_{cyc}ab\right)^2\leqslant 8\sum_{cyc}ab\Leftrightarrow\sum_{cyc}ab\leqslant 3$$

这时显然是成立的，因为 $a+b+c=3$. 等号当 $a=b=c=1$ 时成立.

例 3.2.8(Moldova TST 2005)　设 $a,b,c>0$，且 $a^4+b^4+c^4=3$，证明

$$\frac{1}{4-ab}+\frac{1}{4-bc}+\frac{1}{4-ca}\leqslant 1$$

证明　设 $x=ab,y=ca,z=bc$，则不等式等价于

$$\frac{1-x}{4-x}+\frac{1-y}{4-y}+\frac{1-z}{4-z}\geqslant 0\Leftrightarrow\frac{1-x^2}{4+3x-x^2}+\frac{1-y^2}{4+3y-y^2}+\frac{1-z^2}{4+3z-z^2}\geqslant 0$$

注意到 $a^4+b^4+c^4=3$，于是 $x^2+y^2+z^2\leqslant 3$，因此，如果 $x\geqslant y\geqslant z$，则

$$1-x^2\leqslant 1-y^2\leqslant 1-z^2,4+3x-x^2\geqslant 4+3y-y^2\geqslant 4+3z-z^2$$

所以由 Chebyshev 不等式，我们有

$$\sum_{cyc}\frac{1-x^2}{4+3x-x^2}\geqslant\frac{1}{3}\left(\sum_{cyc}(1-x^2)\right)\left(\sum_{cyc}\frac{1}{4+3x-x^2}\right)\geqslant 0$$

因为 $\sum_{cyc}x\leqslant 3$ 和 $\sum_{cyc}x^2\leqslant 3$. 等号当 $a=b=c=1$ 时成立.

例 3.2.9(Pham Kim Hung)　设 $a_1,a_2,\cdots,a_n>0$，且满足

$$a_1+a_2+\cdots+a_n=\frac{1}{a_1}+\frac{1}{a_2}+\cdots+\frac{1}{a_n}$$

证明

$$\frac{1}{n-1+a_1^2}+\frac{1}{n-1+a_2^2}+\cdots+\frac{1}{n-1+a_n^2}\leqslant 1$$

证明　不等式改写成如下形式

$$\sum_{i=1}^{n}\left(\frac{1}{n-1+a_i^2}-\frac{1}{n}\right)\leqslant 0$$

或等价于

$$\sum_{i=1}^{n}\frac{a_i^2-1}{n-1+a_i^2}\geqslant 0$$

假定 $a_1\geqslant a_2\geqslant\cdots\geqslant a_n$，根据题设，我们有

$$\sum_{i=1}^{n}\frac{a_i^2-1}{a_i}=0$$

此外，注意到

$$\frac{a_i}{n-1+a_i^2}-\frac{a_j}{n-1+a_j^2}=\frac{(n-1-a_ia_j)(a_i-a_j)}{(n-1+a_i^2)(n-1+a_j^2)}$$

此时 $a_ia_j \leqslant n-1, i \neq j$,于是,我们有

$$\sum_{i=1}^{n} \frac{a_i^2-1}{n-1+a_i^2} \geqslant \frac{1}{n}\left(\sum_{i=1}^{n} \frac{a_i^2-1}{a_i}\right)\left(\sum_{i=1}^{n} \frac{a_i}{n-1+a_i^2}\right)=0$$

只需证明 $a_1a_2 \geqslant n-1$ 的情况. 对于 $n \geqslant 3$,由 Cauchy - Schwarz 不等式,有

$$\frac{a_1^2}{n-1+a_1^2}+\frac{a_2^2}{n-1+a_2^2} \geqslant \frac{(a_1+a_2)^2}{2(n-1)+a_1^2+a_2^2} \geqslant 1 \Rightarrow \sum_{i=1}^{n} \frac{a_i^2}{n-1+a_i^2} \geqslant 1 \Rightarrow$$

$$\sum_{i=1}^{n} \frac{1}{n-1+a_i^2} \leqslant 1$$

对于 $n=1$ 和 $n=2$,不等式变成一个等式. 对于 $n \geqslant 3$,等号当且仅当 $a_1=\cdots=a_n=1$ 时成立.

凸函数与不等式

第4章

凸函数是一个很重要的概念,在数学的多个领域扮演着重要的角色.尽管凸函数总是涉及高深的理论,但凸函数在不等式方面是最常用的基础知识,很容易为高中学生所接受,本书将试着给你介绍这类函数.本节包括两部分:Jensen 不等式和边界不等式.

4.1 凸函数和 Jensen 不等式

定义1 假设f是定义在$[a,b]\subset\mathbf{R}$上的单变量函数.f称为$[a,b]$上的凸函数,当且仅当对任意$x,y\in[a,b]$以及$0\leqslant t\leqslant 1$,总有

$$tf(x)+(1-t)f(y)\geqslant f(tx+(1-t)y)$$

定理5 如果$f(x)$是定义在$[a,b]\subset\mathbf{R}$上的实函数,对任意$x\in[a,b]$,$f''(x)\geqslant 0$,则$f(x)$是$[a,b]$上的凸函数.

证明 我们将证明对任意$x,y\in[a,b]$以及$0\leqslant t\leqslant 1$,总有

$$tf(x)+(1-t)f(y)\geqslant f(tx+(1-t)y)$$

事实上,假设t和y是常数,定义

$$g(x)=tf(x)+(1-t)f(y)-f(tx+(1-t)y)$$

对 x 求导数

$$g'(x)=tf'(x)-tf'(tx+(1-t)y)$$

注意到 $f''(x)\geqslant 0(x\in[a,b])$，则 $f'(x)$ 是 $[a,b]$ 上的增函数. 于是，当 $x\geqslant y$ 时，$g'(x)\geqslant 0$；当 $x\leqslant y$ 时，$g'(x)\leqslant 0$；总之，我们有

$$g(x)\geqslant g(y)=0$$

定理 6(Jensen 不等式) 设 f 是 $[a,b]\subset\mathbf{R}$ 上的凸函数，对所有 $x_1,x_2,\cdots,x_n\in[a,b]$，我们有

$$f(x_1)+f(x_2)+\cdots+f(x_n)\geqslant nf\left(\frac{x_1+x_2+\cdots+x_n}{n}\right)$$

如果你从来没有读过任何有关凸函数的材料，或者你从来没有见过凸函数的定义，那么下面的引理是非常实用的(尽管它可以直接由 Jensen 不等式得到).

引理 1 假设一个实函数 $f:[a,b]\to\mathbf{R}$ 满足条件

$$f(x)+f(y)\geqslant 2f\left(\frac{x+y}{2}\right)\quad\forall x,y\in[a,b]$$

则对所有 $x_1,x_2,\cdots,x_n\in[a,b]$，下列不等式成立

$$f(x_1)+f(x_2)+\cdots+f(x_n)\geqslant nf\left(\frac{x_1+x_2+\cdots+x_n}{n}\right)$$

证明 我们用 Cauchy 归纳法来证明这个引理. 由假设，当 $n=2$ 时，不等式是成立的，因此不等式对 n 是 2 的指数形式是成立的. 所以只需证明，如果不等式对 $n=k+1(k\in\mathbf{N},k\geqslant 2)$ 成立，则对 $n=k$ 也成立. 事实上，设不等式对 $n=k+1$ 成立. 记 $x=x_1+x_2+\cdots+x_k,x_{k+1}=\frac{x}{k}$. 由归纳假设，我们有

$$f(x_1)+f(x_2)+\cdots+f(x_k)+f\left(\frac{x}{k}\right)\geqslant(k+1)f\left(\frac{x+\frac{x}{k}}{k+1}\right)=(k+1)f\left(\frac{x}{k}\right)$$

证毕.

上面的结果我们可以直接从 Jensen 不等式得到，因为根据定义，每一个凸函数 f 满足($t=\frac{1}{2}$)

$$f(x)+f(y)\geqslant 2f\left(\frac{x+y}{2}\right)$$

显然，如果我们改变条件 $f(x)+f(y)\geqslant 2f\left(\frac{x+y}{2}\right)$，$\forall x,y\in[a,b]$ 到 $f(x)+f(y)\leqslant 2f\left(\frac{x+y}{2}\right)$，$\forall x,y\in[a,b]$，则不等式将改变方向

$$f(x_1)+f(x_2)+\cdots+f(x_n)\leqslant nf\left(\frac{x_1+x_2+\cdots+x_n}{n}\right)$$

引理2　假设实函数$f:[a,b]\to\mathbf{R}^+$满足条件

$$f(x)+f(y)\geqslant 2f(\sqrt{xy})\quad \forall x,y\in[a,b]$$

则对所有$x_1,x_2,\cdots,x_n\in[a,b]$,下列不等式成立

$$f(x_1)+f(x_2)+\cdots+f(x_n)\geqslant nf(\sqrt[n]{x_1x_2\cdots x_n})$$

这个引理的证明与引理1是完全类似的,在此不再给出证明. 注意到这个引理的应用是相当广泛的,它当然是AM - GM不等式的一般情况.

定理7(加权Jensen不等式)　假设$f(x)$是定义在$[a,b]\subset\mathbf{R}$上的凸函数,实数$x_1,x_2,\cdots,x_n\in[a,b]$,对所有非负实数$a_1,a_2,\cdots,a_n\geqslant 0,a_1+a_2+\cdots+a_n=1$,则下列不等式成立

$$a_1f(x_1)+a_2f(x_2)+\cdots+a_nf(x_n)\geqslant f(a_1x_1+a_2x_2+\cdots+a_nx_n)$$

Jensen不等式是该定理当$a_1=a_2=\cdots=a_n=\dfrac{1}{n}$时的一个特例.

让我们考虑该定理的更基本的后续版本.

引理3　假设$a_1,a_2,\cdots,a_n\geqslant 0,a_1+a_2+\cdots+a_n=1$以及$x_1,x_2,\cdots,x_n\in[a,b]$. $f(x)$是定义在$[a,b]$上的凸函数,则不等式

$$a_1f(x_1)+a_2f(x_2)+\cdots+a_nf(x_n)\geqslant f(a_1x_1+a_2x_2+\cdots+a_nx_n)$$

对每一个正整数n以及每一个实数$x_i,a_i,i=1,2,\cdots,n$都成立,当且仅当它在$n=2$时成立.

为了证明引理3以及加权Jensen不等式,我们可以采用和引理1同样的方法来证明. 引理1,2和3最大优势是允许使用凸函数方法,即使你不知道有关凸函数的任何事情. 下面的推论是显然的.

推论　(1)如果我们把算术平均表达式换成$x_1,x_2,\cdots,x_n$的任何其他平均,例如几何平均或者调和平均,那么引理1的结论仍然是成立的.

(2)如果不等式对于两个数改变了方向,那么对于n个数不等式也改变方向.

Jensen不等式是一个经典不等式. 在下一章中我们将继续讨论和这个不等式相关联的Karamata不等式, 这是一个更强的不等式. 现在, 我们来讨论Jensen不等式的某些应用.

例4.1.1(IMO Shortlist)　设$x_1,x_2,\cdots,x_n>0$,且$x_1,x_2,\cdots,x_n\geqslant 1$,证明

$$\frac{1}{1+x_1}+\frac{1}{1+x_2}+\cdots+\frac{1}{1+x_n}\leqslant\frac{n}{1+\sqrt[n]{x_1x_2\cdots x_n}}$$

证明　根据引理2,只需证明

$$\frac{1}{1+a^2}+\frac{1}{1+b^2}\leqslant\frac{2}{1+ab}\quad \forall a,b\geqslant 1$$

我们整理由$(a-b)^2(1-ab)\leqslant 0$,这是很明显的.

例 4.1.2　设实数 $a_1,a_2,\cdots,a_n\in\left(\frac{1}{2},1\right]$，证明

$$\frac{a_1a_2\cdots a_n}{(a_1+a_2+\cdots+a_n)^n}\geqslant\frac{(1-a_1)(1-a_2)\cdots(1-a_n)}{(n-a_1-a_2-\cdots-a_n)^n}$$

证明　不等式等价于

$$\sum_{i=1}^{n}[\ln a_i-\ln(1-a_i)]\geqslant n\ln\left(\sum_{i=1}^{n}a_i\right)-n\ln\left(n-\sum_{i=1}^{n}a_i\right)$$

注意到函数 $f(x)=\ln x-\ln(1-x)$，它的二阶导数

$$f''(x)=\frac{-1}{x^2}+\frac{1}{(1-x)^2}\geqslant0\quad\left(x\in\left(\frac{1}{2},1\right]\right)$$

因此 $f(x)$ 是凸函数，由 Jensen 不等式，即得所需结果.

和其他基本不等式，如 AM - GM 不等式、Cauchy - Schwarz 不等式或者 Chebyshev 不等式相比较，很明显，Jensen 不等式局限在一个单独的世界. Jensen 不等式很少用，是因为人们一直认为它对困难的问题力不从心. 然而，这是一个不等式未开垦的领域，Jensen 不等式会变得非常有效，能够经常给我们带来意想不到的解决方案.

例 4.1.3（IMO 2001）　设 $a,b,c>0$，证明

$$\frac{a}{\sqrt{a^2+8bc}}+\frac{b}{\sqrt{b^2+8ac}}+\frac{c}{\sqrt{c^2+8ab}}\geqslant1$$

证明　尽管这个问题用 Hölder 不等式已经解决，但是，由 Jensen 不等式给出的证明依然非常漂亮. 不失一般性，我们假设 $a+b+c=1$. 因为 $f(x)=\frac{1}{\sqrt{x}}$ 是凸函数，由 Jensen 不等式我们得到

$$af(a^2+8bc)+bf(b^2+8ca)+cf(c^2+8ab)\geqslant f(M)$$

在这里 $M=\sum_{\text{cyc}}a(a^2+8bc)=24abc+\sum_{\text{cyc}}a^3$. 于是只需证明 $f(M)\geqslant1$ 或者 $M\leqslant1$ 或者

$$24abc+\sum_{\text{cyc}}a^3\leqslant\left(\sum_{\text{cyc}}a\right)^3\Leftrightarrow\sum_{\text{cyc}}c(a-b)^2\geqslant0$$

最后一个不等式是显然的. 当 $a=b=c$ 时等号成立.

例 4.1.4　设 $a,b,c,d>0$，且 $a+b+c+d=4$，证明

$$\frac{a}{b^2+b}+\frac{b}{c^2+c}+\frac{c}{d^2+d}+\frac{d}{a^2+a}\geqslant\frac{8}{(a+c)(b+d)}$$

证明　记 $f(x)=\frac{1}{x(x+1)}$，则 $f(x)(x>0)$ 是一个凸函数. 根据 Jensen 不等式，我们有

$$\frac{a}{4}\cdot f(b)+\frac{b}{4}\cdot f(c)+\frac{c}{4}\cdot f(d)+\frac{d}{4}\cdot f(a)\geqslant f\left(\frac{ab+bc+cd+da}{4}\right)$$

于是,不等式可以改写成如下形式

$$\sum_{cyc}\frac{a}{b^2+b}\geqslant\frac{64}{(ab+bc+cd+da)^2+4(ab+bc+cd+da)}$$

因此,只需证明

$$\frac{64}{(ab+bc+cd+da)^2+4(ab+bc+cd+da)}\geqslant\frac{8}{ab+bc+cd+da}\Leftrightarrow$$

$$ab+bc+cd+da\leqslant 4\Leftrightarrow(a-b+c-d)^2\geqslant 0$$

等号当 $a=b=c=d=1$ 成立.

例 4.1.5(Vasile Cirtoaje) 设 $a,b,c>0$,证明

$$\sqrt{\frac{a}{a+b}}+\sqrt{\frac{b}{b+c}}+\sqrt{\frac{c}{c+a}}\leqslant\frac{3}{\sqrt{2}}$$

证明 注意到 $f(x)=\sqrt{x}$ 是凸函数. 根据 Jensen 不等式,我们有

$$\sum_{cyc}\sqrt{\frac{a}{a+b}}=\sum_{cyc}\frac{a+c}{2(a+b+c)}\cdot\sqrt{\frac{4a(a+b+c)^2}{(a+b)(a+c)^2}}\leqslant$$

$$\sqrt{\sum_{cyc}\frac{a+c}{2(a+b+c)}\cdot\frac{4a(a+b+c)^2}{(a+b)(a+c)^2}}=$$

$$\sqrt{\sum_{cyc}\frac{2a(a+b+c)}{(a+c)(b+c)}}$$

于是,只需证明

$$\sum_{cyc}\frac{a(a+b+c)}{(a+c)(b+c)}\leqslant\frac{9}{4}$$

展开之后,不等式变成

$$8\left(\sum_{cyc}ab\right)\left(\sum_{cyc}a\right)\geqslant 9\prod_{cyc}(a+b)\Leftrightarrow\sum_{cyc}c(a-b)^2\geqslant 0$$

例 4.1.6(Pham Kim hung, Vo Quoc Ba Can) 设 $a,b,c\geqslant 0$,证明

$$\frac{a}{\sqrt{4b^2+bc+4c^2}}+\frac{b}{\sqrt{4c^2+ca+4a^2}}+\frac{c}{\sqrt{4a^2+ab+4b^2}}\geqslant 1$$

证明 我们可以假设 $a+b+c=1$. 因为 $f(x)=\frac{1}{\sqrt{x}}$ 是凸函数,根据 Jensen 不等式,有

$$af(4b^2+bc+4c^2)+bf(4c^2+ca+4a^2)+cf(4a^2+ab+4b^2)\geqslant f(M)$$

这里

$$M=a(4b^2+bc+4c^2)+b(4c^2+ca+4a^2)+c(4a^2+ab+4b^2)=$$

$$4\sum_{cyc}ab(a+b)+3abc$$

于是只需证明$f(M)\geqslant 1$或者$M\leqslant 1$. 这是很明显的. 因为

$$1-M=\left(\sum_{cyc}a\right)^3-4\sum_{cyc}ab(a+b)-3abc=\sum_{cyc}a^3-\sum_{cyc}ab(a+b)+3abc=$$
$$\prod_{cyc}abc-\prod_{cyc}(a+b-c)\geqslant 0$$

等号成立的条件是$a=b=c$和$a=0,b=c$及其循环排列.

例 4.1.7(Pham Kim Hung) 设$a,b,c>0$,证明

$$\sqrt{\frac{a}{4a+4b+c}}+\sqrt{\frac{b}{4b+4c+a}}+\sqrt{\frac{c}{4c+4a+b}}\leqslant 1$$

证明 注意到函数$f(x)=\sqrt{x}$是凸函数,所以由 Jensen 不等式,我们有

$$\sum_{cyc}\sqrt{\frac{a}{4a+4b+c}}=\sum_{cyc}\frac{4a+4c+b}{9(a+b+c)}\sqrt{\frac{81a\,(a+b+c)^2}{(4a+4b+c)\,(4a+4c+b)^2}}\leqslant$$
$$\sqrt{\sum_{cyc}\frac{4a+4c+b}{9(a+b+c)}\cdot\frac{81a\,(a+b+c)^2}{(4a+4b+c)\,(4a+4c+b)^2}}=$$
$$\sqrt{\sum_{cyc}\frac{9a(a+b+c)}{(4a+4b+c)(4a+4c+b)}}$$

不失一般性,我们假设$a+b+c=1$. 于是,只需证明

$$\sum_{cyc}\frac{9a(a+b+c)}{(4a+4b+c)(4a+4c+b)}\leqslant 1$$

或等价于

$$9\left(\sum_{cyc}a^2+8\sum_{cyc}ab\right)\leqslant\prod_{cyc}(4-3a)\Leftrightarrow 18\sum_{cyc}ab+27abc\leqslant 7$$

这是显然成立的. 因为

$$\sum_{cyc}ab\leqslant\frac{1}{3}\text{ 以及 }abc\leqslant\frac{1}{27}$$

例 4.1.8(Pham Kim Hung) 设$a,b,c>0$且满足$a^2+b^2+c^2=3$,证明

$$\sqrt{\frac{a}{a^2+b^2+1}}+\sqrt{\frac{b}{b^2+c^2+1}}+\sqrt{\frac{c}{c^2+a^2+1}}\leqslant\sqrt{3}$$

证明 对凸函数$f(x)=\sqrt{x}$应用 Jensen 不等式,我们有

$$\sum_{cyc}\sqrt{\frac{a}{a^2+b^2+1}}=\sum_{cyc}\frac{c^2+a^2+1}{3(a^2+b^2+c^2)}\sqrt{\frac{9a\,(a^2+b^2+c^2)^2}{(a^2+b^2+1)(c^2+a^2+1)}}\leqslant$$
$$\sqrt{\sum_{cyc}\frac{c^2+a^2+1}{3(a^2+b^2+c^2)}\cdot\frac{9a\,(a^2+b^2+c^2)^2}{(a^2+b^2+1)(c^2+a^2+1)^2}}=$$
$$\sqrt{\sum_{cyc}\frac{3a(a^2+b^2+c^2)}{(a^2+b^2+1)(c^2+a^2+1)}}$$

于是,只需证明

$$\sum_{\text{cyc}} \frac{a}{(a^2+b^2+1)(c^2+a^2+1)} \leqslant \frac{1}{3} \Leftrightarrow 3\sum_{\text{cyc}} a(a^2+b^2+1) \leqslant \prod_{\text{cyc}} (4-a^2)$$

该不等式变形为

$$12\sum_{\text{cyc}} a - 3\sum_{\text{cyc}} a^3 \leqslant 34 - a^2b^2c^2 - 2\sum_{\text{cyc}} a^4$$

由 AM - GM 不等式,我们有 $a^2b^2c^2 \leqslant 1$,所以只需证明

$$\sum_{\text{cyc}} (2a^4 - 3a^3 + 12a - 11) \leqslant 0 \Leftrightarrow \sum_{\text{cyc}} (a^2-1)\left(2a^2 - 3a + 2 + \frac{9}{a+1}\right) \leqslant 0$$

因为这最后的不等式是对称的,所以我们可以假设 $a \geqslant b \geqslant c$. 记

$$S_a = 2a^2 - 3a + 2 + \frac{9}{a+1}, S_b = 2b^2 - 3b + 2 + \frac{9}{b+1}, S_c = 2c^2 - 3c + 2 + \frac{9}{c+1}$$

如果 $b \leqslant 1$,则 $a+b \leqslant 1+\sqrt{2}$ 以及 $(a+1)(b+1) \leqslant 2(1+\sqrt{2})$,这就意味着

$$S_a - S_b = 2(a+b) - 3 - \frac{9}{(a+1)(b+1)} \leqslant 0$$

当然 $S_b - S_c \leqslant 0$,因此我们得到 $S_a \leqslant S_b \leqslant S_c$,由 Chebyshev 不等式,我们有

$$\sum_{\text{cyc}} (a^2-1)S_a \leqslant \frac{1}{3}\left(\sum_{\text{cyc}} (a^2-1)\right)\left(\sum_{\text{cyc}} S_a\right) = 0$$

如果 $b \geqslant 1$,则我们也有 $S_a - S_c \leqslant 0$ 以及 $S_b - S_c \leqslant 0$(因为 $c \leqslant 1$). 这就意味着

$$\sum_{\text{cyc}} (a^2-1)S_a = (a^2-1)(S_a - S_c) + (b^2-1)(S_b - S_c) \leqslant 0$$

等号成立条件为 $a=b=c=1$.

事实上,在一定程度上,加权Jensen不等式有许多的秘密. 它现在仍然很少使用,但一旦使用,它总是展示一个美妙的方案. 以上问题及其解答,希望能向你传输使用这个特殊方法的技巧,更多的还需要你自己去考虑.

下面我们将讨论应用凸函数处理不等式的新方式,我们将利用凸函数来处理变量限制在区间[a,b]上的不等式.

4.2 凸函数与变量限制在区间上的不等式

在某些不等式中,其中的变量被限制在特定的区间上. 对于这一类问题,使用 Jensen 不等式来处理是十分强大、有效的. 因为它可以帮助我们确定变量等于或不等于边界,而获得一个表达式的最小值.

例 4.2.1(MYM 2001) 设 $a,b,c>0$,$a,b \in [1,2]$,证明

$$a^3 + b^3 + c^3 \leqslant 5abc$$

证明 首先我们给出这个简单问题的一个基本解法. 因为 $a,b,c \in [1,2]$,如果 $a \geqslant b \geqslant c$,则

$$a^3 + 2 \leqslant 5a \Leftrightarrow (a-2)(a^2+2a-1) \leqslant 0 \quad (1)$$

$$5a + b^3 \leqslant 5ab + 1 \Leftrightarrow (b-1)(b^2+b+1-5a) \leqslant 0 \quad (2)$$

$$5ab + c^3 \leqslant 5abc + 1 \Leftrightarrow (c-1)(c^2+c+1-5ab) \leqslant 0 \quad (3)$$

上述估计式是正确的. 因为

$$b^2+b+1 \leqslant a^2+a+1 \leqslant 2a+a+1 \leqslant 5a$$

$$c^2+c+1 \leqslant a^2+a+1 \leqslant 5a \leqslant 5ab$$

将不等式(1)(2)(3)相加,即得到所需结果. 等号成立条件是 $a=2,b=c=1$ 及其循环排列.

例4.2.2(Olympiad 30 - 4, Vietnam) 设 $a,b,c>0$, $a,b,c \in [1,2]$,证明

$$(a+b+c)\left(\frac{1}{a}+\frac{1}{b}+\frac{1}{c}\right) \leqslant 10$$

证明 不等式变形为

$$\frac{a}{b}+\frac{b}{c}+\frac{c}{a}+\frac{b}{a}+\frac{c}{b}+\frac{a}{c} \leqslant 7$$

不失一般性,我们可以假定 $a \geqslant b \geqslant c$,则

$$(a-b)(b-c) \geqslant 0 \Rightarrow \begin{cases} \dfrac{a}{c}+1 \geqslant \dfrac{a}{b}+\dfrac{b}{c} \\ \dfrac{c}{a}+1 \geqslant \dfrac{c}{b}+\dfrac{b}{a} \end{cases}$$

这就意味着

$$\frac{a}{b}+\frac{b}{c}+\frac{c}{b}+\frac{b}{a} \leqslant \frac{a}{c}+\frac{c}{a}+2$$

我们得到

$$\Rightarrow \frac{a}{b}+\frac{b}{c}+\frac{c}{a}+\frac{b}{a}+\frac{c}{b}+\frac{a}{c} \leqslant 2+2\left(\frac{a}{c}+\frac{c}{a}\right) = 7-\frac{(2c-a)(2a-c)}{ac} \leqslant 7$$

因为 $2c \geqslant a \geqslant c$. 等号成立条件是 $(a,b,c)=(2,2,1)$ 或 $(2,1,1)$ 或其循环排列.

注意 下面是本题的一般情况,它的证法和前面的问题是类似的.

设 $p<q$ 是正常数,$a_1,a_2,\cdots,a_n \in [p,q]$,证明

$$(a_1+a_2+\cdots+a_n)\left(\frac{1}{a_1}+\frac{1}{a_2}+\cdots+\frac{1}{a_n}\right) \leqslant n^2+\frac{k_n(p-q)^2}{4pq}$$

这里,如果 n 是奇数,$k_n=n^2$;如果 n 是偶数,$k_n=n^2-1$.

前一个问题的关键是一个中间估计(估计是:如果 $a \geqslant b \geqslant c$,则 $(b-a)\cdot(b-c) \leqslant 0$). 因为它们是基本和简单的,就是一个中学生也是可以接受的. 但下面的不等式会怎样呢? 前面的方法还能使用吗? 让我们看看.

例 4.2.3 设实数 $x_1,x_2,\cdots,x_{2\,005}\in[-1,1]$,求下列表达式的最小值

$$P=x_1x_2+x_2x_3+\cdots+x_{2\,004}x_{2\,005}+x_{2\,005}x_1$$

解 因为这个不等式是循环不等式而非对称,我们规定了变量的次序. 如果依靠关系 $(x_i-1)(x_i+1)\leqslant 0$,我们不会成功.

凭直觉,我们认为表达式在序列 $x_1,x_2,\cdots,x_{2005}$ 交替为 1 和 -1 时,将达到最大值. 在这种情况下

$$P=1\times(-1)+(-1)\times 1+\cdots+(-1)\times 1+1\times 1=-2\,003$$

这个猜想的准确的证明,并不那么明显. 尽管下面的解法很简单,但是,如果你没有凸函数方面的知识,这确实很难.

首先,我们注意到,如果 $x\in[p,q]$,则每个线性函数 $f(x)=ax+b$ 或者二次函数 $f(x)=ax^2+bx+c$ 有下列重要的特性

$$\max_{x\in[p,q]}f(x)=\max\{f(p),f(q)\}$$

$$\min_{x\in[p,q]}f(x)=\min\{f(p),f(q)\}$$

注意到 $P=P(x_1)$ 是 x_1 的线性函数,因此,根据线性函数的性质,当且仅当 $x_1\in\{-1,1\}$ 时,P 达到最小值. 类似地,对于其他变量,我们得到,当且仅当 $x_k\in\{-1,1\}(k=1,2,\cdots,2\,005)$ 时,P 达到最小值. 在这种情况下,我们将证明 $P\geqslant -2\,003$. 事实上,一定至少有一个 $k(k\in\mathbf{N},1\leqslant k\leqslant 2\,005)$ 满足 $x_kx_{k+1}\geqslant 0$. 这就意味着 $x_kx_{k+1}=1$,因此 $\sum\limits_{k=1}^{2\,005}x_kx_{k+1}\geqslant -2\,003$.

注意 使用类似的方法,我们可以解决这种类型的许多不等式问题.

(1) 设实数 $x_1,x_2,\cdots,x_n\in[-1,1]$,求下列表达式的最小值

$$P=x_1x_2x_3+x_2x_3x_4+\cdots+x_{n-1}x_nx_1+x_nx_1x_2$$

(2) 设实数 $x_1,x_2,\cdots,x_n\in[0,1]$,证明

$$P=x_1(1-x_2)+x_2(1-x_3)+\cdots+x_n(1-x_1)\leqslant\left[\frac{n}{2}\right]$$

什么样的函数持有这种方法? 当然,线性函数是一个例子,但也并非全部. 借助下面引理帮助,确定了一大类这种函数.

引理 4 设 $F(x_1,x_2,\cdots,x_n)$ 是定义在 $[a,b]\times[a,b]\times\cdots\times[a,b]\subset\mathbf{R}^n$ $(a<b)$ 上的实函数,满足对所有 $k\in\{1,2,\cdots,n\}$,如果我们固定 $n-1$ 个变量 $x_j(j\neq k)$,则 $F(x_1,x_2,\cdots,x_n)=f(x_k)$ 是 x_k 的一个凸函数. 那么,当且仅当 $\alpha_i\in\{a,b\}$,$\forall i\in\{1,2,\cdots,n\}$ 时,F 在点 $(\alpha_1,\alpha_2,\cdots,\alpha_n)$ 达到最小值.

证明 事实上,我们只需证明,如果 $f(x)$ 是定义在 $[a,b]$ 上的凸函数,则对所有 $x\in[a,b]$,我们有

$$f(x)\leqslant\max\{f(a),f(b)\}$$

实际上,因为 $\{ta+(1-t)b\mid t\in[0,1]\}=[a,b]$,则对所有 $x\in[a,b]$,

存在一个数 $t \in [0,1]$,满足 $x = ta + (1-t)b$. 根据凸函数的定义,我们有

$$f(x) \leqslant tf(a) + (1-t)f(b) \leqslant \max\{f(a), f(b)\}$$

使用这个引理,像例 4.2.3,我们只需验证多变量函数作为 x_k 的单变量函数的凹凸性即可. 请看下面一个例子.

例 4.2.4(Mathematics and Youth Magazine) 给定正实数 $x_1, x_2, \cdots, x_n \in [a,b]$,求下列表达式的最大值

$$(x_1 - x_2)^2 + (x_1 - x_3)^2 + \cdots + (x_1 - x_n)^2 + (x_2 - x_3)^2 + \cdots + (x_{n-1} - x_n)^2$$

证明 记上面的表达式为 F. 注意到 F,表示为 x_1 的函数(我们已经固定其他变量),它等于

$$f(x_1) = (n-1)x_1^2 - 2\left(\sum_{i=2}^{n} x_i\right) x_1 + c$$

在这里 c 是一个常数. 很显然,f 是一个凸函数($f''(x) = 2(n-1) \geqslant 0$). 根据上面的引理,我们得到,当且仅当 $x_i \in \{a,b\}, i \in \{1,2,\cdots,n\}$ 时,F 达到最大值. 假设 k 个数 x_i 等于 a,$n-k$ 个数等于 b. 在这种情况下,我们有

$$F = n\left(\sum_{i=1}^{n} x_i^2\right) - \left(\sum_{i=1}^{n} x_i\right)^2 = nka^2 + n(n-k)b^2 - [ka + (n-k)b]^2 = k(n-k)(a-b)^2$$

我们得到

$$\max(F) = \begin{cases} m^2 (a-b)^2, n = 2m, m \in \mathbf{N} \\ m(m+1)(a-b)^2, n = 2m+1, m \in \mathbf{N} \end{cases}$$

例 4.2.5 设 $n \in \mathbf{N}$,求下列表达式的最小值

$$f(x) = |1 + x| + |2 + x| + \cdots + |n + x| \quad (x \in \mathbf{R})$$

解 记 $I_1 = [-1, +\infty), I_{n+1} = (-\infty, -n], I_k = [-k, -k+1], k \in \{2, 3, \cdots, n\}$. 如果 $x \in I_1$,则

$$f(x) = \sum_{i=1}^{n} (1 + x) \geqslant \sum_{i=1}^{n} (i-1) = \frac{n(n-1)}{2} = f(-1)$$

如果 $x \in I_n$,则

$$f(x) = \sum_{i=1}^{n} (-1 - x) \geqslant \sum_{i=1}^{n} (-i + n) = \frac{n(n-1)}{2} = f(-n)$$

假设 $x \in I_k (1 < k < n+1)$,则

$$f(x) = -\sum_{i=1}^{k-1} (i + x) + \sum_{i=k}^{n} (i + x)$$

是 x 的线性函数,因此

$$\min_{x \in I_k} f(x) = \min\{f(-k), f(-k+1)\}$$

组合前面的结果,我们有

$$\min_{x \in \mathbf{R}} f(x) = \min\{f(-1), f(-2), \cdots, f(-n)\}$$

经过简单的计算,我们有

$$f(-k) = (1 + 2 + \cdots + (k-1)) + (1 + 2 + \cdots + (n-k)) = \frac{1}{2}[k^2 + (n-k)^2 + n]$$

这就意味着

$$\min_{x \in \mathbf{R}} f(x) = \min_{1 \leqslant k \leqslant n} \frac{k^2 + (n-k)^2 + n}{2} = \begin{cases} m(m+1), n = 2m, m \in \mathbf{N} \\ (m+1)^2, n = 2m+1, m \in \mathbf{N} \end{cases}$$

为什么这个方法有这么大的优势?因为它不尝试中间估计,只需检测边界值,可以帮助我们立即找到答案.

有时,变量可能不仅被限制在一定的区间内,而且相互之间有关联.在这种情况下,下面的结果是很重要的.

引理 5 假设$f(x)$是定义在$[a,b] \subset \mathbf{R}$上的实的凸函数,实数$x_1, x_2, \cdots, x_n \in [a,b]$,且满足

$$x_1 + x_2 + \cdots + x_n = s = \text{constan } t \quad (na \leqslant s \leqslant nb)$$

考察下列表达式

$$F = f(x_1) + f(x_2) + \cdots + f(x_n)$$

则F达到最大值,当且仅当序列$(x_1, x_2, \cdots, x_n)$中至少有$n-1$个元素等于a或b.

证明 注意到这个引理直接从$n=2$的情况可以得到.事实上,只需要证明:如果$x, y \in [a,b]$且$2a \leqslant x + y \leqslant 2b$,则

$$f(x) + f(y) \leqslant \begin{cases} f(a) + f(s-a), s \leqslant a + b \\ f(b) + f(s-b), s \geqslant a + b \end{cases}$$

实际上,假设$s \leqslant a + b$,则$s - a \leqslant b$.由于$x \in [a, s-a]$,则存在数$t \in [0, 1]$使得$x = ta + (1-t)(s-a), y = (1-t)a + t(s-a)$.由凸函数的定义我们有$f(x) \leqslant tf(a) + (1-t)f(s-a)$以及$f(y) \leqslant (1-t)f(a) + tf(s-a)$,两式相加,我们得到

$$f(x) + f(y) \leqslant f(a) + f(s-a)$$

在$s \geqslant a + b$的情况下,引理类似可证.

现在看看由这个引理导出的简单而熟悉的问题.

例 4.2.6 设$a_1, a_2, \cdots, a_n > 0, a_1, a_2, \cdots, a_n \in [0,2]$,且满足$a_1 + a_2 + \cdots + a_n = n$,求表达式

$$S = a_1^2 + a_2^2 + \cdots + a_n^2$$

的最大值.

解 对凸函数$f(x) = x^2$应用上面的引理,我们得到,当且仅当k个数等于

$2, n-k-1$ 个数等于 0 时,S 达到最大值. 在这种情况下,我们有 $S=4k+(n-2k)^2$. 因为 $a_1,a_2,\cdots,a_n\in[0,2]$,所以必定有 $0\leqslant n-2k\leqslant 2$.

如果 $n=2m(m\in\mathbf{N})$,则 $n-2k\in[0,2]$,这就意味着

$$\max S=4m=2n$$

如果 $n=2m+1(m\in\mathbf{N})$,则 $n-2k=1$,这就意味着

$$\max S=4m+1=2n+1$$

例 4.2.7 设 $a,b,c\in[0,2]$,且满足 $a+b+c=5$,证明

$$a^2+b^2+c^2\leqslant 9$$

证明 假设 $a\leqslant b\leqslant c$,根据引理5,我们推断 $a^2+b^2+c^2$ 当且仅当 $a=0$ 或者 $b=c=2$ 达到最大值. 在第一种情况 $a=0$ 是不可能的,因为 $4\geqslant b+c=5$,引出矛盾. 在第二种情况,我们有 $a=1$,因此

$$\max\{a^2+b^2+c^2\}=1^2+2^2+2^2=9$$

例 4.2.8 设实数 $a_1,a_2,\cdots,a_{2\,007}\in[-1,1]$,且满足

$$a_1+a_2+\cdots+a_{2\,007}=0$$

证明

$$a_1^2+a_2^2+\cdots+a_{2\,007}^2\leqslant 2\,006$$

证明 应用引理5,我们推断表达式 $a_1^2+a_2^2+\cdots+a_{2\,007}^2$ 当且仅当 k 个数等于 $1, n-k-1$ 个数等于 -1. k 必须是 1 003 且后继的数必须是0,这样,我们得到

$$a_1^2+a_2^2+\cdots+a_{2\,007}^2\leqslant 2\,006$$

例 4.2.9(Tran Nam Dung) 设实数 $x_1,x_2,\cdots,x_n\in[-1,1]$,且满足 $x_1^3+x_2^3+\cdots+x_n^3=0$,求表达式 $x_1+x_2+\cdots+x_n$ 的最大值.

解 我们记 $a_i=x_i^3, i\in\{1,2,\cdots,n\}$,则 $a_1+a_2+\cdots+a_n=0$. 注意到函数 $f(x)=\sqrt[3]{x}$,当 $x\geqslant 0$ 时是凹函数;当 $x\leqslant 0$ 时是凸函数. 由引理5,很容易得到

$$f(x)+f(y)\leqslant\begin{cases}f(-1)+f(x+y+1), & x,y\in[-1,0]\\ 2f\left(\dfrac{x+y}{2}\right), & x,y\in[0,1]\end{cases}\tag{1}$$

现在假设 x_i 中有两个数 x,y 满足 $x<0<y$,则

$$f(x)+f(y)\leqslant\begin{cases}f(-1)+f(x+y+1) & x+y\leqslant 0\\ f(0)+f(x+y) & x+y\geqslant 0\end{cases}\tag{2}$$

根据式(1),我们推断如果 $a_1,a_2,\cdots,a_k$ 是序列 $(a_1,a_2,\cdots,a_n)$ 中的非负项,则

$$\sum_{i=1}^{k}f(a_i)\leqslant(k-1)f(1)+f\Big(\sum_{i=1}^{n}a_i+k-1\Big)$$

这就是说,我们可以改变 $k-1$ 个非负数为 -1 使得和 $\sum\limits_{i=1}^{n}f(a_i)$ 更大. 因此,如果

$a_{k+1},a_{k+2},\cdots,a_n$ 是非负数,则

$$\sum_{j=k+1}^{n}f(a_j)\leqslant(n-k)f\left(\frac{1}{n-k}\sum_{j=k+1}^{n}a_j\right)$$

这就意味着我们可以使用它们的算术平均值来代替所有非负实数而使 $\sum_{i=k+1}^{n}f(a_i)$ 更大. 因此,我们可以使 $k-1$ 个非正数等于 -1;总有一个非正数,假设这个数是 a_k,由于 $\sum_{i=1}^{n}a_i=0$,必有一个非负数,不妨设为 a_n. 根据式(2),由于 $a_k\leqslant 0\leqslant a_n$,如果 $a_k+a_n\leqslant 0(a_k+a_n+1\geqslant 0)$,我们用$(-1,a_k+a_n+1)$来替换$(a_k,a_n)$. 如果 $a_k+a_n\geqslant 0$,我们就用$(0,a_k+a_n)$来替换(a_k,a_n). 经过这个步骤之后,新的序列有 k 个非正元素等于 -1. 因此

$$\sum_{i=1}^{n}f(a_i)\leqslant g(k)=kf(-1)+(n-k)f\left(\frac{k}{n-k}\right)=\sqrt[3]{k(n-k)^2}-k$$

注意到导数 $g'(k)$ 只有一个根 $k=\frac{n}{9}$,因此我们得到表达式 $\sum_{i=1}^{n}f(a_i)$ 或 $\sum_{i=1}^{n}x_i$ 的最大值是

$$\max\left\{\sqrt[3]{\left[\frac{n}{9}\right]\cdot\left(n-\left[\frac{n}{9}\right]\right)^2}-\left[\frac{n}{9}\right],\sqrt[3]{\left(\left[\frac{n}{9}\right]-1\right)\cdot\left(n-\left[\frac{n}{9}\right]-1\right)^2}-\left[\frac{n}{9}\right]-1\right\}$$

第5章 Abel 公式和重排不等式

5.1 Abel 公式

在下面,我们将讨论一个和数学竞赛中的许多问题密切相关的恒等式. 这个恒等式在不等式方面有较好的效果. 这就是所谓的 Abel 公式.

定理 8(Abel 公式) 假设$(x_1,x_2,\cdots,x_n)$和$(y_1,y_2,\cdots,y_n)$是两个实数列. 记

$$c_k=y_1+y_2+\cdots+y_k\quad(k=1,2,\cdots,n)$$

则

$$x_1y_1+x_2y_2+\cdots+x_ny_n=(x_1-x_2)c_1+(x_2-x_3)c_2+\cdots+(x_{n-1}-x_n)c_{n-1}+x_nc_n$$

证明 我们当然有

$$(x_1-x_2)c_1+(x_2-x_3)c_2+\cdots+(x_{n-1}-x_n)c_{n-1}+x_nc_n=$$
$$c_1x_1+(c_2-c_1)x_2+\cdots+(c_n-c_{n-1})x_n=$$
$$x_1y_1+x_2y_2+\cdots+x_ny_n$$

由这个定理,我们可以直接得到下列结果

例 5.1.1(Abel 不等式)　设 $x_1,x_2,\cdots,x_n$ 和 $y_1\geqslant y_2\geqslant\cdots\geqslant y_n\geqslant 0$ 是实数. 对于 $k\in\{1,2,\cdots,n\}$,我们记 $S_k=\sum\limits_{i=1}^{n}x_i$,假设 $M=\max\{S_1,S_2,\cdots,S_n\}$ 和 $m=\min\{S_1,S_2,\cdots,S_n\}$,则

$$my_1\leqslant x_1y_1+x_2y_2+\cdots+x_ny_n\leqslant My_1$$

证明　因为不等式的两部分证明是类似的,我们只证明不等式的左半部分. 设 $y_{n+1}=0$,由 Abel 公式

$$\sum_{i=1}^{n}x_iy_i=\sum_{i=1}^{n}(y_i-y_{i+1})S_i\geqslant\sum_{i=1}^{n}m(y_i-y_{i+1})=my_1$$

Abel 公式经常用于用其他方法很难解决有复杂条件的不等式问题. 下面是一些例子.

例 5.1.2　设 $a_1,a_2,\cdots,a_n$ 和 $b_1\geqslant b_2\geqslant\cdots\geqslant b_n\geqslant 0$ 是正数序列,且满足

$$a_1a_2\cdots a_k\geqslant b_1b_2\cdots b_k\quad\forall k\in\{1,2,\cdots,n\}$$

证明下列不等式

$$a_1+a_2+\cdots+a_n\geqslant b_1+b_2+\cdots+b_n$$

证明　由 Abel 公式,我们有

$$\begin{aligned}\sum_{i=1}^{n}a_i-\sum_{i=1}^{n}b_i=\sum_{i=1}^{n}b_i\left(\frac{a_i}{b_i}-1\right)&=(b_1-b_2)\left(\frac{a_1}{b_1}-1\right)+\\&(b_2-b_3)\left(\frac{a_1}{b_1}+\frac{a_2}{b_2}-2\right)+\cdots+\\&(b_{n-1}-b_n)\left(\sum_{i=1}^{n-1}\frac{a_i}{b_i}-n+1\right)+b_n\left(\sum_{i=1}^{n}\frac{a_i}{b_i}-n\right)\geqslant 0\end{aligned}$$

因为,由 AM - GM 不等式,对于所有 $k\in\{1,2,\cdots,n\}$,有

$$\frac{a_1}{b_1}+\frac{a_2}{b_2}+\cdots+\frac{a_k}{b_k}\geqslant k\sqrt[k]{\frac{a_1a_2\cdots a_k}{b_1b_2\cdots b_k}}\geqslant k$$

例 5.1.3(USA MO 1994)　设 $x_1,x_2,\cdots,x_n$ 是正实数序列,且满足 $x_1+x_2+\cdots+x_k\geqslant\sqrt{k}$, $\forall k\in\{1,2,\cdots,n\}$,证明下列不等式

$$x_1^2+x_2^2+\cdots+x_n^2\geqslant\frac{1}{4}\left(1+\frac{1}{2}+\frac{1}{3}+\cdots+\frac{1}{n}\right)$$

证明　不失一般性,假设 $x_1\geqslant x_2\geqslant\cdots\geqslant x_n$. 对于 $k\in\{1,2,\cdots,n\}$,设 $b_k=\frac{1}{\sqrt{k}}$,我们首先证明

$$2\sum_{i=1}^{n}x_i^2\geqslant\sum_{i=1}^{n}x_ib_i$$

以及

$$2\sum_{i=1}^{n}x_ib_i \geqslant \sum_{i=1}^{n}b_i^2$$

由 Abel 公式,我们有

$$\sum_{i=1}^{n}x_i(2x_i-b_i)=(x_1-x_2)(2x_1-b_1)+(x_2-x_3)(2x_1+2x_2-b_1-b_2)+\cdots+(x_{n-1}-x_n)\Big(2\sum_{i=1}^{n-1}x_i-\sum_{i=1}^{n-1}b_i\Big)+x_n\Big(2\sum_{i=1}^{n}x_i-\sum_{i=1}^{n}b_i\Big)$$

由于 $x_k \geqslant x_{k+1}\ \forall k \in \{1,2,\cdots,n\}$,所以我们只需证明

$$2\sum_{i=1}^{n}x_i \geqslant \sum_{i=1}^{n}b_i$$

由题设条件,只需证明

$$\sum_{i=1}^{k}\frac{1}{\sqrt{i}} \leqslant 2\sqrt{k}$$

然而,最后的不等式是显然成立的,因为

$$\sum_{i=1}^{k}\frac{1}{\sqrt{i}} \leqslant \sum_{i=1}^{k}\frac{2}{\sqrt{i}+\sqrt{i-1}}=2\sum_{i=1}^{k}(\sqrt{i}-\sqrt{i-1})=2\sqrt{k}$$

这也可以由 Abel 公式得到

$$\sum_{i=1}^{n}b_i(2x_i-b_i)=(b_1-b_2)(2x_1-b_1)+\cdots+(b_{n-1}-b_n)\Big(2\sum_{i=1}^{n-1}x_i-\sum_{i=1}^{n-1}b_i\Big)+b_n\Big(2\sum_{i=1}^{n}x_i-\sum_{i=1}^{n}x_i-\sum_{i=1}^{n}b_i\Big)$$

$b_n \geqslant b_{k+1},\forall k \in \{1,2,\cdots,n\}$,所以所有项均为正.

例5.1.4(改进的Chebyshev不等式) 设 $a_1,a_2,\cdots,a_n$ 和 $b_1,b_2,\cdots,b_n$ 是实数,且满足

$$a_1 \geqslant \frac{a_1+a_2}{2} \geqslant \cdots \geqslant \frac{a_1+a_2+\cdots+a_n}{n}$$

$$b_1 \geqslant \frac{b_1+b_2}{2} \geqslant \cdots \geqslant \frac{b_1+b_2+\cdots+b_n}{n}$$

证明

$$a_1b_1+a_2b_2+\cdots+a_nb_n \geqslant \frac{1}{n}(a_1+a_2+\cdots+a_n)(b_1+b_2+\cdots+b_n)$$

证明 对于 $k \in \{1,2,\cdots,n\}$,我们记 $S_k=a_1+a_2+\cdots+a_k,b_{n+1}=0$,由 Abel 公式,我们有

$$\sum_{i=1}^{n}a_ib_i=\sum_{i=1}^{n}(b_i-b_{i+1})S_i=\sum_{i=1}^{n}i(b_i-b_{i+1})\Big(\frac{S_i}{i}\Big)$$

再次根据 Abel 公式,我们有

$$\sum_{i=1}^{n} a_i b_i = \left(S_1 - \frac{S_2}{2}\right)(b_1 - b_2) + \left(\frac{S_2}{2} - \frac{S_3}{3}\right)(b_1 + b_2 - 2b_3) + \cdots + \left(\frac{S_{n-1}}{n-1} - \frac{S_n}{n}\right)\left(\sum_{i=1}^{n-1} b_i - (n-1)b_n\right) + \frac{1}{n}\left(\sum_{i=1}^{n} a_i\right)\left(\sum_{i=1}^{n} b_i\right)$$

由题设,可得$\frac{S_1}{1} \geqslant \frac{S_2}{2} \geqslant \cdots \geqslant \frac{S_n}{n}$,所以,只需证明

$$\sum_{i=1}^{k} b_i \geqslant k b_{k+1} \quad \forall k \in \{1,2,\cdots,n-1\}$$

这可直接由题设条件得到

$$\frac{1}{k}\sum_{i=1}^{k} b_i \geqslant \frac{1}{k+1}\sum_{i=1}^{k+1} b_i$$

例 5.1.5(Romania MO and Singapore MO) 设 $x_1, x_2, \cdots, x_n$ 是实数,满足 $x_1 \geqslant x_2 \geqslant \cdots \geqslant x_n \geqslant x_{n+1} = 0$,证明

$$\sqrt{x_1 + x_2 + \cdots + x_n} \leqslant \sum_{i=1}^{n} \sqrt{i}\left(\sqrt{x_i} - \sqrt{x_{i+1}}\right)$$

证明 记 $c_i = \sqrt{i} - \sqrt{i-1}$,$a_i = \sqrt{x_i}$,则不等式变成

$$(a_1c_1 + a_2c_2 + \cdots + a_nc_n)^2 \geqslant a_1^2 + a_2^2 + \cdots + a_n^2$$

假设 $b_1, b_2, \cdots, b_n$ 是正数,且满足 $b_1^2 + b_2^2 + \cdots + b_n^2 = 1$ 以及$\left(\sum_{i=1}^{n} a_i^2\right)\left(\sum_{i=1}^{n} b_i^2\right) = \left(\sum_{i=1}^{n} a_i b_i\right)^2$(序列$(a_1, a_2, \cdots, a_n)$和$(b_1, b_2, \cdots, b_n)$成比例). 我们只需证明

$$a_1c_1 + a_2c_2 + \cdots + a_nc_n \geqslant a_1b_1 + a_2b_2 + \cdots + a_nb_n$$

由 Abel 公式,上面的不等式可以变形为

$$\sum_{i=1}^{n} a_i(c_i - b_i) \geqslant 0 \Leftrightarrow (a_1 - a_2)(c_1 - b_1) + (a_2 - a_3)(c_1 + c_2 - b_1 - b_2) + \cdots + (a_{n-1} - a_n)\left(\sum_{i=1}^{n-1} a_i - \sum_{i=1}^{n-1} b_i\right) + a_n\left(\sum_{i=1}^{n} a_i - \sum_{i=1}^{n} b_i\right) \geqslant 0$$

这是成立的,因为对于 $k = 1, 2, \cdots, n$,我们有

$$\sum_{i=1}^{k} c_i - \sum_{i=1}^{k} b_i = \sqrt{k} - \sum_{i=1}^{k} b_i \geqslant \sqrt{k} - \sqrt{k\left(\sum_{i=1}^{k} b_i^2\right)} \geqslant 0$$

例 5.1.6 设 $a_1, a_2, \cdots, a_n$ 和 $b_1 \leqslant b_2 \leqslant \cdots \leqslant b_n$ 是实数,且满足

$$a_1^2 + a_2^2 + \cdots + a_k^2 \leqslant b_1^2 + b_2^2 + \cdots + b_k^2 \quad k = 1, 2, \cdots, n$$

证明

$$a_1 + a_2 + \cdots + a_n \leqslant b_1 + b_2 + \cdots + b_n$$

证明 我们用归纳法来证明这个问题. 当 $n = 1$ 是显然的. 假设问题对 n 是

成立的,我们将证明它对 $n+1$ 也是成立的. 实际上,由 Cauchy - Schwarz 不等式,我们有

$$(a_1^2+a_2^2+\cdots+a_{n+1}^2)(b_1^2+b_2^2+\cdots+b_{n+1}^2)\geqslant(a_1b_1+a_2b_2+\cdots+a_{n+1}b_{n+1})^2$$

由假设 $\sum_{i=1}^{n+1}a_i^2\leqslant\sum_{i=1}^{n+1}b_i^2$,所以 $\sum_{i=1}^{n+1}b_i^2\geqslant\sum_{i=1}^{n+1}a_ib_i$. 根据 Abel 公式

$$\begin{aligned}0\leqslant\sum_{i=1}^{n+1}b_i(b_i-a_i)=&(b_1-b_2)(b_1-a_1)+\\&(b_2-b_3)(b_1+b_2-a_1-a_2)+\cdots+\\&(b_n-b_{n+1})\left(\sum_{i=1}^{n}b_i-\sum_{i=1}^{n}a_i\right)+b_{n+1}\left(\sum_{i=1}^{n+1}b_i-\sum_{i=1}^{n+1}a_i\right)\end{aligned}$$

在上面的和式中,每一个排除了最后一个非正数(因为 $k\in\{1,2,\cdots,n\}$,我们有 $b_k\leqslant b_{k+1}$ 以及 $\sum_{i=1}^{k}b_i\geqslant\sum_{i=1}^{k}a_i$,由归纳假设). 所以,我们必定有

$$b_{n+1}\left(\sum_{i=1}^{n+1}b_i-\sum_{i=1}^{n+1}a_i\right)\geqslant 0\Leftrightarrow\sum_{i=1}^{n+1}b_i\geqslant\sum_{i=1}^{n+1}a_i$$

注意 下面更强的结论属于 Le Huu Dien Khue,它可以直接由 Abel 公式得到(不用归纳法).

设 $a_1,a_2,\cdots,a_n$ 和 $b_1\leqslant b_2\leqslant\cdots\leqslant b_n$ 是实数,且满足

$$a_1^2+a_2^2+\cdots+a_k^2\leqslant b_1^2+b_2^2+\cdots+b_k^2\quad k=1,2,\cdots,n$$

证明

$$b_1+b_2+\cdots+b_n\geqslant\frac{a_1^2}{b_1}+\frac{a_2^2}{b_2}+\cdots+\frac{a_n^2}{b_n}$$

例 5.1.7(Russia MO 2000) 设 $-1<x_1<x_2<\cdots<x_n<1$ 和 $y_1<y_2<\cdots<y_n$ 是实数,且满足

$$x_1+x_2+\cdots+x_n=x_1^{13}+x_2^{13}+\cdots+x_n^{13}$$

证明

$$x_1^{13}y_1+x_2^{13}y_2+\cdots+x_n^{13}y_n<x_1y_1+x_2y_2+\cdots+x_ny_n$$

证明 根据 Abel 公式,我们注意到

$$\begin{aligned}\sum_{i=1}^{n}y_i(x_i^{13}-x_i)=&(y_1-y_2)(x_1^{13}-x_1)+(y_2-y_3)(x_1^{13}+x_2^{13}-x_1-x_2)+\cdots+\\&(y_{n-1}-y_n)\left(\sum_{i=1}^{n-1}x_i^{13}-\sum_{i=1}^{n-1}x_i\right)+y_n\left(\sum_{i=1}^{n}x_i^{13}-\sum_{i=1}^{n}x_i\right)\end{aligned}$$

因为 $y_k\leqslant y_{k+1},k=1,2,\cdots,n$,于是我们只需证明

$$\sum_{i=1}^{k}x_i^{13}\geqslant\sum_{i=1}^{k}x_i\Leftrightarrow\sum_{i=1}^{k}x_i(x_i^{12}-1)\geqslant 0$$

应用 Abel 公式,可得

$$\sum_{i=1}^{k} x_i(x_i^{12}-1)=(x_1-x_2)(x_1^{12}-1)+(x_2-x_3)(x_1^{12}+x_2^{12}-2)+\cdots+$$
$$(x_{k-1}-x_k)\left(\sum_{i=1}^{k-1} x_i^{12}-k+1\right)+x_k\left(\sum_{i=1}^{k-1} x_i^{12}-k\right)$$

注意到 $x_i \in [-1,1]$，$k=1,2,\cdots,n$，所以 $\sum_{i=1}^{j} x_i^{12} \leqslant j(j=1,2,\cdots,k)$，然而，由于 $x_1 \leqslant x_2 \leqslant \cdots \leqslant x_k$，上面和式中的每一项除了最后一项是非负. 如果 $x_k \leqslant 0$，则得证. 否则，假定 $x_k \geqslant 0$，则 $x_i \geqslant 0$，$i \geqslant k+1$. 这就意味着（由假设）

$$\sum_{i=k+1}^{n} x_i^{13} \leqslant \sum_{i=k+1}^{n} x_i \Rightarrow \sum_{i=1}^{k} x_i^{13} \geqslant \sum_{i=1}^{k} x_i$$

上面的问题使用 Abel 公式来解决有点不同寻常. 它的优势显示在序列不等式方面，而其他方法对此却无能为力. Abel 公式在证明一个重要的不等式也显示了其优势，这就是下面我们要讨论的排序不等式.

5.2 排序不等式

定理 9（排序不等式） 设 $(a_1,a_2,\cdots,a_n)$，$(b_1,b_2,\cdots,b_n)$ 是两个增加的实数列. 假定 $(i_1,i_2,\cdots,i_n)$ 是 $(1,2,\cdots,n)$ 的任意一个排列，则

$$a_1b_1+a_2b_2+\cdots+a_nb_n \geqslant a_1b_{i_1}+a_2b_{i_2}+\cdots+a_nb_{i_n}$$

如果序列 $(a_1,a_2,\cdots,a_n)$ 是增加的，而序列 $(b_1,b_2,\cdots,b_n)$ 是减少的，则上面的不等式改变方向.

证明 注意到 $a_1 \leqslant a_2 \leqslant \cdots \leqslant a_n$ 和 $b_1 \leqslant b_2 \leqslant \cdots \leqslant b_n$，所以根据 Abel 公式

$$\sum_{k=1}^{n} a_kb_k-\sum_{k=1}^{n} a_kb_{i_k}=\sum_{k=1}^{n} a_k(b_k-b_{i_k})=(a_1-a_2)(b_1-b_{i_1})+$$
$$(a_2-a_3)(b_1+b_2-b_{i_1}-b_{i_2})+\cdots+$$
$$(a_{n-1}-a_n)\left(\sum_{k=1}^{n-1} b_k-\sum_{k=1}^{n-1} b_{i_k}\right)+a_n\left(\sum_{k=1}^{n} b_k-\sum_{k=1}^{n} b_{i_k}\right) \geqslant 0$$

因为对所有 $k=1,2,\cdots,n$，我们有

$$\sum_{j=1}^{k} b_j \leqslant \sum_{j=1}^{k} b_{i_j}$$

当序列 $(a_1,a_2,\cdots,a_n)$ 是增加而 $(b_1,b_2,\cdots,b_n)$ 减少的情况的证明是类似的.

排序不等式是非常强大的，借助于它可以直接证明 AM - GM 不等式.

例 5.2.1 设 $a_1,a_2,\cdots,a_n$ 是正实数，证明

$$a_1+a_2+\cdots+a_n \geqslant n\sqrt[n]{a_1a_2\cdots a_n}$$

证明 不失一般性,假定 $a_1a_2\cdots a_n=1$(规范化),设 $a_1=\frac{x_1}{x_2},a_2=\frac{x_2}{x_3},\cdots,a_{n-1}=\frac{x_{n-1}}{x_n},x_1,x_2,\cdots,x_n>0$,则 $a_n=\frac{x_n}{x_1}$. 不等式变成

$$\frac{x_1}{x_2}+\frac{x_2}{x_3}+\cdots+\frac{x_{n-1}}{x_n}+\frac{x_n}{x_1}\geqslant n$$

注意到如果序列 $(x_1,x_2,\cdots,x_n)$ 是增加的,则序列 $\left(\frac{1}{x_1},\frac{1}{x_2},\cdots,\frac{1}{x_n}\right)$ 是减少的. 由排序不等式,我们得到

$$\sum_{i=1}^{n}\frac{x_i}{x_{i+1}}=\sum_{i=1}^{n}x_i\cdot\frac{1}{x_{i+1}}\geqslant\sum_{i=1}^{n}x_i\cdot\frac{1}{x_i}=n$$

对于循环不等式,排序不等式似乎非常有效. 有时排序不等式并不容易使用,因为它隐藏了变量的正常次序而变得杂乱无章. 意识到在一个问题中使用排序不等式比使用其他不等式需要多一点的直观能力. 希望下面的问题能增强这种能力.

例 5.2.2(IMO 1984) 设 a,b,c 是三角形的三边长,证明

$$a^2b(a-b)+b^2c(b-c)+c^2a(c-a)\geqslant 0$$

证明 因为 a,b,c 是三角形的三条边,$a\geqslant b$ 意味着 $a^2+bc\geqslant b^2+ca$,依据这个性质,我们推断,如果 $a\geqslant b\geqslant c$,则 $a^2+bc\geqslant b^2+ca\geqslant c^2+ab$;另外,$\frac{1}{a}\leqslant\frac{1}{b}\leqslant\frac{1}{c}$. 根据排序不等式,我们有

$$\sum_{\text{cyc}}\frac{a^2+bc}{a}\leqslant\sum_{\text{cyc}}\frac{a^2+bc}{c}\Rightarrow\sum_{\text{cyc}}\frac{bc}{a}\leqslant\sum_{\text{cyc}}\frac{a^2}{c}\Rightarrow\sum_{\text{cyc}}a^2b^2\leqslant\sum_{\text{cyc}}a^3b$$

这等价于我们所需的结果. 等号成立条件是 $a=b=c$.

例 5.2.3 设 $a,b,c>0$,证明

$$\frac{a^2+bc}{b+c}+\frac{b^2+ca}{c+a}+\frac{c^2+ab}{a+b}\geqslant a+b+c$$

证明 对序列 (a^2,b^2,c^2) 和 $\left(\frac{1}{b+c},\frac{1}{c+a},\frac{1}{a+b}\right)$(如果 $a\geqslant b\geqslant c$,则两序列是增加的)应用排序不等式,我们得到

$$\sum_{\text{cyc}}\frac{a^2}{b+c}\geqslant\sum_{\text{cyc}}\frac{b^2}{b+c}$$

这就意味着

$$\sum_{\text{cyc}}\frac{a^2+bc}{b+c}\geqslant\sum_{\text{cyc}}\frac{b^2}{b+c}+\sum_{\text{cyc}}\frac{bc}{b+c}=\sum_{\text{cyc}}a$$

例 5.2.4(Mathlink Contest)　设 $a,b,c>0$,证明

$$\frac{a+b}{a+c}+\frac{a+c}{b+c}+\frac{b+c}{a+b}\leqslant\frac{a}{b}+\frac{b}{c}+\frac{c}{a}$$

证明　不等式等价于

$$\sum_{cyc}\left(\frac{a}{b}-\frac{a}{b+c}\right)\geqslant\sum_{cyc}\frac{a}{a+c}\Leftrightarrow\sum_{cyc}\frac{ac}{b(b+c)}\geqslant\sum_{cyc}\frac{a}{a+c}$$

考虑表达式 $P=\sum_{cyc}\frac{ac}{b(b+c)}$,$Q=\sum_{cyc}\frac{bc}{a(b+c)}$. 由排序不等式,我们有

$$Q=\sum_{cyc}\frac{bc}{a}\cdot\frac{1}{b+c}\leqslant\sum_{cyc}\frac{ac}{b}\cdot\frac{1}{b+c}=P$$

此外,由 Cauchy - Schwarz 不等式,我们有

$$PQ\geqslant\left(\sum_{cyc}\frac{a}{a+c}\right)^2$$

因此(因为 $P\geqslant Q$),我们有

$$P\geqslant\sum_{cyc}\frac{a}{a+c}$$

等号当且仅当 $a=b=c$ 时成立.

注意　这个不等式可以用另外一个好方法来证明. 事实上,注意到对所有的正数 $a,b,c>0$,我们有

$$\frac{a}{b}+\frac{b}{c}+\frac{c}{a}-3=\frac{(a-b)^2}{ab}+\frac{(a-c)(b-c)}{ac}$$

不失一般性,假设 $c=\min(a,b,c)$,不等式等价于

$$\left[\frac{1}{ab}-\frac{1}{(a+c)(b+c)}\right](a-b)^2+\left[\frac{1}{ac}-\frac{1}{(a+c)(a+b)}\right](a-c)(b-c)\geqslant 0$$

这是显然的,因为 $c=\min(a,b,c)$.

例 5.2.5　设 $a,b,c>0$,证明

$$\frac{a+b}{b+c}+\frac{b+c}{c+a}+\frac{c+a}{a+b}\leqslant\frac{(a+b+c)^2}{ab+bc+ca}$$

证明　不等式等价于

$$\sum_{cyc}\frac{(a+b)[a(b+c)+bc]}{b+c}\leqslant(a+b+c)^2\Leftrightarrow\sum_{cyc}a(a+b)+$$

$$\sum_{cyc}\frac{bc(a+b)}{b+c}\leqslant(a+b+c)^2\Leftrightarrow$$

$$\sum_{cyc}\left(\frac{bc}{b+c}\right)(a+b)\leqslant ab+bc+ca$$

这最后的不等式是成立的,由排序不等式,如果 $x\geqslant y\geqslant z$,则

$$x+y\geqslant z+x\geqslant y+z,\frac{xy}{x+y}\geqslant\frac{xz}{z+x}\geqslant\frac{yz}{y+z}$$

等号当 $a=b=c$ 时成立.

例 5.2.6(Song Yoon Kim) 设 $a,b,c,d\geqslant 0$,且满足 $a+b+c+d=4$,证明

$$a^2bc+b^2cd+c^2da+d^2ab\leqslant 4$$

证明 假设 (x,y,z,t) 是 (a,b,c,d) 的一个排列,满足 $x\geqslant y\geqslant z\geqslant t$,则 $xyz\geqslant xyt\geqslant xzt\geqslant yzt$.

由排序不等式,我们推断

$$x\cdot xyz+y\cdot xyt+z\cdot xzt+t\cdot yzt\geqslant a^2bc+b^2cd+c^2da+d^2ab$$

根据 AM - GM 不等式,我们也有

$$x\cdot xyz+y\cdot xyt+z\cdot xzt+t\cdot yzt=(xy+zt)(xz+yt)\leqslant \frac{1}{4}(xy+xz+yt+zt)^2\leqslant 4$$

因为 $xy+xz+yt+zt=(x+z)(y+t)\leqslant \frac{1}{4}(x+y+z+t)^2=4$. 等号成立的条件是 $a=b=c=1$ 或者 $a=2,b=c=1,c=0$ 或其循环排列.

例 5.2.7(Pham Kim Hung) 设 $a,b,c,d>0$,证明

$$\left(\frac{a}{a+b+c}\right)^2+\left(\frac{b}{b+c+d}\right)^2+\left(\frac{c}{c+d+a}\right)^2+\left(\frac{d}{d+a+b}\right)^2\geqslant\frac{4}{9}$$

证明 不失一般性,我们可以假设 $a+b+c+d=1$. 又设 (x,y,z,t) 是 (a,b,c,d) 的一个排列,满足 $x\geqslant y\geqslant z\geqslant t$,则

$$\frac{1}{x+y+z}\leqslant\frac{1}{x+y+t}\leqslant\frac{1}{x+z+t}\leqslant\frac{1}{y+z+t}$$

由排序不等式,我们推断

$$\sum_{\text{cyc}}\left(\frac{a}{a+b+c}\right)^2\geqslant\frac{x^2}{(x+y+z)^2}+\frac{y^2}{(x+y+t)^2}+\frac{z^2}{(x+z+t)^2}+\frac{t^2}{(y+z+t)^2}=\frac{x^2}{(1-t)^2}+\frac{y^2}{(1-z)^2}+\frac{z^2}{(1-y)^2}+\frac{t^2}{(1-x)^2}$$

记 $m=x+t,n=xt,s=\frac{x^2}{(1-t)^2}+\frac{t^2}{(1-x)^2}$,当然,我们仅需考虑 $s\leqslant\frac{1}{2}$ 的情况.

如果 $m=1$,则 $y=z=0$,结果是显然的. 因为

$$\frac{x^2}{(1-t)^2}+\frac{y^2}{(1-z)^2}+\frac{z^2}{(1-y)^2}+\frac{t^2}{(1-x)^2}=\frac{x^2}{x^2}+\frac{t^2}{t^2}=2$$

否则,我们有 $m<1,s\leqslant\frac{1}{2}$. 简单的计算之后,我们有

$$n^2(2-s)-2n(m-1)(2m-1-s)+(m-1)^2(m^2-s)=0$$

这个恒等式表明函数

$$f(\alpha)=\alpha^2(2-s)-2\alpha(m-1)(2m-1-s)+(m-1)^2(m^2-s)$$

至少有一个实数根 $\alpha = n$. 那就意味着

$$\Delta_f = (m-1)^2(2m-1-s)^2-(2-s)(m-1)^2(m^2-s) \geqslant 0$$

或等价于

$$s \geqslant \frac{-2m^2+4m-1}{(2-m)^2}$$

类似地,我们记 $p = y + z, t = \frac{y^2}{(1-z)^2}+\frac{z^2}{(1-y)^2}$. 如果 $t \geqslant \frac{1}{2}$ 或 $p = 1$,不等式是显然的. 否则

$$t \geqslant \frac{-2p^2+4p-1}{(2-p)^2}=\frac{1-2m^2}{(m+1)^2}$$

于是,余下的需要证明

$$\frac{-2m^2+4m-1}{(2-m)^2}+\frac{1-2m^2}{(m+1)^2} \geqslant \frac{4}{9} \Leftrightarrow \frac{(2m-1)^2(11+10m-10m^2)}{(2-m)^2(m+1)^2} \geqslant 0$$

这是显然的,等号成立的条件是 $a = b = c = d$.

第6章 平衡系数法

在许多问题中,为了使用经典不等式而对项进行分组并不是件容易的事情,尤其是非对称不等式. 在这种情况下,相似项的系数通常并不相等,因此我们不仅要正确使用基本不等式,而且还要兼顾相等的情况以维护整个解决方案. 应如何处理这个事情呢? 通常,我们必须使用额外的变量来求解方程(组)以找出原始最终变量. 这种方法称为平衡系数法.

为了弄清这一重要方法是如何实施的,让我们看看下面一个简单的例子.

例 6.0.1 设 $x,y,z>0$,且满足 $xy+yz+zx=1$. 证明

$$10x^2+10y^2+z^2\geqslant 4$$

证明 在我们给出一个普遍和自然的解决方案之前,让我们先来看一个漂亮的、简短的、有点神奇的解决方案. 由 AM - GM 不等式,我们有

$$2x^2+2y^2\geqslant 4xy,8x^2+\frac{1}{2}z^2\geqslant 4xz,8y^2+\frac{1}{2}z^2\geqslant 4yz$$

将这些不等式相加,我们有

$$10x^2+10y^2+z^2\geqslant 4(xy+yz+zx)=4$$

等号成立的条件

$$\begin{cases}x=y\\4x=z\\4y=z\end{cases}\Leftrightarrow\begin{cases}x=y=\dfrac{1}{3}\\z=\dfrac{4}{3}\end{cases}$$

这个解法的确需要试验. 提出一些问题:为什么我们分解 $10=2+8$? 是幸运的还是偶然的? 还是显然的? 如果我们把 10 分解成其他方式,例如 $10=3+7$ 或者 $10=4+6$,我们还能得到最终的结果吗? 事实上,其他每一种分解是无效的,分解成 $10=2+8$ 不是靠运气. 毫不奇怪,我们已经使用了隐藏在这个显而易见解决方案的平衡系数法. 让我们继续运用这种方法的两个主要的手段:由 AM - GM 不等式平衡系数和由 Cauchy - Schwarz 不等式平衡系数.

6.1 使用 AM - GM 不等式平衡系数

不管你多么熟悉平衡系数,系数混沌的非对称不等式总是引起不少困难. 因此熟练地使用这种方法可以帮助我们避免许多计算. 下列一般的证明将解释我们是如何得到例 6.0.1 的解法.

例 6.1.1 设 k 是一个正实数. 求表达式

$$k(x^2+y^2)+z^2$$

的最小值,其中,$x,y,z>0$,且满足 $xy+yz+zx=1$.

解 我们分解 $k=l+(k-l)(0\leqslant l\leqslant k)$,并应用 AM - GM 不等式,得下列不等式

$$lx^2+ly^2\geqslant 2lxy$$

$$(k-l)x^2+\frac{1}{2}z^2\geqslant\sqrt{2(k-l)}\,xz$$

$$(k-l)y^2+\frac{1}{2}z^2\geqslant\sqrt{2(k-l)}\,yz$$

组合这些结果,我们得到

$$k(x^2+y^2)+z^2\geqslant 2lxy+\sqrt{2(k-l)}\,(xz+yz)$$

根据题设条件 $xy+yz+zx=1$,所以,我们求出数 l 满足条件 $2l=\sqrt{2(k-l)}$. 简单的计算,得 $l=\dfrac{-1+\sqrt{1+8k}}{4}$,这样,我们最终的结果为

$$k(x^2+y^2)+z^2\geqslant\frac{-1+\sqrt{1+8k}}{2}$$

注意 下列更多的一般的问题,可以使用相同的方法解决.

设 $x,y,z>0$,且满足 $xy+yz+zx=1$,k,l 是两个正常数,则表达式

$$kx^2+ly^2+z^2$$

的最小值是 $2t_0$,这里 t_0 是方程

$$2t^3+(k+l+1)t-kl=0$$

唯一的正根. 采用相同的方法,我们将解决一些有关的中间变量的其他问题.

例 6.1.2　设实数 x,y,z,t 满足条件 $xy+yz+zt+tx=1$,求表达式

$$5x^2+4y^2+5z^2+t^2$$

的最小值.

解　我们选择正数 $l<5$,并应用 AM - GM 不等式,有下列不等式

$$lx^2+2y^2\geqslant 2\sqrt{2l}xy$$

$$2y^2+lz^2\geqslant 2\sqrt{2l}yz$$

$$(5-l)z^2+\frac{1}{2}t^2\geqslant\sqrt{2(5-l)}zt$$

$$\frac{1}{2}t^2+(5-l)x^2\geqslant\sqrt{2(5-l)}tx$$

将上述不等式相加,我们得到

$$5x^2+4y^2+5z^2+t^2\geqslant 2\sqrt{2l}(xy+tz)+\sqrt{2(5-l)}(zt+tx)$$

条件 $xy+yz+zt+tx=1$,建议我们选择一个数 $l(0\leqslant l\leqslant 5)$,满足 $2\sqrt{2l}=\sqrt{2(5-l)}$,简单的计算,得到 $l=1$,因此表达式 $5x^2+4y^2+5z^2+t^2$ 的最小值是 $2\sqrt{2}$.

注意　下列一般的问题可以采用相同的方法解决.

假设 x,y,z,t 是任意实数. 证明

$$x^2+ky^2+z^2+lt^2\geqslant\sqrt{\frac{2kl}{k+l}}(xy+yz+zx+tx)$$

例 6.1.3(Pham Kim Hung)　设 $x,y,z>0$,且满足 $x+y+z=3$,求表达式

$$x^2+y^2+z^3$$

的最小值.

解　设 a 和 b 是两个正实数. 由 AM - GM 不等式,我们有

$$x^2+a^2\geqslant 2ax$$

$$y^2+a^2\geqslant 2ay$$

$$z^3+b^3+b^3\geqslant 3b^2z$$

组合这些不等式,得到 $x^2+y^2+z^3+2(a^2+b^3)\geqslant 2a(x+y)+3b^2z$,等号成立的条件是

$$x=y=a,z=b$$

此时,我们必有

$$2a+b=x+y+z=3 \tag{1}$$

然而,为了使表达式 $2a(x+y)+3b^2z$ 表示为 $x+y+z$ 的形式,我们必有

$$2a=3b^2 \tag{2}$$

根据式(1),(2),我们很容易求出

$$b=\frac{-1+\sqrt{37}}{6},a=\frac{3-b}{2}=\frac{19-\sqrt{37}}{12}$$

因此,表达式 $x^2+y^2+z^3$ 的最小值就是 $6a-(2a^2+b^3)$,这里的 a,b 由上述式子决定.

通常,采用这种方法处理困难的问题,我们必须构建较多的方程,并求解之. 这个事情(解方程(组))可以很复杂,但不可避免. 下面的例子将展示这种情况.

例 6.1.4(Nguyen Quoc Khanh,VMEO 2006) 设 a,b,c 是三个正常数,x,y,z 是三个正的变量,且满足 $ax+by+cz=xyz$,证明:如果存在一个唯一正数 d 满足$\frac{2}{d}=\frac{1}{a+d}+\frac{1}{b+d}+\frac{1}{c+d}$,则表达式 $x+y+z$ 的最小值是

$$\sqrt{d(d+a)(d+b)(d+c)}$$

证明 为了避免复杂的条件 $ax+by+cz=xyz$,我们将求下列齐次表达式

$$\frac{(ax+by+cz)(x+y+z)^2}{xyz}$$

的最小值. 当然,如果上述表达式的最小值是 C,则表达式 $x+y+z$ 的最小值也等于 C.

假设 m,n,p,m_1,n_1,p_1 是任意正实数,且满足 $m+n+p=am_1+bn_1+cp_1=1$. 由加权 AM - GM 不等式,我们有

$$x+y+z=m\left(\frac{x}{m}\right)+n\left(\frac{y}{n}\right)+p\left(\frac{z}{p}\right)\geqslant\frac{x^my^nz^p}{m^mn^np^p}$$

$$ax+by+cz=am_1\left(\frac{x}{m_1}\right)+bn_1\left(\frac{y}{n_1}\right)+cp_1\left(\frac{z}{p_1}\right)\geqslant\frac{x^{am_1}y^{bn_1}z^{cp_1}}{m_1{}^{am_1}n_1{}^{bn_1}p_1{}^{cp_1}}\Rightarrow$$

$$(ax+by+cz)(x+y+z)^2\geqslant\frac{x^{am_1+2m}y^{bn_1+2n}z^{cp_1+2p}}{m^{2m}n^{2n}p^{2p}m_1{}^{am_1}n_1{}^{bn_1}p_1{}^{cp_1}}$$

等号成立的条件是$\frac{x}{m}=\frac{y}{n}=\frac{z}{p},\frac{x}{m_1}=\frac{y}{n_1}=\frac{z}{p_1}$. 此外,我们还需要条件

$$am_1+2m=bn_1+2n=cp_1+2p=1$$

记 $k=\frac{2m}{m_1}=\frac{2n}{n_1}=\frac{2p}{p_1}$,则

$$2am+2bn+2cp=k,2m\left(\frac{a}{k}+1\right)=2n\left(\frac{b}{k}+1\right)=2p\left(\frac{c}{k}+1\right)=1$$

这些条件组合起来,有

$$\frac{ak}{a+k}+\frac{bk}{b+k}+\frac{ck}{c+k}=k\Leftrightarrow\frac{1}{a+k}+\frac{1}{b+k}+\frac{1}{c+k}=\frac{2}{k}$$

因为 d 是唯一的,我们必有 $k=d$. 经过简单的计算,我们得到

$$m^{2m}n^{2n}p^{2p}m_1^{am_1}n_1^{bn_1}p_1^{cp_1}=d^{-1}(d+a)^{-1}(d+b)^{-1}(d+c)^{-1}$$

即得我们所需结果.

注意 这个不等式是由 Tran Nam Dung 提出的下列问题(Vietnam TST 2001)产生的.

设 a,b,c 是正实数,且满足 $12 \geqslant 21ab + 2bc + 8ca$,证明

$$\frac{1}{a} + \frac{2}{b} + \frac{3}{c} \geqslant \frac{15}{2}$$

在某些情况下,求解方程组以求出中间变量并不是实际的计算.有时,它完全取决于你自己的直觉,因为解这些方程找到根是不可能的.但你可以猜测到这些根.这就是在下面的例子中要强调的.

例 6.1.5 设 $x_1,x_2,\cdots,x_n$ 是正实数,证明

$$x_1 + \sqrt{x_1x_2} + \cdots + \sqrt[n]{x_1x_2\cdots x_n} \leqslant \mathrm{e}(x_1 + x_2 + \cdots + x_n)$$

证明 假设 $a_1,a_2,\cdots,a_n$ 是正实数,根据 $AM - GM$ 不等式,我们有

$$\sqrt[k]{(a_1x_1)(a_2x_2)\cdots(a_kx_k)} \leqslant \frac{a_1x_1 + a_2x_2 + \cdots + a_kx_k}{k} \Rightarrow$$

$$\sqrt[k]{x_1x_2\cdots x_k} \leqslant \frac{1}{k}\sum_{i=1}^{k} x_i \cdot \frac{a_i}{\sqrt[k]{a_1a_2\cdots a_k}}$$

对 $k = 1,2,\cdots,n$ 构建类似的不等式,我们得到

$$\sum_{k=1}^{n} \sqrt[k]{x_1x_2\cdots x_k} \leqslant \sum_{k=1}^{n} a_kx_kr_k$$

这里

$$r_k = \frac{1}{k\sqrt[k]{a_1a_2\cdots a_k}} + \frac{1}{(k+1)\sqrt[k+1]{a_1a_2\cdots a_{k+1}}} + \cdots + \frac{1}{n\sqrt[n]{a_1a_2\cdots a_n}}$$

最终,我们将确定数$(a_1,a_2,\cdots,a_n)$,以满足对于$k=1,2,\cdots,n$,有$a_kr_k \leqslant \mathrm{e}$.为使 $\sqrt[k]{a_1a_2\cdots a_k}$ 得到简化.依据 r_k 的形式,我们选择 $a_1 = 1, a_k = \frac{k^k}{(k-1)^{k-1}}$,由此可以得到$\sqrt[k]{a_1a_2\cdots a_k} = k(k = 1,2,\cdots,n)$.所以,对于所有 $k > 1$,我们有

$$a_kr_k = \frac{k^k}{(k-1)^{k-1}}\left(\frac{1}{k^2} + \frac{1}{(k+1)^2} + \cdots + \frac{1}{n^2}\right) \leqslant$$
$$\frac{k^k}{(k-1)^{k-1}}\left(\frac{1}{k-1} - \frac{1}{k} + \frac{1}{k} - \frac{1}{k+1} + \cdots + \frac{1}{n-1} - \frac{1}{n}\right) =$$
$$\left(1 + \frac{1}{k-1}\right)^{k-1} \leqslant \mathrm{e}$$

对于 $k = 1$,我们有

$$a_1r_1 = \frac{1}{1^2} + \frac{1}{2^2} + \cdots + \frac{1}{n^2} \leqslant 2 < \mathrm{e}$$

6.2 使用 Cauchy - Schwarz 不等式和 Hölder 不等式平衡系数

Cauchy - Schwarz 不等式和 Hölder 不等式与 AM - GM 不等式之间最大的区别是等号成立的条件. 这个特性导致了这些不等式平衡系数的方式的不同. 让我们考虑下面的例子以获得一个概述.

例 6.2.1 设 x,y,z 是三个正实数,且满足 $x+y+z=3$,求下列表达式的最小值

$$x^4+2y^4+3z^4$$

解 设 a,b,c 是三个正实数,且满足 $a+b+c=3$. 根据 Hölder 不等式,我们得到

$$(x^4+2y^4+3z^4)(a^4+2b^4+3c^4)^3 \geqslant (a^3x+2b^3y+3c^3z)^4 \tag{1}$$

我们选择 a,b,c,满足 $a^3=2b^3=3c^3=k^3$,则我们有

$$x^4+2y^4+2z^4 \geqslant \frac{k^{12}(x+y+z)^4}{(a^4+2b^4+3c^4)^3}=\frac{(3k^3)^4}{(a^4+2b^4+3c^4)^3} \tag{2}$$

等号在式(1)中成立的条件是 $\frac{x}{a}=\frac{y}{b}=\frac{z}{c}$. 由于 $x+y+z=a+b+c=3$,我们得到 $a=x,b=y,c=z$,于是,$k=\frac{3}{1+\sqrt[3]{2}+\sqrt[3]{3}}$ 以及 $a=k,b=\sqrt[3]{2}k,c=\sqrt[3]{3}k$. 这样表达式 $x^4+2y^4+3z^4$ 的最小值由式(2)给出.

注意 采用相同的方法可以求解下面的一般问题.

设 $x_1,x_2,\cdots,x_n$ 是正实数,且满足 $x_1+x_2+\cdots+x_n=n$,$a_1,a_2,\cdots,a_n$ 是正的常数,对每一个正整数 m,求表达式

$$a_1x_1^m+a_2x_2^m+\cdots+a_nx_n^m$$

的最小值. 由 Hölder 不等式,我们找到这个表达式的最小值是 na^{m-1},其中

$$a=\frac{n}{\frac{1}{\sqrt[m-1]{a_1}}+\frac{1}{\sqrt[m-1]{a_2}}+\cdots+\frac{1}{\sqrt[m-1]{a_n}}}$$

例 6.2.2 设 $a_1,a_2,\cdots,a_n$ 是正实数,证明

$$\frac{1}{a_1}+\frac{2}{a_1+a_2}+\cdots+\frac{n}{a_1+a_2+\cdots+a_n}<2\left(\frac{1}{a_1}+\frac{1}{a_2}+\cdots+\frac{1}{a_n}\right)$$

证明 设 $x_1,x_2,\cdots,x_n$ 是正实数(最后确定值). 根据 Cauchy - Schwarz 不等式,我们有

$$(a_1+a_2+\cdots+a_k)\left(\frac{x_1^2}{a_1}+\frac{x_2^2}{a_2}+\cdots+\frac{x_k^2}{a_k}\right)\geqslant(x_1+x_2+\cdots+x_k)^2\Rightarrow$$

$$\frac{k}{a_1+a_2+\cdots+a_k}\leqslant\frac{k}{(x_1+x_2+\cdots+x_k)^2}\left(\frac{x_1^2}{a_1}+\frac{x_2^2}{a_2}+\cdots+\frac{x_n^2}{a_n}\right)$$

对于 $k=1,2,\cdots,n$ 构建类似的不等式,并将它们相加,我们有

$$\frac{1}{a_1}+\frac{2}{a_1+a_2}+\cdots+\frac{n}{a_1+a_2+\cdots+a_n}\leqslant\frac{c_1}{a_1}+\frac{c_2}{a_2}+\cdots+\frac{c_n}{a_n}$$

这里 $c_k,k=1,2,\cdots,n$,由下式确定

$$c_k=\frac{kx_k^2}{(x_1+x_2+\cdots+x_k)^2}+\frac{(k+1)x_k^2}{(x_1+x_2+\cdots+x_{k+1})^2}+\cdots+\frac{nx_k^2}{(x_1+x_2+\cdots+x_n)^2}$$

我们必须找到 x_k,以满足 $c_k\leqslant 2(1\leqslant k\leqslant n)$. 我们选择 $x_k=k$,则

$$c_k=k^2\left(\sum_{j=k}^{n}\frac{j}{(1+2+\cdots+j)^2}\right)=4k^2\left(\sum_{j=k}^{n}\frac{1}{j(j+1)^2}\right)\leqslant$$

$$2k^2\left(\sum_{j=k}^{n}\frac{2j+1}{j^2(j+1)^2}\right)=2k^2\left(\sum_{j=k}^{n}\frac{1}{j^2}-\sum_{j=k}^{n}\frac{1}{(j+1)^2}\right)=$$

$$2k^2\left(\frac{1}{k^2}-\frac{1}{(n+1)^2}\right)<2$$

证毕.

例 6.2.3 设 $x_1,x_2,\cdots,x_n$ 是正实数,证明

$$x_1^2+\left(\frac{x_1+x_2}{2}\right)^2+\cdots+\left(\frac{x_1+x_2+\cdots+x_n}{n}\right)^2\leqslant 4(x_1^2+x_2^2+\cdots+x_n^2)$$

证明 设 $a_1,a_2,\cdots,a_n$ 是正实数(最后确定值). 根据 Cauchy - Schwarz 不等式,我们有

$$\left(\frac{x_1^2}{a_1}+\frac{x_2^2}{a_2}+\cdots+\frac{x_k^2}{a_k}\right)(a_1+a_2+\cdots+a_k)\geqslant(x_1+x_2+\cdots+x_k)^2$$

不等式可以改写成

$$\left(\frac{x_1+x_2+\cdots+x_k}{k}\right)^2\leqslant\frac{a_1+a_2+\cdots+a_k}{k^2a_1}x_1^2+\frac{a_1+a_2+\cdots+a_k}{k^2a_2}x_2^2+\cdots+\frac{a_1+a_2+\cdots+a_k}{k^2a_k}x_k^2$$

对于 $k=1,2,\cdots,n$,构建类似的不等式,并将它们相加,我们有

$$x_1^2+\left(\frac{x_1+x_2}{2}\right)^2+\cdots+\left(\frac{x_1+x_2+\cdots+x_n}{n}\right)^2\leqslant\gamma_1x_1^2+\gamma_2x_2^2+\cdots+\gamma_nx_n^2$$

这里每个系数 γ_k 由下式确定

$$\gamma_k=\frac{a_1+a_2+\cdots+a_k}{k^2a_k}+\frac{a_1+a_2+\cdots+a_{k+1}}{(k+1)^2a_k}+\cdots+\frac{a_1+a_2+\cdots+a_n}{n^2a_k}$$

如果序列$(a_1,a_2,\cdots,a_n)$满足$\gamma_k\leqslant 4(k=1,2,\cdots,n)$,则证明完成.我们选择$a_k=\sqrt{k}-\sqrt{k-1}$,则$a_1+a_2+\cdots+a_k=\sqrt{k}$.在这种情况下

$$\gamma_k=\frac{1}{a_k}\left(\frac{1}{k^{\frac{3}{2}}}+\frac{1}{(k+1)^{\frac{3}{2}}}+\cdots+\frac{1}{n^{\frac{3}{2}}}\right)$$

注意到$\sqrt{\left(k-\frac{1}{2}\right)\left(k+\frac{1}{2}\right)}\left(\sqrt{k-\frac{1}{2}}+\sqrt{k+\frac{1}{2}}\right)\leqslant 2k^{\frac{3}{2}}$,所以

$$\frac{1}{k^{\frac{3}{2}}}\leqslant\frac{\sqrt{k+\frac{1}{2}}-\sqrt{k-\frac{1}{2}}}{\sqrt{\left(k+\frac{1}{2}\right)\left(k-\frac{1}{2}\right)}}=\frac{1}{\sqrt{k-\frac{1}{2}}}-\frac{1}{\sqrt{k+\frac{1}{2}}}$$

我们得到

$$\gamma_k=\frac{1}{a_k}\left(\sum_{j=k}^{n}\frac{1}{j^{\frac{3}{2}}}\right)\leqslant\frac{1}{a_k}\left(\sum_{j=k}^{n}\frac{1}{\sqrt{j-\frac{1}{2}}}-\sum_{j=k}^{n}\frac{1}{\sqrt{j+\frac{1}{2}}}\right)\leqslant\frac{2}{a_k\sqrt{k-\frac{1}{2}}}=$$

$$\frac{2(\sqrt{k}+\sqrt{k-1})}{\sqrt{k-\frac{1}{2}}}<4$$

注意 以下类似的结果作为一个练习.

设$x_1,x_2,\cdots,x_n$是正实数,证明

$$x_1^3+\left(\frac{x_1+x_2}{2}\right)^3+\cdots+\left(\frac{x_1+x_2+\cdots+x_n}{n}\right)^3\leqslant\frac{27}{8}(x_1^3+x_2^3+\cdots+x_n^3)$$

例 6.2.4(MYM 2004) 求对任意实数$x_1,x_2,\cdots,x_n$,不等式

$$x_1^2+(x_1+x_2)^2+\cdots+(x_1+x_2+\cdots+x_n)^2\leqslant t(x_1^2+x_2^2+\cdots+x_n^2)$$

都成立的最小的t.

解 设$c_1,c_2,\cdots,c_n$是正实数(在后面将选择)根据Cauchy-Schwarz不等式,我们有

$$\left(\sum_{i=1}^{k}x_i\right)^2\leqslant S_k\left(\sum_{i=1}^{k}\frac{x_i^2}{c_i}\right)\qquad(*)$$

这里$S_1,S_2,\cdots,S_n$,由下式确定

$$S_k=\sum_{i=1}^{k}c_i\quad(k=1,2,\cdots,n)$$

根据式(*),我们有(对$k=1,2,\cdots,n$,将所有结果相加)

$$\sum_{k=1}^{n}\left(\sum_{i=1}^{k}x_i\right)^2\leqslant\sum_{k=1}^{n}\left(\sum_{j=k}^{n}\frac{S_j}{c_j}\right)x_i^2$$

我们选择系数 $c_1,c_2,\cdots,c_n$,满足

$$\frac{S_1+S_2+\cdots+S_n}{c_1}=\frac{S_2+\cdots+S_n}{c_2}=\cdots=\frac{S_n}{c_n}=t$$

经过一番计算,我们有

$$c_i=\sin i\alpha-\sin(i-1)\alpha \quad i=1,2,\cdots,n$$

这里 $\alpha=\frac{\pi}{2n+1}$,于是 $t=\frac{1}{4\sin^2\frac{\pi}{2(2n+1)}}$,最终我们得到

$$\sum_{k=1}^{n}\left(\sum_{i=1}^{k}x_i\right)^2\leqslant t\left(\sum_{i=1}^{n}x_i^2\right)=\frac{1}{4\sin^2\frac{\pi}{2(2n+1)}}\left(\sum_{i=1}^{n}x_i^2\right)$$

第7章 导数及其应用

现在我们将讨论最重要的数学概念之一导数. 导数概念的建立对数学的发展产生了巨大影响,你将会明白导数广泛而深入地影响当今的不等式领域. 因此有必要让你理解并掌握这个概念,甚至成为一个专家.

7.1 单变量函数的导数

导数的主要目的是帮助检查单变量函数,利用导数求出一个单变量函数的最大值或最小值是不成问题的,这就是为什么我们认为每一个单变量不等式或者能通过导数来解决或不可能得到解决的原因.

单变量函数的导数的应用并不局限于一个变量的不等式. 事实上,导数可以帮助你解决许多多元不等式问题,请看下面的例子.

例 7.1.1 如果 x 是一个正数,求表达式 x^x 的最小值.

解 考虑函数 $f(x)=x^x=e^{x\ln x}$. 其导数

$$f'(x)=e^{x\ln x}(\ln x+1)$$

显然

$$f'(x)=0\Leftrightarrow\ln x=-1\Leftrightarrow x=\frac{1}{e}$$

如果 $x \in \left(0,\frac{1}{e}\right]$，则 $f(x)$ 是减少的；如果 $x \in \left[\frac{1}{e},+\infty\right)$，则 $f(x)$ 是增加的.

因此

$$\min_{x \in \mathbf{R}} f(x)=f\left(\frac{1}{e}\right)=\frac{1}{e^{\frac{1}{e}}}$$

例 7.1.2 设 a,b,c 是正实数，证明

$$\frac{a^3}{b^3+c^3}+\frac{b^3}{c^3+a^3}+\frac{c^3}{a^3+b^3} \geqslant \frac{a^2}{b^2+c^2}+\frac{b^2}{c^2+a^2}+\frac{c^2}{a^2+b^2}$$

证明 我们来证明一个一般的问题. 设实数 $s \geqslant t \geqslant 0$，则

$$\frac{a^s}{b^s+c^s}+\frac{b^s}{c^s+a^s}+\frac{c^s}{a^s+b^s} \geqslant \frac{a^t}{b^t+c^t}+\frac{b^t}{c^t+a^t}+\frac{c^t}{a^t+b^t}$$

于是，只需证明函数

$$f(x)=\frac{a^x}{b^x+c^x}+\frac{b^x}{c^x+a^x}+\frac{c^x}{a^x+b^x}$$

是增函数. 实际上，经过简短的计算，我们有

$$f'(x)=\sum_{cyc}\frac{a^x(b^x+c^x)\ln a-a^x(b^x\ln b-c^x\ln c)}{(b^x+c^x)^2}=$$

$$\sum_{cyc}\frac{a^xb^x(a^x-b^x)(\ln a-\ln b)(2c^x+a^x+b^x)}{(a^x+b^x)^2(b^x+c^x)^2} \geqslant 0$$

注意 用类似的方法可以解决下列一般问题.

设 $a_1,a_2,\cdots,a_n$ 是正实数，且满足 $a_1+a_2+\cdots+a_n=1$，证明对所有实数 $s \geqslant t \geqslant 0$，我们有

$$\left(\frac{a_1}{1-a_1}\right)^s+\left(\frac{a_2}{1-a_2}\right)^s+\cdots+\left(\frac{a_n}{1-a_n}\right)^s \geqslant$$

$$\left(\frac{a_1}{1-a_1}\right)^t+\left(\frac{a_2}{1-a_2}\right)^t+\cdots+\left(\frac{a_n}{1-a_n}\right)^t$$

例 7.1.3 设 a,b,c,d 是正实数，证明

$$\sqrt{\frac{ab+ac+ad+bc+bd+cd}{6}} \geqslant \sqrt[3]{\frac{abc+bcd+cda+dab}{4}}$$

证明 考虑函数

$$f(x)=(x-a)(x-b)(x-c)(x-d)=x^4-Ax^3+Bx^2-Cx+D$$

这里

$$A=\sum_{sym}a,B=\sum_{sym}ab,C=\sum_{sym}abc,D=abcd$$

因为方程 $f(x)=0$ 有 4 个正实数根，我们有（由 Rolle 定理）方程 $f'(x)=0$ 有 3 个正实数根，记这些根分别为 $m,n,p>0$，则

$$f'(x)=4(x-m)(x-n)(x-p)=$$

$$4x^3 - 4(m+n+p)x^2 + 4(mn+np+pm)x - 4mnp$$

注意到,我们也有 $f'(x) = 4x^3 - 3Ax^2 + 2Bx - C$,所以

$$B = 2(mn+np+pm), C = 4mnp$$

由 AM - GM 不等式,我们得到

$$\sqrt{\frac{B}{6}} = \sqrt{\frac{mn+np+pm}{3}} \geqslant \sqrt[3]{mnp} = \sqrt[3]{\frac{C}{4}}$$

注意 假设 $x_1, x_2, \cdots, x_n$ 是正实数,$d_1, d_2, \cdots, d_n$ 是由下式定义的多项式

$$d_k = \frac{1}{\mathrm{C}_n^k} \sum_{\text{sym}} x_1 x_2 \cdots x_k$$

采用相同的方法,我们可以证明下列结果.

(Newton 不等式) 对所有正实数 $x_1, x_2, \cdots, x_n$,有

$$d_{k+1} d_{k-1} \leqslant d_k^2$$

(Maclaurin 不等式) 对所有正实数 $x_1, x_2, \cdots, x_n$,有

$$d_1 \geqslant \sqrt{d_2} \geqslant \cdots \geqslant \sqrt[k]{d_k} \geqslant \cdots \geqslant \sqrt[n]{d_n}$$

例 7.1.4(British MO) 如果实数 a, b, c 满足条件 $a \leqslant b \leqslant c, a+b+c = 6, ab+bc+ca = 9$,证明

$$0 \leqslant a \leqslant 1 \leqslant b \leqslant 3 \leqslant c \leqslant 4$$

证明 记 $p = abc$,考察函数

$$f(x) = (x-a)(x-b)(x-c) = x^3 - 6x^2 + 9x - p$$

我们有

$$f'(x) = 3x^2 - 12x + 9 = 3(x-1)(x-3)$$

因此 $f'(x) = 0 \Rightarrow x = 1, 3$,因为 $f(x)$ 有三个根 $a \leqslant b \leqslant c$,我们有

$$1 \leqslant b \leqslant 3, f(1)f(3) \leqslant 0$$

注意到 $f(1) = f(4) = 4 - p$,以及 $f(0) = f(3) = -p$,所以我们有 $0 \leqslant p \leqslant 4$. 这就意味着 $f(1) = f(4) \geqslant 0$,以及 $f(0) = f(3) \leqslant 0$. 如果 $f(0) = f(3) = 0$,则 $a = 0$, $b = c = 3$,所需结果是显然的. 如果 $f(1) = f(4) = 0$,则 $a = b = 1, c = 4$,所需结果也是显然的. 否则,我们必有 $f(0)f(1) < 0, f(1)f(3) < 0, f(3)f(4) < 0$,因此 $a \in (0,1), b \in (1,3), c \in (3,4)$,证毕.

7.2 多元函数的导数

如果你觉得一元函数很容易了,如果你觉得它们的极值总是可以很容易使用导数找到,那么,就让我们来看看多个变量的函数吧. 尽管多变量函数的极值更难找到,我们遇到的这些问题同样可以使用单变量函数. 如果变量有一些条

件的限制,尝试改变和消除这些条件,并作出新的表达形式,而使每一个变量是相互独立的,然后找一个单变量函数并求出函数的极值. 让我们用下面的例子来说明该方法.

例 7.2.1 设 a,b,c 是正实数,证明

$$a^3+b^3+c^3+3abc\geqslant ab(a+b)+bc(b+c)+ca(c+a)$$

证明 不失一般性,假设 $a\geqslant b\geqslant c$. 考虑 a 的函数

$$f(a)=a^3+b^3+c^3+3abc-ab(a+b)-bc(b+c)-ca(c+a)$$

我们有

$$f'(a)=3a^2+3bc-2ab-b^2-2ac-c^2$$

注意到 $f''(a)=6a-2b-2c\geqslant 0$ 以及 $f''(b)\geqslant 0$, 所以 $f'(a)\geqslant f'(b)=c(b-c)\geqslant 0$. 即 $f'(x)\geqslant f'(b)\geqslant 0(x\in(b,a))$,因为 f'' 是线性函数,因此在 (b,a) 上为正. 这就意味着 $f(a)\geqslant f(b)=c(b-c)^2\geqslant 0$,证毕.

例 7.2.2(Viennam MO 1996) 设 a,b,c,d 是正实数,且满足

$$2(ab+bc+cd+ac+bd)+abc+bcd+cda+dab=16$$

证明

$$a+b+c+d\geqslant \frac{2}{3}(ab+bc+cd+da+ac+bd)$$

证明 基于例7.1.3类似的原因,我们推断存在三个正数 x,y,z,满足下列条件

$$\sum_{\text{sym}} a=\frac{4}{3}\sum_{\text{sym}} x,\ \sum_{\text{sym}} ab=2\sum_{\text{sym}} xy,\ \sum_{\text{sym}} abc=4xyz$$

余下的只需证明,如果 $xy+yz+zx+xyz=4$,则

$$x+y+z\geqslant xy+yz+zx$$

当然,存在两个实数,比如说是 x,y,两数都大于1或者都小于1. 此时,有

$$(x-1)(y-1)\geqslant 0\Rightarrow xy+1\geqslant x+y$$

我们记 $m=x+y,n=xy$,则 $z=\dfrac{4-n}{m+n}$. 如果 $m\geqslant 4$,则 $x+y+z\geqslant 4\geqslant xy+yz+zx$.

否则,$m-1\leqslant n\leqslant \dfrac{m^2}{4}\leqslant 4$,我们必须证明

$$m+\frac{4-n}{m+n}\geqslant \frac{(4-n)m}{m+n}+n\Leftrightarrow f(n)=-n^2+n(m-1)+m^2-4m+4\geqslant 0$$

注意到 $f'(n)=-2n+m-1\leqslant -n+m-1\leqslant 0$,所以 $f(n)$ 是减函数,因此

$$f(n)\geqslant f\left(\frac{m^2}{4}\right)=\frac{(16-m^2)(m-2)^2}{16}\geqslant 0$$

等号成立的条件是 $a=b=c=d=1$.

例 7.2.3(Le Trung Kien)　设 $a,b,c\geqslant 0$,证明

$$a^3+b^3+c^3+9abc+4(a+b+c)\leqslant 8(ab+bc+ca)$$

证明　我们记

$$f(b)=b^3+b(4+9ac-8a-8c)+a^3+c^3+4(a+c)-8ac$$

由 AM - GM 不等式,$(a^3+4a)+(c^3+4c)\geqslant 4a^2+4c^2\geqslant 8ac$,所以问题在 $4+9ac\geqslant 8(a+c)$ 得证,等号成立的条件是 $a=c=2,b=0$ 或者 $a=b=c=0$.否则,设 $x=a+c,y=ac$,则 $8x\geqslant 9y+4$,注意到

$$f'(b)=3b^2-(8x-9y-4)$$

所以

$$f'(b)=0\Leftrightarrow b=\sqrt{\frac{8x-9y-4}{3}}$$

因此

$$f(b)\geqslant f\left(\sqrt{\frac{8x-9y-4}{3}}\right)=\frac{-2}{3\sqrt{3}}(8x-9y-4)^{\frac{3}{2}}+x^3+4x-3xy-8y=g(y)$$

因为 $y\leqslant\frac{x^2}{4}$ 和 $y\leqslant\frac{8x-4}{9}$(还有 $x\geqslant\frac{1}{2}$),得到

$$y\leqslant\min\left(\frac{x^2}{4},\frac{8x-4}{9}\right)=t$$

$$g'(y)=3\sqrt{3(8x-9y-4)}-(3x+8)\leqslant 3\sqrt{3(8x-4)}-(3x+8)<0$$

所以 $g(y)$ 是严格递减的. 因此 $g(y)\geqslant g(t)$. 如果 $t=\frac{8x-4}{9}$,则 $g(t)=x^3+4x-3xt-8t\geqslant 0$(或者等价于 $a^3+c^3+4(a+c)-8ac\geqslant 0$). 这只需考虑 $t=\frac{x^2}{4}$ 及 $g(t)\geqslant 0$. 记 $s=\frac{x}{2}$,则不等式 $g\left(\frac{x^2}{4}\right)=g(s^2)\geqslant 0$ 等价于

$$h(s)=2s^3-8s^2+8s-\frac{2}{3\sqrt{3}}(16s-9s^2-4)^{\frac{3}{2}}\geqslant 0$$

因为 $h'(s)=6s^2-16s+8-(16-18s)\sqrt{\frac{16s-9s^2-4}{3}}$,如果 $h'(s)=0$,则我们必有 $\frac{8}{9}\leqslant s\leqslant\frac{8+\sqrt{28}}{9}$ 以及

$$3(2s^2-8s+4)^2=(9-8s)^2(16s-9s^2-4)\Leftrightarrow$$
$$(s-1)(189s^3-485s^2+372s-76)=0$$

注意到方程 $189s^3-485s^2+372s-76=0$ 在区间 $\left[\frac{8}{9},\frac{8+\sqrt{28}}{9}\right]$ 有一个实根,所以,很容易得到 $h(s)\geqslant h(1)=0$. 等号成立的条件是 $a=b=c=1$ 或者 $a=b=c=0$ 或者 $a=b=2,c=0$ 或其循环排列.

例 7.2.4(Improved IMO 2004)　假设正整数 $n\geqslant 2$,且 n 个正实数 x_1,

$x_2,\cdots,x_n$ 满足条件

$$(x_1+x_2+\cdots+x_n)\left(\frac{1}{x_1}+\frac{1}{x_2}+\cdots+\frac{1}{x_n}\right)\leqslant(n+\sqrt{10}-3)^2$$

证明:对于每一个三元组$(x_i,x_j,x_k)(1\leqslant i<j<k\leqslant n,i,j,k\in\mathbf{N})$,可以作为某个三角形的三边长.

证明 只需证明下列结果(可以直接解决该问题)

假设 $x_1\geqslant x_2\geqslant\cdots\geqslant x_n>0$,且满足 $x_1>x_2+x_3$,则

$$(x_1+x_2+\cdots+x_n)\left(\frac{1}{x_1}+\frac{1}{x_2}+\cdots+\frac{1}{x_n}\right)>(n+\sqrt{10}-3)^2$$

事实上,我们通过归纳法可以证明. 对于 $n=3$,不等式变成

$$(x_1+x_2+x_3)\left(\frac{1}{x_1}+\frac{1}{x_2}+\frac{1}{x_3}\right)>10\Leftrightarrow\sum_{\text{cyc}}x_1x_2(x_1+x_2)>7x_1x_2x_3$$

设$f(x_1)=\sum\limits_{\text{cyc}}x_1x_2(x_1+x_2)-7x_1x_2x_3$,则

$f'(x_1)=2x_1(x_2+x_3)+x_2^2+x_3^2-7x_2x_3>2(x_2+x_3)^2+x_2^2+x_3^2-7x_2x_3>0$

这就意味着

$$f(x_1)\geqslant f(x_2+x_3)=(x_2+x_3)^2(x_2-x_3)>0$$

对于 $n+1$ 个变量,我们必须证明

$$(x_1+x_2+\cdots+x_{n+1})\left(\frac{1}{x_1}+\frac{1}{x_2}+\cdots\frac{1}{x_{n+1}}\right)>(n+\sqrt{10}-2)^2$$

记$A=\sum\limits_{i=1}^{n}x_i,B=\sum\limits_{i=1}^{n}\frac{1}{x_i}$,则由归纳假设有$AB>(n+\sqrt{10}-3)^2$. 设$x=x_{n+1}$,则

$$\frac{A}{B}>x_n^2\geqslant x^2\Rightarrow\sqrt{\frac{A}{B}}>x$$

记

$$f(x)=(x+A)\left(\frac{1}{x}+B\right)=Bx+\frac{A}{x}+1+AB$$

我们有$f'(x)=B-\frac{A}{x^2}$,因此$f'(x)=0\Leftrightarrow x=\sqrt{\frac{A}{B}}$,这样一来

$$f(x)\geqslant f\left(\sqrt{\frac{A}{B}}\right)=(1+\sqrt{AB})^2>(n+\sqrt{10}-2)^2$$

综上所述,由归纳原理,即完成证明.

例 7.2.5(Tran Nam Dung,Vietnam TST 2001) 设 $a,b,c>0$, 且满足 $12\geqslant 21ab+2bc+8ca$,证明

$$\frac{1}{a}+\frac{2}{b}+\frac{3}{c}\leqslant\frac{15}{2}$$

证明 虽然这个问题在前面已经通过平衡系数法得到证明,在此我们给

出一个通过导数证明的方法. 设 $x=\frac{1}{a}, y=\frac{2}{b}, z=\frac{3}{c}$,我们将证明一个等价的问题:如果 $x, y, z>0$,且 $12xyz \geqslant 2x+8y+21z$,则 $P(x, y, z)=x+2y+3z \leqslant \frac{15}{2}$. 实际上,由题设我们有 $z(12xy-21) \geqslant 2x+8y>0$,所以 $12xy \geqslant 21$,或者 $x>\frac{7}{4y}, z \geqslant \frac{2x+8y}{12xy-21}$,因此 $P(x, y, z) \geqslant x+2y+\frac{2x+8y}{4xy-7}=f(x)$,我们有

$$f'(x)=\frac{16x^2y^2-56xy-32y^2+35}{(4xy-7)^2}$$

在区间 $\left(\frac{7}{4y},+\infty\right)$ 内,方程 $f'(x)=0$ 有唯一的实根 $x=x_0=\frac{7}{4y}+\frac{\sqrt{32y^2+14}}{4y}$. 在点 $x=x_0$ 处,$f'(x)$ 由负号变为正号,所以 $f(x)$ 在点 x_0 达到最小值. 因此

$$f(x) \geqslant f(x_0)=2x_0-\frac{5}{4y} \Rightarrow P(x, y, z) \geqslant f(x)+2y \geqslant f(x_0)+2y=g(y)$$

在此

$$g(y)=2y+\frac{9}{4y}+\frac{1}{2y}\sqrt{32y^2+14}$$

经过简单的计算,我们有

$$g'(y)=0 \Leftrightarrow (8y^2-9)\sqrt{32y^2+14}-28=0$$

记 $t=\sqrt{32y^2+14}$,则 $t>0$. 上面的方程变成 $t^3-50t-112=0$,这个方程仅有一个正根 $t=8$,或者 $y=y_0=\frac{5}{4}$,因此 $g'\left(\frac{5}{4}\right)=0$.

在 $y>0$ 的范围内,在点 $y=y_0$,$g'(y)$ 从负号变为正号,因此 $g(y)$ 在点 y_0 达到最小值. 所以 $g(y_0)=g\left(\frac{5}{4}\right)=\frac{15}{2}$,并且 $P(x, y, z) \geqslant g(y) \geqslant g(y_0)=\frac{15}{2}$. 等号仅当 $y=\frac{5}{4}, x=3, z=\frac{2}{3}$ 或者 $a=\frac{1}{3}, b=\frac{4}{5}, c=\frac{3}{2}$ 时成立.

例 7.2.6(Pham Kim Hung) 设 a, b, c 是三个正实数,且满足 $(a+b+c)\left(\frac{1}{a}+\frac{1}{b}+\frac{1}{c}\right)=16$,求表达式

$$P=\frac{a}{b}+\frac{b}{c}+\frac{c}{a}$$

的最小值和最大值.

解 首先我们来求最小值,为此假设 $a \geqslant b \geqslant c$,于是,我们有

$$\sum_{\text{cyc}} \frac{a}{b}-\sum_{\text{cyc}} \frac{b}{a}=\frac{(a-b)(a-c)(c-b)}{abc} \leqslant 0$$

记 $x=\frac{a}{b}\geqslant 1, y=\frac{b}{c}\geqslant 1$,则题设条件变成

$$x+y+\frac{1}{xy}+\frac{1}{x}+\frac{1}{y}+xy=13$$

设 $x+y=s, xy=t$,则 $P=s+\frac{1}{t}$,且

$$s+t+\frac{s}{t}+\frac{1}{t}=13\Rightarrow s=\frac{13t-t^2-1}{t+1}$$

因此 $P=f(t)=\frac{13t-t^2-1}{t+1}+\frac{1}{t}$,则

$$f'(t)=\frac{(13-2t)(t+1)-(13t-t^2-1)}{(t+1)^2}-\frac{1}{t^2}=\frac{15}{(t+1)^2}-\frac{t^2+1}{t^2}$$

我们很容易得到

$$f'(t)=0\Leftrightarrow(t^2+1)(t+1)^2=15t^2\Leftrightarrow\left(t+\frac{1}{t}+1\right)^2=16\Leftrightarrow t+\frac{1}{t}=3$$

由于 $t=ab\geqslant 1, f'(t)=0\Leftrightarrow t=t_0=\frac{3+\sqrt{5}}{2}$,另外,由假设 $x,y\geqslant 1$,这样

$$t+1-s=(x-1)(y-1)\geqslant 0$$

即 $t+1\geqslant s$,所以

$$\frac{13t-t^2-1}{t+1}\leqslant t+1\Leftrightarrow 2t^2-11t+2\geqslant 0\Rightarrow t\geqslant\frac{11+\sqrt{105}}{4}>t_0$$

这样 $f(t)$ 就是一个严格递减函数. 为了求出 $f(t)$ 的最小值,只需要找到 t 的最大值. 注意到 $s^2\geqslant(x+y)^2\geqslant 4t$,所以我们有

$$(13t-t^2-1)^2\geqslant 4t(t+1)^2\Rightarrow\left(13-t-\frac{1}{t}\right)^2\geqslant 4\left(t+\frac{1}{t}+2\right)\Rightarrow$$

$$\left(t+\frac{1}{t}\right)^2-30\left(t+\frac{1}{t}\right)+161\geqslant 0\Leftrightarrow\left(t+\frac{1}{t}-7\right)\left(t+\frac{1}{t}-23\right)\geqslant 0$$

此外,$t+\frac{1}{t}<23$(因为 $1\leqslant t\leqslant 13$),所以,我们一定有 $t+\frac{1}{t}\geqslant 7$ 或者

$$t^2-7t+1\leqslant 0\Leftrightarrow t\leqslant\frac{7+3\sqrt{5}}{2}$$

对于 $t=\frac{7+\sqrt{5}}{2}$,我们有 $s=2\sqrt{t}=\sqrt{14+6\sqrt{5}}=3+\sqrt{5}$,因此

$$\min f(t)=s+\frac{1}{t}=3+\sqrt{5}+\frac{2}{7+3\sqrt{5}}=\frac{13-\sqrt{5}}{2}$$

等号成立的条件是 $\frac{a}{b}=\frac{b}{c}=\sqrt{t}=\frac{3+\sqrt{5}}{2}$ 或其循环排列.

类似地,使用相同的方法,我们有 $\max f(t)=\frac{13+\sqrt{5}}{2}$,等号成立的条件是 $\frac{a}{b}=\frac{b}{c}=\frac{3-\sqrt{5}}{2}$ 或其循环排列.

每个问题都有自己的特点. 如果你能够琢磨到具体的特点,你就可以找到特定的方法来解决这些问题. 例如,你熟悉使用平衡系数法来解决非对称循环的不等式,或者使用拆分,来解决对称的不等式问题. 一般来讲,这些解决方案的技术是很难搞清楚的. 然而,导数是不同的. 其实,虽然导数的解决方案有些粗糙,需要长长的计算,但它们是非常自然的. 这就是为什么导数在不等式领域甚至整个数学领域如此重要不可缺少的原因.

关于对称不等式的注记

第8章

在完美的不等式世界,对称不等式似乎最重要、最令人感兴趣.这种类型的不等式也是世界各地数学竞赛的重要组成部分,因此本章有必要对此进行介绍.另外还有许多有关对称不等式的有趣的话题,这些内容将在下一章中介绍.在本章中我们将要论三个基本问题:初等对称多项式、规范化技术和对称性分离.

8.1 入 门

一般情况下,n 个变量 $a_1,a_2,\cdots,a_n$ 的对称不等式可以表示为如下形式

$$f(a_1,a_2,\cdots,a_n)\geqslant 0$$

这里对所有$(1,2,\cdots,n)$的排列$(i_1,i_2,\cdots,i_n)$都有

$$f(a_1,a_2,\cdots,a_n)=f(a_{i_1},a_{i_2},\cdots,a_{i_n})$$

由于对称性,我们可以重新排列变量的次序(这就意味着我们可以选择任意次序),我们可以用单变量的较小的表达式来估算一个混合表达式.

Schur不等式是一个非常重要的对称不等式,但它有弱点,我们不进行讨论.

定理 10(Schur 不等式)　设 $a,b,c\geqslant 0$,则

$$a^3+b^3+c^3+3abc\geqslant ab(a+b)+bc(b+c)+ca(c+a)$$

证明　由于对称性,我们可以假定 $a\geqslant b\geqslant c$. 设 $x=a-b,y=b-c$,则不等式变成如下形式

$$\sum_{cyc}a(a-b)(a-c)\geqslant 0\Leftrightarrow c(x+y)y-(c+y)xy+(c+x+y)x(x+y)\geqslant 0\Leftrightarrow c(x^2+xy+y^2)+x^2(x+2y)\geqslant 0$$

这是显然成立的. 因为 $c,x,y\geqslant 0$. 等号成立的条件是 $x=y=0$ 和 $x=c=0$,即 $a=b=c$ 或 $a=b,c=0$ 及其循环排列.

注意　这个不等式相当于下列已知的不等式.

设 $a,b,c\geqslant 0$,则

$$(a+b-c)(b+c-a)(c+a-b)\leqslant abc$$

当然,也许有人问下面的不等式是真还是假.

设 $a,b,c>0$,证明或否定

$$a^6+b^6+c^6+3a^2b^2c^2\geqslant a^5(b+c)+b^5(c+a)+c^5(a+b)$$

不幸的是,这个不等式不成立. 我们只需要选择 $a\to 0,b=c$ 就可以验证它.

我们想,有没有一个正常数 k,使得

$$a^6+b^6+c^6+ka^2b^2c^2\geqslant a^5(b+c)+b^5(c+a)+c^5(a+b)$$

但是,下面的不等式成立.

设 a,b,c 是三个实数,证明

$$a^6+b^6+c^6+a^2b^2c^2\geqslant \frac{2}{3}[a^5(b+c)+b^5(c+a)+c^5(a+b)]$$

证明:根据 AM - GM 不等式和 Schur 不等式,我们有

$$3\sum_{cyc}a^6+3a^2b^2c^2\geqslant 2\sum_{cyc}a^6+\sum_{cyc}a^4(b^2+c^2)=\sum_{cyc}(a^6+a^4b^2)+\sum_{cyc}(a^6+a^4c^2)\geqslant 2\sum_{cyc}a^5(b+c)$$

定理 11(一般的 Schur 不等式)　设 $a,b,c\geqslant 0,k$ 是正常数,则

$$a^k(a-b)(a-c)+b^k(b-a)(b-c)+c^k(c-a)(c-b)\geqslant 0$$

证明　当然,我们可以假定 $a\geqslant b\geqslant c$,此时,我们有

$$c^k(c-a)(c-b)\geqslant 0$$

$$a^k(a-b)(a-c)+b^k(b-a)(b-c)=(a-b)[(a^{k+1}-b^{k+1})+c(a^k-b^k)]\geqslant 0$$

两不等式相加,即得结果. 等号成立的条件是 $a=b=c$ 以及 $a=b,c=0$ 及其循环

排列.

注意 使用类似的方法,我们可以证明不等式对于 $k\leqslant 0$,也成立. 另外,如果 k 是偶数,则不等式对于所有实数 a,b,c 也成立(不必是正数).

例 8.1.1 设 $a,b,c\geqslant 0$,且 $a+b+c=2$,证明

$$a^4+b^4+c^4+abc\geqslant a^3+b^3+c^3$$

证明 根据 4 次 Schur 不等式,我们有

$$a^4+b^4+c^4+abc(a+b+c)\geqslant (a^3+b^3+c^3)(a+b+c)$$

将 $a+b+c=2$ 代入最后的不等式,即得所需的结果. 等号成立的条件是 $a=b=c=\frac{2}{3}$ 或者 $a=b=1,c=0$ 及其循环排列.

例 8.1.2(Pham Kim Hung) 设 $a,b,c>0$,证明

$$\frac{a^2}{\sqrt{(b+c)(b^3+c^3)}}+\frac{b^2}{\sqrt{(c+a)(c^3+a^3)}}+\frac{c^2}{\sqrt{(a+b)(a^3+b^3)}}\geqslant \frac{3}{2}$$

证明 由 Hölder 不等式,我们有

$$\left(\sum_{cyc}\frac{a^2}{\sqrt{(b+c)(b^3+c^3)}}\right)^2\left(\sum_{cyc}a^2(b+c)(b^3+c^3)\right)\geqslant \left(\sum_{cyc}a^2\right)^3$$

所以,只需证明

$$4\left(\sum_{cyc}a^2\right)^3\geqslant 9\sum_{cyc}a^2(b+c)(b^3+c^3)\Leftrightarrow$$

$$4\sum_{cyc}a^6+3\sum_{cyc}a^4(b^2+c^2)+24a^2b^2c^2\geqslant 9abc\sum_{cyc}a^2(b+c)$$

根据 3 次 Schur 不等式 $\sum_{cyc}a^2(b+c)\leqslant \sum_{cyc}a^3+3abc$,只需证明

$$4\sum_{cyc}a^6+3\sum_{cyc}a^4(b^2+c^2)\geqslant 9\sum_{cyc}a^4bc+3a^2b^2c^2$$

这是成立的. 因为由 AM - GM 不等式

$$2\sum_{cyc}a^6=\sum_{cyc}(a^6+b^6)\geqslant \sum_{cyc}a^2b^2(a^2+b^2)=\sum_{cyc}a^4(b^2+c^2)\geqslant$$

$$2\sum_{cyc}a^4bc\geqslant 6a^2b^2c^2$$

等号成立的条件是 $a=b=c$.

例 8.1.3(Vasile Cirtoaje) 设 $a,b,c\geqslant 0$,证明

$$\frac{a^2}{2b^2-bc+2c^2}+\frac{b^2}{2c^2-ca+2a^2}+\frac{c^2}{2a^2-ab+2b^2}\geqslant 1$$

证明 根据 Cauchy - Schwarz 不等式,我们有

$$\sum_{cyc}\frac{a^2}{2b^2-bc+2c^2}\geqslant$$

$$\frac{(a^2+b^2+c^2)^2}{a^2(2b^2-bc+2c^2)+b^2(2c^2-ca+2a^2)+c^2(2a^2-ab+2b^2)}$$

于是,只需证明

$$\left(\sum_{cyc} a^2\right)^2 \geq \sum_{cyc} a^2(2b^2 - bc + 2c^2) \Leftrightarrow \sum_{cyc} a^4 + abc\left(\sum_{cyc} a\right) \geq 2\sum_{cyc} a^2b^2$$

根据4次Schur不等式,我们有

$$\sum_{cyc} a^4 + abc\left(\sum_{cyc} a\right) \geq \sum_{cyc} ab(a^2 + b^2) \geq 2\sum_{cyc} a^2b^2$$

等号成立的条件是 $a = b = c$ 或者 $a = b, c = 0$ 及其循环排列.

例 8.1.4 设 $a,b,c \geq 0$,证明

$$\frac{a^3}{b^2 - bc + c^2} + \frac{b^3}{c^2 - ca + a^2} + \frac{c^3}{a^2 - ab + b^2} \geq a + b + c$$

证明 应用Cauchy - Schwarz不等式,我们有

$$\sum_{cyc} \frac{a^3}{b^2 - bc + c^2} = \sum_{cyc} \frac{a^4}{a(b^2 - bc + c^2)} \geq \frac{(a^2 + b^2 + c^2)^2}{\sum_{cyc} a(b^2 - bc + c^2)}$$

于是只需证明

$$\left(\sum_{cyc} a^2\right)^2 \geq \left(\sum_{cyc} a(b^2 - bc + c^2)\right)\left(\sum_{cyc} a\right)$$

或者

$$\sum_{cyc} a^4 + 2\sum_{cyc} a^2b^2 \geq (a + b + c)\sum_{cyc} a^2(b + c) - 3abc\sum_{cyc} a$$

或者

$$\sum_{cyc} a^4 + abc\sum_{cyc} a \geq \sum_{cyc} a^3(b + c)$$

这是一个4次的Schur不等式. 等号成立的条件是 $a = b = c$ 或者 $a = b, c = 0$ 及其循环排列.

例 8.1.5 设 $a,b,c \geq 0$,证明

$$a^2\sqrt{b^2 - bc + c^2} + b^2\sqrt{c^2 - ca + a^2} + c^2\sqrt{a^2 - ab + b^2} \leq a^3 + b^3 + c^3$$

证明 根据AM - GM不等式,我们有

$$\sum_{cyc} a^2\sqrt{b^2 - bc + c^2} = \sum_{cyc} a\sqrt{a^2(b^2 - bc + c^2)} \leq \frac{1}{2}\sum_{cyc} a(a^2 + b^2 + c^2 - bc)$$

于是,由3次Schur不等式,我们有

$$2\sum_{cyc} a^3 - \sum_{cyc} a(a^2 + b^2 + c^2 - bc) = \sum_{cyc} a^3 + 3abc - \sum_{cyc} ab(a + b) \geq 0$$

等号成立的条件是 $a = b = c$ 或者 $a = b, c = 0$ 及其循环排列.

例 8.1.6(Vo Quoc Ba Can) 设 $a,b,c \geq 0$,证明

$$\frac{a^3}{\sqrt{b^2 - bc + c^2}} + \frac{b^3}{\sqrt{c^2 - ca + a^2}} + \frac{c^3}{\sqrt{a^2 - ab + b^2}} \geq a^2 + b^2 + c^2$$

证明 应用Cauchy - Schwarz不等式,我们有

$$\sum_{cyc} \frac{a^3}{\sqrt{b^2 - bc + c^2}} \geq \frac{(a^2 + b^2 + c^2)^2}{\sum_{cyc} a\sqrt{b^2 - bc + c^2}}$$

所以,只需证明

$$\sum_{cyc} a\sqrt{b^2-bc+c^2} \leqslant a^2+b^2+c^2$$

再次由 Cauchy - Schwarz 不等式,有

$$\left(\sum_{cyc} a\sqrt{b^2-bc+c^2}\right)^2 \leqslant \left(\sum_{cyc} a\right)\left(\sum_{cyc} a(b^2-bc+c^2)\right)$$

因此,由 Schur 不等式,我们有

$$\left(\sum_{cyc} a^2\right)^2-\left(\sum_{cyc} a\right)\left(\sum_{cyc} a(b^2-bc+c^2)\right)=$$

$$\sum_{cyc} a^4+abc\sum_{cyc} a-\sum_{cyc} a^3(b+c) \geqslant 0$$

等号成立的条件是 $a=b=c$ 或者 $a=b, c=0$ 及其循环排列.

8.2 初等对称多项式

假设 $x_1, x_2, \cdots, x_n$ 是实数,我们定义其初等对称多项式如下

$$S_k=\sum x_{i_1}x_{i_2}\cdots x_{i_k} \quad k=1,2,\cdots,n,\{i_1,i_2,\cdots,i_k\} \subset \{1,2,\cdots,n\}$$

关于初等对称多项式的一个经典、重要的结果是:

$x_1, x_2, \cdots, x_n$ 的每一个对称多项式都可以用 $x_1, x_2, \cdots, x_n$ 的初等对称多项式来表示.

这个定理的证明在这里不再给出,将其作为一个代数练习自己解决. 根据这个定理,研究对称表达式可以变成研究初等对称多项式. 然而,在这部分,我们只在应用初等对称多项式证明三变量不等式上面进行讨论.

例 8.2.1(Pham Kim Hung) 设 $a,b,c>0$,且 $a+b+c=2$,证明

$$a^2b^2+b^2c^2+c^2a^2+abc \leqslant 1$$

证明 由于 $a+b+c=2$,因此不等式等价于

$$(ab+bc+ca)^2 \leqslant 1+3abc$$

记 $x=ab+bc+ca, y=abc$. 如果 $x \leqslant 1$,则不等式显然成立;否则,$x \geqslant 1$,由 AM - GM 不等式,我们有

$$\prod_{cyc}(a+b-c) \leqslant abc \Rightarrow 8\prod_{cyc}(1-a) \leqslant abc \Rightarrow 8+9y \geqslant 8x$$

于是,只需证明

$$x^2 \leqslant 1+\frac{1}{3}(8x-8) \Leftrightarrow 3x^2-8x+5 \leqslant 0 \Leftrightarrow (x-1)(3x-5) \leqslant 0$$

这是显然成立的. 因为 $1 \leqslant x \leqslant \frac{4}{3}<\frac{5}{3}$. 等号成立的条件是 $a=b=1, c=0$ 及

其循环排列.

例 8.2.2　设 $a,b,c\geqslant 0$,且 $a^2+b^2+c^2=1$,证明

$$a+b+c\leqslant\sqrt{2}+\frac{9abc}{4}$$

证明　我们记 $x=a+b+c,y=ab+bc+ca,z=abc$. 由4次 Schur 不等式,我们有

$$\sum_{\text{cyc}}a^4+abc\sum_{\text{cyc}}a\geqslant\sum_{\text{cyc}}a^3(b+c)\Leftrightarrow\left(\sum_{\text{cyc}}a^2\right)^2-2\left(\sum_{\text{cyc}}ab\right)^2+6abc\left(\sum_{\text{cyc}}a\right)\geqslant\left(\sum_{\text{cyc}}a^2\right)\left(\sum_{\text{cyc}}ab\right)\Leftrightarrow 1-2y^2+6xz\geqslant y\Leftrightarrow z\geqslant\frac{2y^2+y-1}{6x}\quad(*)$$

注意到 $x=\sqrt{1+2y}$,所以,如果 $y\leqslant\frac{1}{2}$,则不等式显然成立(因为 $x\leqslant\sqrt{2}$).否则,根据式(*),只需证明

$$\sqrt{1+2y}\leqslant\sqrt{2}+\frac{9(2y^2+y-1)}{24\sqrt{1+2y}}\Leftrightarrow(2y-1)\frac{\sqrt{1+2y}}{\sqrt{2}+\sqrt{1+2y}}\leqslant\frac{9(2y-1)(y+1)}{24}$$

因为 $1\geqslant y\geqslant\frac{1}{2}$,因此,我们有

$$\frac{\sqrt{1+2y}}{\sqrt{2}+\sqrt{1+2y}}\leqslant\frac{\sqrt{3}}{\sqrt{3}+\sqrt{2}}<\frac{9}{16}\leqslant\frac{9(y+1)}{24}$$

等号成立的条件是 $a=b=\frac{1}{\sqrt{2}},c=0$ 或其循环排列.

例 8.2.3(Bulgarian MO 1998)　设 $a,b,c>0$,且满足 $abc=1$,证明

$$\frac{1}{1+a+b}+\frac{1}{1+b+c}+\frac{1}{1+c+a}\leqslant\frac{1}{2+a}+\frac{1}{2+b}+\frac{1}{2+c}$$

证明　记 $S=\sum_{\text{cyc}}a,P=\sum_{\text{cyc}}ab,Q=abc$,通过不太复杂的计算,我们有

$$\text{LHS}=\sum_{\text{cyc}}\frac{1}{S+1-a}=\frac{S^2+4S+3+P}{S^2+2S+PS+P}$$

$$\text{RHS}=\sum_{\text{cyc}}\frac{1}{2+a}=\frac{12+4S+P}{9+4S+2P}$$

所以,只需证明

$$\frac{S^2+4S+3+P}{S^2+2S+PS+P}\leqslant\frac{12+4S+P}{9+4S+2P}$$

即

$$(3P-5)S^2+(S-1)P^2+6PS\geqslant 24S+3P+27$$

因为 $abc=1$,我们有 $S,P\geqslant 3$,所以

$$\text{LHS}\geqslant 4S^2+2P^2+6PS\geqslant 12S+6(P-1)S+6S+2P^2\geqslant$$
$$24S+3P+(P^2+6S)\geqslant \text{RHS}$$

等号成立的条件是 $S=P=3$ 或者 $a=b=c=1$.

例 8.2.4(Pham Kim Hung)　设 $a,b,c>0$,证明

$$\frac{a}{b+c}+\frac{b}{c+a}+\frac{c}{a+b}+\frac{abc}{2(a^3+b^3+c^3)}\geqslant\frac{5}{3}$$

证明　不失一般性,我们假设 $a+b+c=3$,记 $x=ab+bc+ca,y=abc$,则我们有

$$\frac{abc}{a^3+b^3+c^3}=\frac{y}{27+3y-9x},\sum_{\text{cyc}}\frac{a}{b+c}=\frac{27+3y-6x}{3x-y}$$

我们只需证明

$$\frac{27+3y-6x}{3x-y}+\frac{y}{2(27+3y-9x)}\geqslant\frac{5}{3}$$

由 AM - GM 不等式,$\prod_{\text{cyc}}(3-2a)\leqslant\prod_{\text{cyc}}a$,所以 $9+3y\geqslant 4x$. 此外,上面表达式的左边关于 y 的函数是严格增加的,所以只需证明

$$\frac{27+(4x-9)-6x}{3x-\frac{1}{3}(4x-9)}+\frac{(4x-9)}{6[27+(4x-9)-9x]}\geqslant\frac{5}{3}\Leftrightarrow\frac{3(18-2x)}{9+5x}+$$
$$\frac{4x-9}{6(18-5x)}\geqslant\frac{5}{3}\Leftrightarrow\frac{3(3-x)(153-50x)}{2(9+5x)(18-5x)}\geqslant 0$$

这是显然成立的,因为 $x\leqslant 3$. 等号成立的条件是 $x=3$ 或者 $a=b=c=1$.

例 8.2.5(Pham Kim Hung)　设 a,b,c 是实数,且 $a+b+c=3$,证明

$$(1+a+a^2)(1+b+b^2)(1+c+c^2)\geqslant 9(ab+bc+ca)$$

证明　我们记 $x=a+b+c,y=ab+bc+ca,z=abc$,根据题设,有 $x=3$. 因此不等式等价于

$$z^2+z+1+\sum_{\text{sym}}(a+a^2)+\sum_{\text{sym}}ab+\sum_{\text{sym}}a^2b^2+abc(\sum_{\text{sym}}a+\sum_{\text{sym}}ab)+$$
$$\sum_{\text{sym}}a^2(b+c)\geqslant 9y\Leftrightarrow z^2+z+1+x+(x^2-2y)+y+(y^2-2xz)+z(x+y)+xy-$$
$$3z\geqslant 9y\Leftrightarrow(z-1)^2-(z-1)(x-y)+(x-y)^2\geqslant 0$$

这最后的不等式是显然的. 等号成立的条件是 $z=1,x=y$ 或者 $a=b=c=1$.

例 8.2.6(Pham Kim Hung)　设 $a,b,c>0$,且 $abc=1$,证明

$$\frac{1}{1+3a}+\frac{1}{1+3b}+\frac{1}{1+3c}+\frac{1}{1+a+b+c}\geqslant 1$$

证明　我们记 $x=a+b+c,y=ab+bc+ca$,则不等式可以改写成如下形式

$$\frac{3+6x+9y}{28+3x+9y}+\frac{1}{1+x}\geqslant 1\Leftrightarrow\frac{1}{1+x}\geqslant\frac{25-3x}{28+3x+9y}\Leftrightarrow 3x^2-19x+9y+3\geqslant 0$$

记 $z=\sqrt{\frac{x}{3}}$，由于 $y^2=(ab+bc+ca)^2\geqslant 3abc(a+b+c)=9z^2$，于是 $y\geqslant 3z$. 所以只需证明

$$27z^4-57z^2+27z+3\geqslant 0\Leftrightarrow 3(z-1)(9z^3+9z^2-10z-1)\geqslant 0$$

这是显然成立的，因为 $z\geqslant 1$. 等号成立的条件是 $a=b=c=1$.

例 8.2.7(Pham Kim Hung, MYM)　设 $a,b,c\geqslant 0$，且 $a+b+c=1$，证明

$$\frac{ab+bc+ca}{a^2+b^2+c^2+16abc}\geqslant 8(a^2b^2+b^2c^2+c^2a^2)$$

证明　记 $x=4(ab+bc+ca)$，$y=8abc$，则我们有

$$a^2+b^2+c^2=1-\frac{x}{2},a^2b^2+b^2c^2+c^2a^2=\frac{x^2}{16}-\frac{y}{4}$$

于是，不等式等价于

$$2x\geqslant(4-2x+8y)(x^2-4y)\Leftrightarrow x(x-1)^2\geqslant 4y[(x-1)(x+2)-4y]\Leftrightarrow$$
$$x(x-1)^2+16y^2\geqslant 4y(x-1)(x+2)$$

显然，$x\leqslant\frac{4}{3}$. 如果 $x\leqslant 1$，则不等式显然成立；否则，假设 $x\geqslant 1$，由 3 次 Schur 不等式，很容易得到 $8(x-1)\leqslant 9y$. 考虑到 x 作为一个在区间 $\left[1,\frac{4}{3}\right]$ 上的参数，我们将证明 $f(y)\geqslant 0$，在此

$$f(y)=16y^2-4y(x-1)(x+2)+x(x-1)^2$$

实际上，注意到 $x\geqslant 1$，所以 $f(y)$ 是一个增函数，因为

$$f'(y)=32y-4(x-1)(x+2)\geqslant\frac{32\times 8(x-1)}{9}-4(x-1)(x+2)\geqslant$$
$$\frac{256(x-1)}{9}-\frac{40(x-1)}{3}\geqslant 0$$

所以，只需证明 $f\left(\frac{8(x-1)}{9}\right)\geqslant 0$ 或者

$$16\left[\frac{8(x-1)}{9}\right]^2-4\left[\frac{8(x-1)}{9}\right](x-1)(x+2)+x(x-1)^2\geqslant 0\Leftrightarrow$$
$$\frac{1\,024}{81}-\frac{32}{9}(x+2)+x\geqslant 0\Leftrightarrow\frac{448}{81}\geqslant\frac{23x}{9}$$

这是成立的，因为 $x\leqslant\frac{4}{3}$. 等号成立的条件是 $a=b=\frac{1}{2}$，$c=0$ 及其循环排列.

注意　我们有一个类似的不等式如下.

设 a,b,c 是周长为 1 的三角形的三条边长，证明

$$\frac{ab+bc+ca}{a^2b^2+b^2c^2+c^2a^2+\frac{19}{8}abc}\leqslant 8(a^2+b^2+c^2)$$

例 8.2.8(Pham Kim Hung)　设 $a,b,c\geqslant 0$,且 $a+b+c=2$,证明

$$a^2+b^2+c^2\geqslant 2(a^3b^3+b^3c^3+c^3a^3+4a^2b^2c^2)$$

证明　设 $p=ab+bc+ca,q=abc$,则不等式可以写成如下形式

$$(a+b+c)^2-2(ab+bc+ca)\geqslant$$
$$2(ab+bc+ca)^3-6abc(a+b+c)(ab+bc+ca)+14a^2b^2c^2\Leftrightarrow$$
$$2-p\geqslant p^3-6pq+7q^2$$

设 $r=\max\left\{0,\frac{8p-8}{9}\right\}$,则根据 Schur 不等式有 $q\geqslant r$. 考虑函数

$$f(q)=7q^2-6pq+p^3+p-2$$

因为

$$f'(q)=14q-6p=14abc-3(a+b+c)(ab+bc+ca)<0$$

我们有 $f(q)\leqslant f(r)$. 如果 $p\leqslant 1$,则 $r=0$,我们有

$$f(q)\leqslant f(r)=p^3+p-2=(p-1)(p^2+p+2)\leqslant 0$$

如果 $p\geqslant 1$,我们有 $r=\frac{8(p-1)}{9}$,则不等式 $f(r)\leqslant 0$ 等价于

$$7\left[\frac{8(p-1)}{9}\right]^2-6p\left[\frac{8(p-1)}{9}\right]+(p-1)(p^2+p+2)\leqslant 0\Leftrightarrow$$

$$\frac{448(p-1)}{81}-\frac{16p}{3}+p^2+p+2\leqslant 0\Leftrightarrow p^2+\frac{37p}{81}-\frac{236}{81}\leqslant 0$$

这最后的不等式是成立的,因为 $p\leqslant\frac{4}{3}$. 等号成立的条件是 $a=b=1,c=0$ 及其循环排列.

8.3　规范化技术

规范化是一个重要的技术,经常使用它来证明对称不等式. 要理解这个技术,我们首先需要弄清齐次函数和非齐次函数的差异.

定义 2　假设 f 是 n 个变量 $a_1,a_2,\cdots,a_n$ 的函数,我们说 f 是一个齐次函数当且仅当存在一个实数 k 满足

$$f(ta_1,ta_2,\cdots,ta_n)=t^kf(a_1,a_2,\cdots,a_n)\quad a_1,a_2,\cdots,a_n\in\mathbf{R}$$

几乎所有我们所看到的不等式是齐次的. 在这种情况下,变量 $x_1,x_2,\cdots,x_n$ 之间的条件,例如 $x_1+x_2+\cdots+x_n=n$ 或者 $x_1x_2\cdots x_n=1$,没有意义. (因为我们

可以使用任意的实数乘或除以每一个变量,而不影响整个问题)有时,条件仅仅帮助我们简化问题,请看下面的例子.

例8.3.1 设 a,b,c 是三个实数,且满足 $a^2+b^2+c^2=3$,证明下列不等式

$$a^3(b+c)+b^3(c+a)+c^3(a+b)\leqslant 6$$

证明 当然,该不等式是非齐次的. 然而,条件 $a^2+b^2+c^2=3$ 可以帮助我们把不等式改变成齐次化的不等式

$$a^3(b+c)+b^3(c+a)+c^3(a+b)\leqslant \frac{2}{3}(a^2+b^2+c^2)^2$$

整理,不等式等价于

$$2\sum_{cyc}a^4+4\sum_{cyc}a^2b^2\geqslant 3\sum_{cyc}ab(a^2+b^2)\Leftrightarrow$$

$$\sum_{cyc}[a^4+b^4-3ab(a+b)+4a^2b^2]\geqslant 0\Leftrightarrow$$

$$\sum_{cyc}(a-b)^4+3\sum_{cyc}ab(a-b)^2\geqslant 0$$

这是显然成立的. 等号成立的条件是 $a=b=c$,从而 $a=b=c=1$.

注意 考虑这个问题的一般形式如下.

设 $a_1,a_2,\cdots,a_n\geqslant 0$,且满足 $a_1^2+a_2^2+\cdots+a_n^2=n$,当 n 取何值时,不等式

$$a_1^3(a_2+a_3+\cdots+a_n)+a_2^3(a_1+a_3+\cdots+a_n)+\cdots+a_n^3(a_1+a_2+\cdots+a_{n-1})\leqslant n(n-1)$$

成立?

只有两个数满足这个条件:$n=3$ 和 $n=4$. 如果 $n=4$,不等式为(将 a_1,a_2,a_3,a_4 改成 a,b,c,d)

$$4\sum_{cyc}a^3(b+c+d)\leqslant 3(a^2+b^2+c^2+d^2)^2\Leftrightarrow$$

$$\sum_{cyc}(a^4+b^4-4a^3b-4b^3a+6a^2b^2)\geqslant 0\Leftrightarrow$$

$$\sum_{cyc}(a-b)^4\geqslant 0$$

上面把非齐次不等式改变成齐次不等式,似乎非常直观. 相反会怎么样呢? 如果我们把一个齐次不等式改变成非齐次不等式是否不合理呢? 是否有意义呢? 为了回答这些问题,我们来看一个例子.

例8.3.2 设 $a,b,c\geqslant 0$,证明

$$\sqrt{\frac{ab+bc+ca}{3}}\leqslant\sqrt[3]{\frac{(a+b)(b+c)(c+a)}{8}}$$

证明 不失一般性,假设 $ab+bc+ca=3$. 由 AM - GM 不等式,我们有 $a+b+c\geqslant 3$ 以及 $abc\leqslant 1$. 因此

$$(a+b)(b+c)(c+a)=(a+b+c)(ab+bc+ca)-abc=$$

$$3(a+b+c)-abc \geqslant 8 \Rightarrow \sqrt{\frac{ab+bc+ca}{3}} \leqslant 1 \leqslant \sqrt[3]{\frac{(a+b)(b+c)(c+a)}{8}}$$

证毕. 等号成立的条件是 $a=b=c$.

让我们来回顾一下这个解法. 其独到的特点是第一步假设 $ab+bc+ca=3$. 为什么我们可以这样做呢? 事实上,如果 $a=b=c=0$,不等式是显然成立的. 否则,设 $a'=\frac{a}{t}, b'=\frac{b}{t}, c'=\frac{c}{t}(t>0)$. 不等式对于 a,b,c 成立当且仅当它对 a', b', c' 成立. 只要选择 $t=\sqrt{\frac{ab+bc+ca}{3}}$,则 $a'b'+b'c'+c'a'=3$. 由于不等式对于 a', b', c' 为真(已经证明),对 a,b,c 必定为真.

让我们分析分析其他情况. 如果我们假定 $a+b+c=3$ 或者 $abc=1$ 而不是 $ab+bc+ca=3$ 会发生什么呢? 然而,它给我们带来的是复杂的计算甚至对证明没有任何作用.

我们使用的这个过程称为规范化. 这个技巧被广泛应用于齐次不等式. 因为这些不等式允许我们假定任何事情,例如 $a+b+c=3$, $ab+bc+ca=3$,等. 有时,通过规范化技术可以使解法相当简短,下面就是很好的例子.

例 8.3.3(USA MO 2003) 设 $a,b,c \geqslant 0$,证明

$$\frac{(2a+b+c)^2}{2a^2+(b+c)^2}+\frac{(2b+c+a)^2}{2b^2+(c+a)^2}+\frac{(2c+a+b)^2}{2c^2+(a+b)^2} \leqslant 8$$

证明 使用表达式 $a+b+c=3$ 规范化,我们得到不等式左边的形式如下

$$\frac{(3+a)^2}{2a^2+(3-a)^2}+\frac{(3+b)^2}{2b^2+(3-b)^2}+\frac{(3+c)^2}{2c^2+(3-c)^2}$$

注意到

$$\frac{3(3+a)^2}{2a^2+(3-a)^2}=\frac{a^2+6a+9}{a^2-2a+3}=1+\frac{8a+6}{(a-1)^2+2} \leqslant 1+\frac{8a+6}{2}=4a+4$$

我们得到

$$\sum_{cyc} \frac{(3+a)^2}{2a^2+(3-a)^2} \leqslant \frac{1}{3}(12+4\sum_{cyc} a)=8$$

例 8.3.4(Japan MO 2002) 设 $a,b,c \geqslant 0$,证明

$$\frac{(b+c-a)^2}{(b+c)^2+a^2}+\frac{(c+a-b)^2}{(c+a)^2+b^2}+\frac{(a+b-c)^2}{(a+b)^2+c^2} \geqslant \frac{3}{5}$$

证明 不失一般性,我们假设 $a+b+c=3$,则不等式变成

$$\sum_{cyc} \frac{(3-2a)^2}{a^2+(3-a)^2} \geqslant \frac{3}{5} \Leftrightarrow \sum_{cyc} \frac{1}{2a^2-6a+9} \leqslant \frac{3}{5}$$

只要注意到

$$\sum_{cyc}\left(1-\frac{5}{2a^2-6a+9}\right)=\sum_{cyc}\frac{2(a-1)(a-2)}{2a^2-6a+9}=$$

$$\sum_{cyc}\left(\frac{-2(a-1)}{5}+\frac{2(a-1)^2(2a+1)}{5(2a^2-6a+9)}\right)\geqslant$$

$$\sum_{cyc}\frac{-2(a-1)}{5}=0$$

例 8.3.5(Pham Kim Hung)　设 $a,b,c>0$,证明

$$\frac{(2a+b+c)^2}{4a^3+(b+c)^3}+\frac{(2b+c+a)^2}{4b^3+(c+a)^3}+\frac{(2c+a+b)^2}{4c^3+(a+b)^3}\leqslant\frac{12}{a+b+c}$$

证明　假设 $a+b+c=3$,则不等式变成

$$\sum_{cyc}\frac{(3+a)^2}{4a^3+(3-a)^3}\leqslant 4$$

注意到

$$\frac{(3+a)^2}{4a^3+(3-a)^3}-\frac{4}{3}=\frac{(a-1)(-4a^2-15a+27)}{4a^3+(3-a)^3}=$$

$$(a-1)\left(\frac{2}{3}+\frac{(a-1)(-2a^2-12a-9)}{4a^3+(3-a)^3}\right)\leqslant\frac{2(a-1)}{3}$$

我们得到

$$\sum_{cyc}\frac{(3+a)^2}{4a^3+(3-a)^3}\leqslant\sum_{cyc}\left(\frac{4}{3}+\frac{2(a-1)}{3}\right)=4$$

例 8.3.6　设 $a,b,c,d\geqslant 0$,证明

$$\frac{a}{b^2+c^2+d^2}+\frac{b}{c^2+d^2+a^2}+\frac{c}{d^2+a^2+b^2}+\frac{d}{a^2+b^2+c^2}\geqslant$$

$$\frac{3\sqrt{3}}{2}\cdot\frac{1}{\sqrt{a^2+b^2+c^2+d^2}}$$

证明　不失一般性,假设 $a^2+b^2+c^2+d^2=1$,则不等式变成

$$\frac{a}{1-a^2}+\frac{b}{1-b^2}+\frac{c}{1-c^2}+\frac{d}{1-d^2}\geqslant\frac{3\sqrt{3}}{2}$$

由 AM - GM 不等式,可得

$$2a^2(1-a^2)(1-a^2)\leqslant\left(\frac{2}{3}\right)^3\Rightarrow a(1-a^2)\leqslant\frac{2}{3\sqrt{3}}\Rightarrow\frac{a}{1-a^2}\geqslant\frac{3\sqrt{3}}{2}a^2$$

所以,我们有

$$\sum_{cyc}\frac{a}{1-a^2}\geqslant\frac{3\sqrt{3}}{2}\left(\sum_{cyc}a^2\right)=\frac{3\sqrt{3}}{2}$$

等号成立的条件是 $a=b=c,d=0$ 及其循环排列.

例 8.3.7(Pham Kim Hung)　设 $a,b,c \geqslant 0$,证明

$$\frac{a}{b+c}+\frac{b}{c+a}+\frac{c}{a+b}+\frac{3\sqrt[3]{abc}}{2(a+b+c)} \geqslant 2$$

证明　应用 Cauchy - Schwarz 不等式,我们有

$$\sum_{\text{cyc}} \frac{a}{b+c} \geqslant \frac{(a+b+c)^2}{2(ab+bc+ca)}$$

使用 $a+b+c=1$ 规范化,只需证明

$$\frac{1}{2x}+\frac{3}{2}\sqrt[3]{abc} \geqslant 2$$

这里 $x=ab+bc+ca \leqslant \frac{1}{3}$. 如果 $x \leqslant \frac{1}{4}$,则不等式显然成立. 否则,由 Schur 不等式,我们有 $9abc \geqslant 4x-1 \geqslant 0$,所以只需证明

$$\frac{1}{2x}+\frac{\sqrt[3]{3}}{2}\sqrt[3]{4x-1} \geqslant 2$$

或者

$$3x^3(4x-1) \geqslant (4x-1)^3$$

或者

$$(4x-1)(3x-1)(x^2-5x+1) \geqslant 0$$

这最后的不等式为真,因为$\frac{1}{4} \leqslant x \leqslant \frac{1}{3}$(因此 $x^2-5x+1<0$). 等号成立的条件是

$$a=b=c \text{ 或 } a=b,c=0$$

例 8.3.8(Iran TST 1996)　设 $a,b,c \geqslant 0$,证明

$$\frac{1}{(a+b)^2}+\frac{1}{(b+c)^2}+\frac{1}{(c+a)^2} \geqslant \frac{9}{4(ab+bc+ca)}$$

证明　我们使用 $ab+bc+ca=1$ 来规范化,则不等式变成

$$4\sum_{\text{cyc}}(a+b)^2(c+a)^2 \geqslant 9(a+b)^2(b+c)^2(c+a)^2$$

或者　$4(1+a^2)^2+4(1+b^2)^2+4(1+c^2)^2 \geqslant 9(a+b+c-abc)^2$

记 $s=a+b+c$,则不等式变成如下形式

$$4(s^4-2s^2+1+4sabc) \geqslant 9(s-abc)^2$$

如果 $s \geqslant 2$,则立即可得不等式成立,因为

$$\text{LHS} \geqslant 4(s^4-2s^2+1)=9s^2+(s^2-4)(4s^2-1) \geqslant$$
$$9s^2 \geqslant 9(s-abc)^2=\text{RHS}$$

否则,假定 $s \leqslant 2$,根据 Schur 不等式,我们有

$$\sum_{\text{cyc}} a^4+abc\sum_{\text{cyc}} a \geqslant \sum_{\text{cyc}} a^3(b+c) \Rightarrow 6abcs \geqslant (4-s^2)(s^2-1)$$

然而,$9abc \leqslant (a+b+c)(ab+bc+ca)=s$,所以,我们有

$$\text{LHS}-\text{RHS}=(s^2-4)(4s^2-1)+34sabc-9a^2b^2c^2 \geqslant$$

$$(s^2-4)(4s^2-1)+33sabc \geqslant (s^2-4)(4s^2-1)+\frac{11}{2}(4-s^2)(s^2-1)=$$

$$\frac{3}{2}(4-s^2)(s^2-3) \geqslant 0$$

等号成立的条件是 $a=b=c$ 或者 $(a,b,c)=(1,1,0)$.

例 8.3.9(Nguyen Van Thach)　设 $a,b,c,d>0$,证明

$$\frac{abc}{(d+a)(d+b)(d+c)}+\frac{bcd}{(a+b)(a+c)(a+d)}+$$
$$\frac{cda}{(b+a)(b+c)(b+d)}+\frac{dab}{(c+a)(c+b)(c+d)} \geqslant \frac{1}{2}$$

证明　记 $x=\frac{1}{a},y=\frac{1}{b},z=\frac{1}{c},t=\frac{1}{d}$,则不等式变成

$$\frac{x^3}{(x+y)(x+z)(x+t)}+\frac{y^3}{(y+x)(y+z)(y+t)}+\frac{z^3}{(z+x)(z+y)(z+t)}+$$
$$\frac{t^3}{(t+x)(t+y)(t+z)} \geqslant \frac{1}{2}$$

不失一般性,假设 $x+y+z+t=4$,由 AM - GM 不等式,我们有

$$(x+y)(x+z)(x+t) \leqslant \left(x+\frac{y+z+t}{3}\right)^3=\left(x+\frac{4-x}{3}\right)^3=\frac{8}{27}(x+2)^3$$

所以,我们只需证明

$$\frac{x^3}{(x+2)^3}+\frac{y^3}{(y+2)^3}+\frac{z^3}{(z+2)^3}+\frac{t^3}{(t+2)^3} \geqslant \frac{4}{27}$$

但,我们很容易得到

$$\frac{x^3}{(x+2)^3}-\frac{2x-1}{27}=\frac{2(x-1)^2(-x^2+6x+4)}{27(x+2)^2} \geqslant 0$$

因为 $0 \leqslant x \leqslant 4$. 于是我们得到

$$\sum_{\text{cyc}} \frac{x^3}{(x+2)^3} \geqslant \sum_{\text{cyc}} \frac{2x-1}{27}=\frac{4}{27}$$

证毕. 等号成立的条件 $x=y=z=t=1$ 或 $a=b=c=d$.

8.4　对称分离

回顾规范化一节中的例 8.3.4.

如何得到不等式

$$\frac{1}{2a^2-6a+9} \leqslant \frac{1}{5}-\frac{2(a-1)}{25}$$

解决问题的关键是什么？在这一部分，我们将解释如何使用"对称分离"。这个方法，在前面使用过。

这个方法可以帮助我们解决许多下列形式的不等式问题

$$f(x_1)+f(x_2)+\cdots+f(x_n)\geqslant 0$$

实际上，为了证明这样的不等式，我们将找到一个函数 $g(x)$，满足 $f(x)\geqslant g(x)$，而且

$$g(x_1)+g(x_2)+\cdots+g(x_n)\geqslant 0$$

让我们来考察下面的例子。

例 8.4.1(Le Huu Dien Khue)　设 $a,b,c>0$，且满足 $abc=1$，证明

$$\frac{1}{3a^2+(a-1)^2}+\frac{1}{3b^2+(b-1)^2}+\frac{1}{3c^2+(c-1)^2}\geqslant 1$$

证明　我们设想找到一个实常数 k，满足

$$\frac{1}{3a^2+(a-1)^2}\geqslant\frac{1}{3}+k\ln a$$

如果存在这样一个有效的常数 k，我们得到(注意到 $\ln a+\ln b+\ln c=0$)

$$\sum_{\text{cyc}}\frac{1}{3a^2+(a-1)^2}\geqslant 1+k\Big(\sum_{\text{cyc}}\ln a\Big)=1$$

记

$$f(x)=\frac{1}{3x^2+(x-1)^2}-k\ln x-\frac{1}{3}$$

注意到 $a=b=c=1$ 是等号成立的条件。我们预测这样的数 k 应该满足 $f'(1)=0$。由于

$$f'(x)=\frac{-8x+2}{(3x^2+(x-1)^2)^2}-\frac{k}{x}$$

于是，我们得到 $k=-\frac{2}{3}$。此时

$$f'(x)=\frac{-8x+2}{(3x^2+(x-1)^2)^2}+\frac{2}{3x}=\frac{2(x-1)(16x^3-1)}{3x(3x^2+(x-1)^2)^2}$$

不幸的是，方程 $f'(x)=0$ 的根多余一个，所以不等式 $f(x)\geqslant 0$ 是错误的(实际上，如果我们令 $x\to 0$，则 $f(x)\to-\infty$)。无论如何，由 $f(x)$ 的导数，我们至少可以得到 $f(x)\geqslant f(1)=0,x\in\left[\frac{1}{2},+\infty\right)$。所以，如果所有 a,b,c 都属于 $\left[\frac{1}{2},+\infty\right)$，我们有

$$\sum_{\text{cyc}}\frac{1}{3a^2+(a-1)^2}\geqslant\sum_{\text{cyc}}\left(\frac{1}{3}-\frac{2}{3}\ln a\right)=1$$

如果 a,b,c 中的某些数小于$\frac{1}{2}$？假设 $a \leqslant \frac{1}{2}$，则 $3a^2+(a-1)^2 \leqslant 1$，问题变得很明显

$$\sum_{\text{cyc}} \frac{1}{3a^2+(a-1)^2} \geqslant \frac{1}{3a^2+(a-1)^2} \geqslant 1$$

等号成立的条件是 $a=b=c=1$.

构建估计式

$$\frac{1}{3a^2+(a-1)^2} \geqslant \frac{1}{3}+k\ln a$$

是一个称为“对称分离”的技术. 如果证明 $\sum_{\text{cyc}} f(x_i) \geqslant 0$ 很困难，我们可以从这个和中分离出较小的组件$f(x_i) \geqslant g(x_i)$，然后证明 $\sum_{\text{cyc}} g(x_i) \geqslant 0$. 当然，$g(x)$ 应该从给定数据的假设条件进行猜测：如果假设条件是 $x_1x_2\cdots x_n=1$，我们可以预见 $g(x)=k\ln x$（k 是常数）；如果假设条件是 $x_1+x_2+\cdots+x_n=n$，我们可以预见 $g(x)=k(x-1)$；如果假设条件是 $x_1^2+x_2^2+\cdots+x_n^2=n$，我们可以预见 $g(x)=k(x^2-1)$ 等. 注意这些预见取决于等号成立的情况（例如上面的 $g(x)$ 是基于 $x_1=x_2=\cdots=x_n=1$ 的情况）.

如何找到有效的常数 k？假设$f(x)$ 可导而且当 $x_1=x_2=\cdots=x_n=1$ 时等号成立，那么它将由 $f'(1)=0$ 给出.

虽然在某些情况下，不等式$f(x) \geqslant g(x)$ 对范围内所有的 x 不成立，但它可以在 x 的一个较大的范围内保持成立，而且使得左边易于处理，如在例8.4.1中我们检测 $a \leqslant \frac{1}{2}$ 的情况.

例 8.4.2（Vu Dinh Quy） 设 $a,b,c>0$，且 $abc=1$，证明

$$\frac{1}{a^2-a+1}+\frac{1}{b^2-b+1}+\frac{1}{c^2-c+1} \leqslant 3$$

证明 首先，我们将证明

$$f(x)=\frac{1}{x^2-x+1}+\ln x-1 \geqslant 0 \quad (x \in (0,1.8])$$

实际上，我们有

$$f'(x)=\frac{-2x+1}{(x^2-x+1)^2}+\frac{1}{x}=\frac{(x-1)(x^3-x^2-1)}{(x^2-x+1)^2}$$

方程 $x^3=x^2+1$ 在$(0,2]$ 恰好有一个实根，所以很容易推断

$$\max_{0 \leqslant x \leqslant 1.8} f(x)=\max\{f(1),f(1.8)\}=0$$

因此，如果 $a,b,c \leqslant 1.8$，则不等式成立. 否则，我们假定 $a \geqslant 1.8$. 如果 $a \geqslant 2$，则我们有

$$\sum_{cyc}\frac{1}{a^2-a+1}\leqslant\frac{1}{2^2-2+1}+\frac{1}{\left(b-\frac{1}{2}\right)^2+\frac{3}{4}}+\frac{1}{\left(c-\frac{1}{2}\right)^2+\frac{3}{4}}\leqslant$$

$$\frac{1}{3}+\frac{4}{3}+\frac{4}{3}=3$$

所以只需考虑 $1.8\leqslant a\leqslant 2$ 的情况. 不失一般性,假设 $b\geqslant c$,由于 $a\leqslant 2$,我们必定有 $b\geqslant\frac{1}{\sqrt{2}}$. 如果 $a\geqslant 1.9$,则

$$\sum_{cyc}\frac{1}{a^2-a+1}\leqslant\frac{1}{1.9^2-1.9+1}+\frac{1}{\frac{1}{2}-\frac{1}{\sqrt{2}}+1}+\frac{4}{3}<3$$

如果 $a\leqslant 1.9$,则 $b\geqslant\frac{1}{\sqrt{1.9}}$,从而我们有

$$\sum_{cyc}\frac{1}{a^2-a+1}\leqslant\frac{1}{1.8^2-1.8+1}+\frac{1}{\frac{1}{1.9}-\frac{1}{\sqrt{1.9}+1}}+\frac{4}{3}<3$$

证毕. 等号成立的条件是 $a=b=c=1$.

注意 考虑例 2.1.9,我们可以用不同的方法来证明这个问题.

注意到

$$\sum_{cyc}\frac{a^4}{a^4+a^2+1}=\sum_{cyc}\frac{1}{\left(\frac{1}{a^2}\right)^2+\left(\frac{1}{a^2}\right)+1}\geqslant 1 \qquad (*)$$

所以

$$\sum_{cyc}\frac{a^2+1}{a^2-a+1}=3+\sum_{cyc}\frac{a}{a^2-a+1}\leqslant 4\Rightarrow$$

$$\sum_{cyc}\frac{1}{a^2-a+1}+\sum_{cyc}\frac{1}{a^2+a+1}\leqslant 4$$

因为由式 $(*)$ $\sum_{cyc}\frac{1}{a^2+a+1}\geqslant 1$,我们就有

$$\sum_{cyc}\frac{1}{a^2-a+1}\leqslant 3$$

例 8.4.3(Pham Kim Hung) 设 $a,b,c,d,e,f>0$,且满足 $abcdef=1$,证明

$$\frac{2a+1}{a^2+a+1}+\frac{2b+1}{b^2+b+1}+\frac{2c+1}{c^2+c+1}+\frac{2d+1}{d^2+d+1}+\frac{2e+1}{e^2+e+1}+\frac{2f+1}{f^2+f+1}\leqslant 4$$

证明 考虑下列函数

$$f(x)=\frac{1+2x}{1+x+x^2}+\frac{\ln x}{3}-1$$

当然,我们有

$$f'(x)=\frac{-2x^2-2x+1}{(1+x+x^2)^2}+\frac{1}{3x}=\frac{(x-1)(x^3-3x^2-6x-1)}{3x(1+x+x^2)^2}$$

注意到方程 $x^3=3x^2+6x+1$ 在 $(1,+\infty)$ 上,只有一个实根 x_0. 因为 $4\leqslant x_0\leqslant 12$,我们有

$$\max_{0\leqslant x\leqslant 12}f(x)=\max\{f(1),f(12)\}=0$$

如果 $a,b,c,d,e,f\leqslant 12$,则

$$\sum_{\text{cyc}}\frac{1+2a}{1+a+a^2}\leqslant\sum_{\text{cyc}}\left(1+\frac{\ln a}{3}\right)=6$$

否则,假定 $a\geqslant 12$,注意到

$$7(1+x+x^2)-6(1+2x)=7x^2-5x+1>0\quad(x\in\mathbf{R})$$

我们得到

$$\sum_{\text{cyc}}\frac{1+2a}{1+a+a^2}\leqslant\frac{1+2\times 12}{1+12+12^2}+\frac{5\times 7}{6}<6$$

证毕. 等号成立的条件是 $a=b=c=d=e=f=1$.

例 8.4.4(Vasile Cirtoaje) 设 $a,b,c,d>0$,且 $abcd=1$,证明

$$\frac{1+a}{1+a^2}+\frac{1+b}{1+b^2}+\frac{1+c}{1+c^2}+\frac{1+d}{1+d^2}\leqslant 4$$

证明 考虑下列函数

$$f(x)=\frac{1+x}{1+x^2}+\frac{\ln x}{2}-1\quad(x>0)$$

我们有

$$f'(x)=\frac{(x-1)(x^3-x^2-3x-1)}{2x(1+x^2)^2}$$

由于方程 $x^3=x^2+3x+1$ 恰有一个实根 x_0,且 $4\geqslant x_0>1$,容易得到

$$\max_{0\leqslant x\leqslant 4}f(x)=\max\{f(1),f(4)\}=0$$

如果 $a,b,c,d\leqslant 4$,则不等式成立,因为

$$\sum_{\text{cyc}}\frac{1+a}{1+a^2}\leqslant\sum_{\text{cyc}}\left(1-\frac{\ln x}{2}\right)=4$$

否则,假设 $a\geqslant 4$. 由于 $21(1+x^2)-17(1+x)=21x^2-17x+4>0$,于是

$$\sum_{\text{cyc}}\frac{1+a}{1+a^2}\geqslant\frac{1+4}{1+4^2}+\frac{3\times 21}{17}=4$$

证毕. 等号成立的条件是 $a=b=c=d=1$.

例 8.4.5(Pham Kim Hung) 设 $a,b,c,d,e,f>0$,且满足 $abcdef=1$,证明

$$\frac{a-1}{a^2+a+1}+\frac{b-1}{b^2+b+1}+\frac{c-1}{c^2+c+1}+\frac{d-1}{d^2+d+1}+\frac{e-1}{e^2+e+1}+\frac{f-1}{f^2+f+1}\leqslant 0$$

证明 考虑下列函数

$$f(x)=\frac{x-1}{x^2+x+1}-\frac{\ln x}{3}$$

注意到

$$f'(x)=\frac{(x-1)(-x^3-6x^2-3x+1)}{3x(x^2+x+1)^2}$$

方程 $x^3+6x^2+3x=1$ 恰有一个实根 x_0,且显然 $x_0>\frac{1}{5}$,因此

$$\max_{1\geq x\geq\frac{1}{11}}f(x)=\max\left\{f(1),f\left(\frac{1}{11}\right)\right\}=0$$

如果 $a,b,c,d,e,f\geq\frac{1}{11}$,则不等式成立,因为

$$\sum_{cyc}\frac{a-1}{a^2+a+1}\leqslant\sum_{cyc}\frac{\ln a}{3}=0$$

现在假定 $a\leqslant\frac{1}{11}$,由于函数 $g(x)=\frac{x-1}{x^2+x+1}$ 的导数 $g'(x)=\frac{-x^2+2x+2}{(x^2+x+1)^2}$,我们有 $g(a)\leqslant g\left(\frac{1}{11}\right)$,且 $\max\limits_{x>0}g(x)=g(1+\sqrt{3})$,因此,我们有

$$g(a)+g(b)+g(c)+g(d)+g(e)+g(f)\leqslant g\left(\frac{1}{11}\right)+5g(1+\sqrt{3})<0$$

例 8.4.6(Pham Kim Hung) 设 $a,b,c,d,e,f,g>0$,且 $a+b+c+d+e+f+g=7$,证明

$$(a^2-a+1)(b^2-b+1)(c^2-c+1)(d^2-d+1)(e^2-e+1)\cdot(f^2-f+1)(g^2-g+1)\geqslant 1$$

证明 不等式等价于

$$\sum_{cyc}\ln(a^2-a+1)\geqslant 0$$

考虑函数 $f(x)=\ln(x^2-x+1)-x+1$. 我们有

$$f'(x)=\frac{(x-1)(2-x)}{x^2+x+1}$$

很容易得到

$$\min_{0\leqslant x\leqslant 2.75}f(x)=\min\{f(1),f(2.75)\}=0$$

如果 $a,b,c,d,e,f,g\leqslant 2.75$,则我们有

$$\sum_{cyc}\ln(a^2-a+1)\geqslant\sum_{cyc}(1-a)=0$$

否则,假设 $a\geqslant 2.75$,因为 $x^2-x+1\geqslant\frac{3}{4}(x\in\mathbf{R})$,所以

$$\sum_{cyc}\ln(a^2-a+1)\geqslant\ln(2.75^2-2.75+1)+6\ln\left(\frac{3}{4}\right)>0$$

证毕. 等号成立的条件是 $a=b=c=d=e=f=1$.

例 8.4.7(Pham Kim Hung)　设 $a,b,c,d>0$，且 $a+b+c+d=4$，证明

$$\frac{1}{a^2}+\frac{1}{b^2}+\frac{1}{c^2}+\frac{1}{d^2}\geqslant a^2+b^2+c^2+d^2$$

证明　考虑下列函数

$$f(x)=\frac{1}{x^2}-x^2+4x-4\quad(x>0)$$

我们有

$$f'(x)=-\frac{2}{x^3}-2x+4=\frac{-2(x-1)(x^3-x^2-x-1)}{x^3}$$

方程 $f'(x)=0$ 有两个正实数根，一个根是 1 另一个根小于 1

$$\max_{0<x\leqslant 2.4}f(x)=\max\{f(1),f(2.4)\}=0$$

如果 $a,b,c,d\leqslant 2.4$，则不等式成立，因为

$$\sum_{cyc}\frac{1}{a^2}-\sum_{cyc}a^2=\sum_{cyc}f(a)\geqslant 0$$

否则，我们可以假定 $a\geqslant 2.4\geqslant b\geqslant c\geqslant d$. 因为 $b+c+d\leqslant 1.6$，我们有

$$\frac{1}{b^2}+\frac{1}{c^2}+\frac{1}{d^2}\geqslant\frac{27}{(b+c+d)^2}>10$$

(1) 第一种情况 $a\leqslant 3$，由于 $1\leqslant a\leqslant 3$，所以

$$a^2+b^2+c^2+d^2\leqslant a^2+(b+c+d)^2=a^2+(4-a)^2\leqslant 3^2+1^1=10$$

(2) 第二种情况. 如果 $a\geqslant 3$，类似地，我们有

$$\frac{1}{b^2}+\frac{1}{c^2}+\frac{1}{d^2}\geqslant\frac{27}{(b+c+d)^2}\geqslant 27>16>a^2+b^2+c^2+d^2$$

因此，不等式在所有情况得到证明. 等号成立的条件是 $a=b=c=d=1$.

译者注

首先，我要说明的是，书中的证明，并非完全错误. 书中的解答给人的感觉，有点莫名其妙. 其实，其思路还是比较清楚的.

下面，我们从简单到复杂，来分析这个问题.

最简单的情况可能是下面两个变量的问题.

设 $a,b>0,a+b=2$，证明：$\frac{1}{a^2}+\frac{1}{b^2}\geqslant a^2+b^2$.

这个问题，的确简单. 事实上，有

$$\frac{1}{a^2}+\frac{1}{b^2}-(a^2+b^2)=(a^2+b^2)\left(\frac{1}{a^2b^2}-1\right)=(a^2+b^2)\left(\frac{1}{ab}+1\right)\left(\frac{1}{ab}-1\right)\geqslant 0$$

$$\Leftrightarrow ab\leqslant 1$$

而这显然成立. 因为 $ab \leqslant \left(\frac{a+b}{2}\right)^2 = 1$.

接下来,再看三个变量的情况.

设 $a,b,c>0,a+b+c=3$,证明:$\frac{1}{a^2}+\frac{1}{b^2}+\frac{1}{c^2} \geqslant a^2+b^2+c^2$.

既然两个变量的情况,不等式成立. 那么,对三个变量,不等式成立的可能性很大. 此刻,我们就有这样一个想法,能否利用两个变量的结果,如果可以的话,或许证明会变得简洁、自然. 为此,就要想办法,把三个变量的不等式问题,转换为两个变量的情况.

不失一般性,设 $c=\max\{a,b,c\}$,由于 $a+b+c=3$,所以,$1 \leqslant c<3$. 令 $x=\frac{2a}{3-c},y=\frac{2b}{3-c} \Rightarrow x,y>0,x+y=\frac{2(a+b)}{3-c}=2$.

所以,对变量 x,y,应用上面已经证明过的不等式,有

$$\frac{1}{x^2}+\frac{1}{y^2} \geqslant x^2+y^2 \Leftrightarrow$$

$$\frac{(3-c)^2}{4}\left(\frac{1}{a^2}+\frac{1}{b^2}\right) \geqslant \frac{4}{(3-c)^2}(a^2+b^2) \Leftrightarrow$$

$$\frac{1}{a^2}+\frac{1}{b^2} \geqslant \frac{16}{(3-c)^4}(a^2+b^2) \Leftrightarrow$$

$$\frac{1}{a^2}+\frac{1}{b^2}+\frac{1}{c^2} \geqslant \frac{16}{(3-c)^4}(a^2+b^2)+\frac{1}{c^2}$$

因此,只需证明

$$\frac{16}{(3-c)^4}(a^2+b^2)+\frac{1}{c^2} \geqslant a^2+b^2+c^2 \Leftrightarrow$$

$$\left[\frac{16}{(3-c)^4}-1\right](a^2+b^2)+\frac{1}{c^2} \geqslant c^2$$

由于 $1 \leqslant c<3 \Rightarrow \frac{16}{(3-c)^4}-1>0$,又 $a^2+b^2 \geqslant \frac{(a+b)^2}{2}=\frac{(3-c)^2}{2}$,所以,只需证明

$$\left[\frac{16}{(3-c)^4}-1\right] \cdot \frac{(3-c)^2}{2}+\frac{1}{c^2} \geqslant c^2 \Leftrightarrow$$

$$\text{LHS}-\text{RHS}=\frac{3[(c-1)^3(3-c)+(c-1)^2+8](c-1)^2}{2c^2(3-c)^2} \geqslant 0$$

这是显然成立的. 因为 $1 \leqslant c<3$.

按这个思路下去,考虑原问题.

不失一般性,设 $d=\max\{a,b,c,d\}$,由于 $a+b+c+d=4$,所以,$1 \leqslant d<4$. 令

$$x=\frac{3a}{4-d},y=\frac{3b}{4-d},z=\frac{3c}{4-d} \Rightarrow x,y,z>0,x+y+z=\frac{3(a+b+c)}{4-d}=3$$

所以,对变量 x,y,z,应用上面已经证明过的不等式,有

$$\frac{1}{x^2}+\frac{1}{y^2}+\frac{1}{z^2} \geqslant x^2+y^2+z^2 \Leftrightarrow$$

$$\frac{(4-d)^2}{9}\left(\frac{1}{a^2}+\frac{1}{b^2}+\frac{1}{c^2}\right) \geqslant \frac{9}{(4-d)^2}(a^2+b^2+c^2) \Leftrightarrow$$

$$\frac{1}{a^2}+\frac{1}{b^2}+\frac{1}{c^2}\geqslant\frac{81}{(4-d)^4}(a^2+b^2+c^2)\Leftrightarrow$$

$$\frac{1}{a^2}+\frac{1}{b^2}+\frac{1}{c^2}+\frac{1}{d^2}\geqslant\frac{81}{(4-d)^4}(a^2+b^2+c^2)+\frac{1}{d^2}$$

因此,只需证明

$$\frac{81}{(4-d)^4}(a^2+b^2+c^2)+\frac{1}{d^2}\geqslant a^2+b^2+c^2+d^2\Leftrightarrow$$

$$\left[\frac{81}{(4-d)^4}-1\right](a^2+b^2+c^2)+\frac{1}{d^2}\geqslant d^2$$

由于 $1\leqslant d<4\Rightarrow\frac{81}{(4-d)^4}-1>0$,又 $a^2+b^2+c^2\geqslant\frac{(a+b+c)^2}{3}=\frac{(4-d)^2}{3}$,所以,只需证明

$$\left[\frac{81}{(4-d)^4}-1\right]\cdot\frac{(4-d)^2}{3}+\frac{1}{d^2}\geqslant d^2\Leftrightarrow$$

$$\text{LHS}-\text{RHS}=\frac{4[17-d^2+2d+(d-1)^3(5-d)](d-1)^2}{3d^2(4-d)^2}\geqslant 0$$

这是显然成立的. 因为 $1\leqslant d<4$.

根据上述思路,可以证明下面更一般的不等式.

设 $a_1,a_2,\cdots,a_n>0(n\in\mathbf{N},2\leqslant n\leqslant 9)$,$a_1+a_2+\cdots+a_n=n$,证明

$$\frac{1}{a_1^2}+\frac{1}{a_2^2}+\cdots+\frac{1}{a_n^2}\geqslant a_1^2+a_2^2+\cdots+a_n^2$$

第 Ⅱ 部分

问题与解答

第9章

读完了前8章,在不等式方面将有一个更高的水平.在这一章中,我们收集了世界各地的一些数学竞赛和作者创作的不等式近百个.我希望这些问题能描绘出丰富多彩的画卷,让读者可以欣赏到它们的美丽.也许,彻底解决这近百个问题将花费你大量的时间和精力,因此,你可以仅仅把它们看做是一个有趣的开发想象力的游戏,和它们一起玩,而不是"与它们合作".如果你可以解决其中70个问题,那么你真的很出色.如果你能解决其中90个问题,那么你绝对优秀.如果你能解决全部问题,那么你一定是一个出色的不等式天才.请把握你的时间!

1. (Pham Kim Hung) 设 $a,b,c\geqslant 0$,且满足 $a+b+c=3$,证明

$$(a^2-ab+b^2)(b^2-bc+c^2)(c^2-ca+a^2)\leqslant 12$$

证明 不失一般性,假设 $a\geqslant b\geqslant c$.当然,我们有

$$b^2-bc+c^2=b^2-c(b-c)\leqslant b^2$$

$$c^2-ca+a^2=a^2-c(a-c)\leqslant a^2$$

于是,只需证明

$$M=a^2b^2(a^2-ab+b^2)\leqslant 12$$

记 $x=\dfrac{a-b}{2}\geqslant 0,s=\dfrac{a+b}{2}\leqslant\dfrac{3}{2}$,则 M 可以写成如下形式

$$M=(s^2-x^2)^2(s^2+3x^2)$$

应用 AM - GM 不等式,我们有

$$\frac{3}{2}(s^2-x^2)\cdot\frac{3}{2}(s^2-x^2)\cdot(s^2+3x^2)\leqslant\left(\frac{4}{3}s^2\right)^3\leqslant 27\Rightarrow$$

$$\frac{9}{4}M\leqslant 27\Rightarrow M\leqslant 12$$

等号成立的条件是 $a=2,b=1,c=0$ 及其循环排列.

注意 使用相同的方法,我们可以证明下列不等式.

设 $a,b,c\geqslant 0$,证明:

(1) $\dfrac{a^2}{b^2-bc+c^2}+\dfrac{b^2}{c^2-ca+a^2}+\dfrac{c^2}{a^2-ab+b^2}\geqslant 2$;

(2) $\dfrac{a}{\sqrt{b^2-bc+c^2}}+\dfrac{b}{\sqrt{c^2-ca+a^2}}+\dfrac{c}{\sqrt{a^2-ab+b^2}}\geqslant 2$;

(3) $\dfrac{1}{b^2-bc+c^2}+\dfrac{1}{c^2-ca+a^2}+\dfrac{1}{a^2-ab+b^2}\geqslant\dfrac{6}{ab+bc+ca}$.

设 $a,b,c\geqslant 0$,且满足 $a^2+b^2+c^2=2$,证明

$$8(a^2-ab+b^2)(b^2-bc+c^2)(c^2-ca+a^2)\leqslant 1$$

为了证明它,我们进行同样的过程. 假设 $a\geqslant b\geqslant c$,则 $c^2-ca+a^2\leqslant a^2,b^2-bc+c^2\leqslant b^2$. 于是不等式就变为两个变量 a,b 的简单形式,剩余的事情就很容易了.

2. (Walther Janous) 设 $a,b,c>0$,证明

$$\left(\frac{1}{a}+\frac{1}{b}+\frac{1}{c}\right)\left(\frac{1}{1+a}+\frac{1}{1+b}+\frac{1}{1+c}\right)\geqslant\frac{9}{1+abc}$$

证明 由排序不等式,我们有

$$\frac{1}{a(1+a)}+\frac{1}{b(1+b)}+\frac{1}{c(1+c)}\geqslant\frac{1}{b(1+c)}+\frac{1}{c(1+a)}+\frac{1}{a(1+b)}$$

所以如果下列不等式成立的话,那么原不等式就成立

$$\sum_{\text{cyc}}\frac{1}{b(1+c)}\geqslant\frac{3}{1+abc},\sum_{\text{cyc}}\frac{1}{a(1+c)}\geqslant\frac{3}{1+abc}$$

我们只证第一个不等式(第二个不等式类似可证). 设 $a=\frac{ky}{x},b=\frac{kz}{y},c=\frac{kx}{z}$. 因此不等式改写成如下形式

$$\sum_{\text{cyc}}\frac{1}{\frac{kz}{y}+\frac{k^2x}{y}}\geqslant\frac{3}{1+k^3}\Leftrightarrow\sum_{\text{cyc}}\frac{y}{z+kx}\geqslant\frac{3k}{1+k^3}$$

根据 Cauchy - Schwarz 不等式,我们有

$$\sum_{\text{cyc}}\frac{y}{z+kx}\geqslant\frac{(x+y+z)^2}{(k+1)(xy+yz+zx)}\geqslant\frac{3}{k+1}$$

所以只需证明

$$\frac{3}{k+1} \geqslant \frac{3k}{1+k^3} \Leftrightarrow (k-1)^2(k+1) \geqslant 0$$

这是显然成立的. 等号成立的条件是

$$x=y=z,k=1 \Leftrightarrow a=b=c=1$$

3. (Pham Kim Hung) 设 $a,b,c>0$,且满足 $a^2+b^2+c^2=3$,证明

$$\frac{a}{a^2+2a+3}+\frac{b}{b^2+2b+3}+\frac{c}{c^2+2c+3} \leqslant \frac{1}{2}$$

证明 我们当然有 $a^2+1 \geqslant 2a, b^2+1 \geqslant 2b, c^2+1 \geqslant 2c$,所以

$$\sum_{cyc} \frac{a}{a^2+2b+3} \leqslant \sum_{cyc} \frac{a}{2(a+b+1)}$$

于是,只需证明

$$\sum_{cyc} \frac{a}{a+b+1} \leqslant 1 \Leftrightarrow \sum_{cyc} \frac{b+1}{a+b+1} \geqslant 2$$

注意到 $a^2+b^2+c^2=3$,所以

$$\sum_{cyc}(b+1)(a+b+1)=3+3\sum_{cyc}a+\sum_{cyc}ab+\sum_{cyc}a^2= \frac{1}{2}(a+b+c+3)^2$$

根据 Cauchy - Schwarz 不等式,我们有

$$\sum_{cyc} \frac{b+1}{a+b+1} \geqslant \frac{(a+b+c+3)^2}{(b+1)(a+b+1)+(c+1)(b+c+1)+(a+1)(c+a+1)}=2$$

等号成立的条件是 $a=b=c=1$.

4. (Pham Kim Hung) 设 $x_1,x_2,\cdots,x_n>0$,且满足 $x_1x_2\cdots x_n=1$,证明

$$x_1+x_2+\cdots+x_n \geqslant \frac{2}{1+x_1}+\frac{2}{1+x_2}+\cdots+\frac{2}{1+x_n}$$

证明 由于 $2-\frac{2}{1+x_i}=\frac{2x_i}{1+x_i}$,则不等式变成

$$\sum_{cyc} x_i+\sum_{cyc} \frac{2x_i}{1+x_i} \geqslant 2n$$

根据 AM - GM 不等式,我们有

$$-2n+\sum_{cyc}x_i+\sum_{cyc}\frac{2x_i}{1+x_i}=-2n+\sum_{cyc}\left(\frac{x_i+1}{2}+\frac{2x_i}{1+x_i}\right)+\sum_{cyc}\frac{x_i-1}{2} \geqslant$$

$$-\frac{5n}{2}+2\sum_{cyc}\sqrt{x_i}+\frac{1}{2}\sum_{cyc}x_i \geqslant -\frac{5n}{2}+2n\sqrt[2n]{\prod_{cyc}x_i}+\frac{n}{2}\sqrt[n]{\prod_{cyc}x_i}=0$$

等号成立的条件是 $x_1 = x_2 = \cdots = x_n = 1$.

5. (Tran Nam Dung, Vient Nam TST 2006) 证明对所有正实数 $a,b,c \in [1,2]$,我们有

$$(a+b+c)\left(\frac{1}{a}+\frac{1}{b}+\frac{1}{c}\right) \geqslant 6\left(\frac{a}{b+c}+\frac{b}{c+a}+\frac{c}{a+b}\right)$$

证明 代替条件 $a,b,c \in [1,2]$,我们将证明一个条件比 a,b,c 为三角形三边长的更强的不等式. 使用下列恒等式

$$\left(\sum_{\text{cyc}} a\right)\left(\sum_{\text{cyc}} \frac{1}{a}\right) - 9 = \sum_{\text{cyc}} \frac{(a-b)^2}{ab}$$

$$6\left(\sum_{\text{cyc}} \frac{a}{b+c}\right) - 3 = \sum_{\text{cyc}} \frac{(a-b)^2}{(a+c)(b+c)}$$

该不等式等价于

$$S_a(b-c)^2 + S_b(c-a)^2 + S_c(a-b)^2 \geqslant 0$$

这里 S_a, S_b, S_c 由下式定义

$$S_a = \frac{1}{bc} - \frac{3}{(a+b)(a+c)}, S_b = \frac{1}{ca} - \frac{3}{(b+c)(b+a)}, S_c = \frac{1}{ab} - \frac{3}{(c+a)(c+b)}$$

不失一般性,我们假设 $a \geqslant b \geqslant c$,于是 $S_a \geqslant S_b \geqslant S_c$. 注意到

$$S_b + S_c = \frac{1}{a}\left(\frac{1}{b}+\frac{1}{c}\right) - \frac{3}{b+c}\left(\frac{1}{a+b}+\frac{1}{a+c}\right) \geqslant 0 \Leftrightarrow \frac{1}{b}+\frac{1}{c} \geqslant \frac{3}{b+c}\left(\frac{a}{a+b}+\frac{a}{a+c}\right)$$

因为 $a \leqslant b+c$,我们有

$$\text{RHS} \leqslant \frac{3}{b+c}\left(\frac{b+c}{2b+c}+\frac{b+c}{2c+b}\right) = \frac{3}{2b+c} + \frac{3}{2c+b}$$

由 Cauchy - Schwarz 不等式,我们有

$$\frac{1}{b}+\frac{1}{c} - \left(\frac{3}{2b+c}+\frac{3}{2c+b}\right) = \frac{1}{3}\left(\frac{1}{b}+\frac{2}{c}-\frac{9}{2c+b}\right) + \frac{1}{3}\left(\frac{1}{c}+\frac{2}{b}-\frac{9}{2b+c}\right) \geqslant 0$$

于是,我们有 $S_b + S_c \geqslant 0$,这就意味着 $S_a \geqslant S_b \geqslant 0$,从而

$$S_a(b-c)^2 + S_b(c-a)^2 + S_c(a-b)^2 \geqslant (S_b+S_c)(a-b)^2 \geqslant 0$$

等号成立的条件是 $a=b=c$ 或者 $a=2b=2c$ 及其循环排列.

6. (Pham Kim Hung) 设 $a,b,c>0$,且满足 $a+b+c=3$,证明

$$a^2+b^2+c^2 \geqslant \frac{2+a}{2+b}+\frac{2+b}{2+c}+\frac{2+c}{2+a}$$

证明 (Cauchy 求反) 由 AM - GM 不等式,我们有

$$\sum_{cyc}\frac{2+a}{2+b}=\sum_{cyc}\frac{2+a}{2}-\sum_{cyc}\frac{b(2+a)}{2(2+b)}\geqslant\frac{9}{2}-\frac{3\sqrt[3]{abc}}{2}$$

于是,只需证明

$$\sum_{cyc}a^2+\frac{3\sqrt[3]{abc}}{2}\geqslant\frac{(a+b+c)^2}{2}\Leftrightarrow\sum_{cyc}a^2+3(a+b+c)\sqrt[3]{abc}\geqslant 2\sum_{cyc}ab$$

设 $x=\sqrt[3]{a},y=\sqrt[3]{b},z=\sqrt[3]{c}$. 由 AM - GM 不等式以及 6 阶 Schur 不等式,我们立即可得结果

$$\sum_{cyc}x^6+xyz\sum_{cyc}x^3\geqslant\sum_{cyc}x^5(y+z)=\sum_{cyc}xy(x^4+y^4)\geqslant 2\sum_{cyc}x^3y^3$$

等号成立条件是 $a=b=c=1$.

7. (Phan Thanh Viet) 设 $x,y,z\geqslant 0$,且 $x+y+z=3$,证明

$$\sqrt{\frac{x}{1+2yz}}+\sqrt{\frac{y}{1+2zx}}+\sqrt{\frac{z}{1+2xy}}\geqslant\sqrt{3}$$

证明 根据 Cauchy - Schwarz 不等式,我们有

$$\sum_{cyc}\sqrt{\frac{x}{1+2yz}}=\sum_{cyc}\frac{x^2}{\sqrt{x}\sqrt{x^2+2x^2yz}}\geqslant$$

$$\frac{(x+y+z)^2}{\sqrt{x}\sqrt{x^2+2x^2yz}+\sqrt{y}\sqrt{y^2+2y^2zx}+\sqrt{z}\sqrt{z^2+2z^2xy}}\geqslant$$

$$\frac{(x+y+z)^2}{\sqrt{(x+y+z)[x^2+y^2+z^2+2xyz(x+y+z)]}}$$

所以只需证明

$$\left(\sum_{cyc}x\right)^3\geqslant 3\left(\sum_{cyc}x^2\right)+6xyz\left(\sum_{cyc}x\right)\Leftrightarrow\left(\sum_{cyc}x\right)^3\geqslant$$

$$\left(\sum_{cyc}x\right)\left(\sum_{cyc}x^2\right)+6xyz\left(\sum_{cyc}x\right)\Leftrightarrow 3\sum_{cyc}x(y-z)^2\geqslant 0$$

这是显然成立的. 等号成立的条件是 $a=b=c=1$ 和 $a=3,b=c=0$ 及其循环排列.

8. (Gabriel Dospinescu) 设 $a_1,a_2,\cdots,a_n>0$,且满足 $a_1a_2\cdots a_n=1$,证明

$$\sqrt{1+a_1^2}+\sqrt{1+a_2^2}+\cdots+\sqrt{1+a_n^2}\leqslant\sqrt{2}(a_1+a_2+\cdots+a_n)$$

证明 由显然的不等式 $(\sqrt{x}-1)^4\geqslant 0$,我们有

$$\frac{1+x^2}{2}\leqslant(x-\sqrt{x}+1)^2\Rightarrow\sqrt{\frac{1+x^2}{2}}+\sqrt{x}\leqslant 1+x$$

根据这个结果,我们当然有

$$\sum_{i=1}^{n}\sqrt{1+a_i^2}\leqslant\sqrt{2}\sum_{i=1}^{n}a_i+\sqrt{2}\left(n-\sum_{i=1}^{n}\sqrt{a_i}\right)\leqslant\sqrt{2}\sum_{i=1}^{n}a_i$$

因为,由 AM - GM 不等式,将有$\sum_{i=1}^{n}\sqrt{a_i}\geqslant n$. 等号成立的条件

$$a_1=a_2=\cdots=a_n=1$$

注意 我们可以使用对称分离来解决这个问题. 实际上,我们考虑下列函数

$$f(x)=\sqrt{1+x^2}-\sqrt{2}x+\left(\sqrt{2}-\frac{1}{\sqrt{2}}\right)\ln x$$

因为

$$f'(x)=\frac{x}{\sqrt{1+x^2}}-\sqrt{2}+\left(\sqrt{2}-\frac{1}{\sqrt{2}}\right)\cdot\frac{1}{x}=$$

$$\frac{(x-1)\left[2x^3+x-1-2x^2\sqrt{2(1+x^2)}\right]}{x(\sqrt{2}x^2+\sqrt{1+x^2})\sqrt{2(1+x^2)}}$$

注意到

$$1+2x^2\sqrt{2(1+x^2)}\geqslant 1+2x^2(1+x)\geqslant 2x^3+x$$

所以,我们有$f'(x)=0\Leftrightarrow x=1$. 很容易推断$\max\limits_{x>0}f(x)=f(1)=0$. 因此

$$\sum_{i=1}^{n}\sqrt{1+a_i^2}\leqslant\sqrt{2}\sum_{i=1}^{n}a_i-\left(\sqrt{2}-\frac{1}{\sqrt{2}}\right)\sum_{i=1}^{n}\ln a_i=\sqrt{2}\sum_{i=1}^{n}a_i$$

9. (Nguyen Vient Anh) 设$a,b,c,k>0$,证明

$$\frac{a+bk}{a+kc}+\frac{b+kc}{b+ka}+\frac{c+ka}{c+kb}\leqslant\frac{a}{b}+\frac{b}{c}+\frac{c}{a}$$

证明 我们记

$$X=\frac{1+k\cdot\frac{a}{b}}{1+k},Y=\frac{1+k\cdot\frac{b}{c}}{1+k},Z=\frac{1+k\cdot\frac{c}{a}}{1+k}$$

根据 Hölder 不等式,我们有

$$\prod_{\text{cyc}}\left(1+\frac{ka}{b}\right)\geqslant(1+k)^3$$

或者等价于$XYZ\geqslant 1$. 现在不等式变成如下形式

$$\sum_{\text{cyc}}\left(\frac{a}{b}-\frac{c+ka}{c+kb}\right)\geqslant 0\Leftrightarrow\sum_{\text{cyc}}\frac{c(a-b)}{b(c+kb)}\geqslant 0\Leftrightarrow\sum_{\text{cyc}}\frac{\frac{a}{b}-1}{1+\frac{kb}{c}}\geqslant 0\Leftrightarrow$$

$$\sum_{\text{cyc}}\frac{\left(\frac{1}{k}+1\right)(X-1)}{(k+1)Y}\geqslant 0\Leftrightarrow$$

$$\frac{X}{Y}+\frac{Y}{Z}+\frac{Z}{X}\geqslant\frac{1}{X}+\frac{1}{Y}+\frac{1}{Z}$$

根据 AM - GM 不等式这是成立的,因为

$$3\sum_{cyc}\frac{X}{Y}=\sum_{cyc}\left(\frac{X}{Y}+\frac{X}{Y}+\frac{Z}{X}\right)\geqslant 3\sum_{cyc}\sqrt[3]{\frac{XZ}{Y^2}}=3\sum_{cyc}\frac{1}{Y}$$

等号成立的条件是 $X+Y=Z=1$ 或者等价于 $a=b=c$.

10. (Pham Kim Hung) 设 $a,b,c>0$,且满足 $abc=1$,证明

$$\frac{1}{(a+1)(a+2)}+\frac{1}{(b+1)(b+2)}+\frac{1}{(c+1)(c+2)}\geqslant\frac{1}{2}$$

证明 由题设 $abc=1$,所以存在三个正实数 x,y,z 满足 $a=\frac{yz}{x^2},b=\frac{zx}{y^2},c=\frac{xy}{z^2}$. 不等式变成

$$\sum_{cyc}\frac{x^4}{(x^2+yz)(2x^2+yz)}\geqslant\frac{1}{2}$$

根据 Cauchy - Schwarz 不等式,我们有

$$\mathrm{LHS}\geqslant\frac{(x^2+y^2+z^2)^2}{(x^2+yz)(2x^2+yz)+(y^2+zx)(2y^2+zx)+(z^2+xy)(2z^2+xy)}$$

于是,只需证明

$$2(x^2+y^2+z^2)^2\geqslant\sum_{cyc}(x^2+yz)(2x^2+yz)\Leftrightarrow 3\sum_{cyc}x^2y^2\geqslant 3\sum_{cyc}x^2yz\Leftrightarrow$$

$$\sum_{cyc}x^2(y-z)^2\geqslant 0$$

这是显然成立的. 等号成立的条件是 $x=y=z$ 或者 $a=b=c=1$.

11. (Pham Kim Hung) 设 $a,b,c,d\geqslant 0$,且满足 $a+b+c+d=4$,证明

$$a^2+b^2+c^2+d^2-4\geqslant 4(a-1)(b-1)(c-1)(d-1)$$

证明 应用 AM - GM 不等式,我们有

$$a^2+b^2+c^2+d^2-4=(a-1)^2+(b-1)^2+(c-1)^2+(d-1)^2\geqslant$$

$$4\sqrt{|(a-1)(b-1)(c-1)(d-1)|}$$

所以只需考虑不等式在条件 $a\geqslant b\geqslant 1\geqslant c\geqslant d$($(a-1)(b-1)(c-1)(d-1)\geqslant 0$) 的情况.

因为 $a+b\leqslant 4,c,d\leqslant 1$,则

$$(1-c)(1-d)\leqslant 1,(a-1)(b-1)\leqslant\frac{1}{4}(a+b-2)^2\leqslant 1$$

因此,不等式成立,因为

$$\sqrt{|(a-1)(b-1)(c-1)(d-1)|}\geqslant(a-1)(b-1)(c-1)(d-1)$$

等号成立的条件是 $a=b=c=d=1$ 或者 $a=b=2,c=d=0$ 及其循环排列.

12. (Le Huu Dien Khue) 设 x,y,z 是不同的实数,证明

$$\frac{x^2}{(x-y)^2}+\frac{y^2}{(y-z)^2}+\frac{z^2}{(z-x)^2}\geqslant 1$$

证明 由于

$$\sum_{cyc}\left(1-\frac{x}{z}\right)^2\left(1-\frac{z}{y}\right)^2-\left(1-\frac{y}{x}\right)^2\left(1-\frac{z}{y}\right)^2\left(1-\frac{x}{z}\right)^2=$$

$$\sum_{cyc}\left(1-\frac{x}{z}-\frac{z}{y}+\frac{x}{y}\right)^2-\left(\frac{x}{y}+\frac{y}{z}+\frac{z}{x}-\frac{y}{x}-\frac{z}{y}-\frac{x}{z}\right)^2=$$

$$3+2\sum_{cyc}\frac{x^2}{z^2}+\sum_{cyc}\frac{x^2}{y^2}-4\sum_{cyc}\frac{x}{z}+4\sum_{cyc}\frac{x}{y}-2\sum_{cyc}\frac{x^2}{yz}-$$

$$2\sum_{cyc}\frac{2yz}{x^2}-\sum_{cyc}\frac{x^2}{y^2}-\sum_{cyc}\frac{y^2}{x^2}+$$

$$2\left(\sum_{cyc}\frac{x}{y}\right)\left(\sum_{cyc}\frac{y}{x}\right)-2\sum_{cyc}\frac{y}{x}-2\sum_{cyc}\frac{x}{y}=\sum_{cyc}\frac{x^2}{z^2}-6\sum_{cyc}\frac{x}{z}+2\sum_{cyc}\frac{x}{y}+9=$$

$$\left(\frac{x}{z}+\frac{z}{y}+\frac{y}{x}-3\right)^2\geqslant 0$$

所以,我们有

$$\sum_{cyc}\left(1-\frac{x}{z}\right)^2\left(1-\frac{z}{y}\right)^2\geqslant\left(1-\frac{y}{x}\right)^2\left(1-\frac{z}{y}\right)^2\left(1-\frac{x}{z}\right)^2\Rightarrow$$

$$\sum_{cyc}x^2(z-x)^2(z-y)^2\geqslant(x-y)^2(y-z)^2(z-x)^2\Rightarrow$$

$$\frac{x^2}{(x-y)^2}+\frac{y^2}{(y-z)^2}+\frac{z^2}{(z-x)^2}\geqslant 1$$

等号成立的条件是三元组(x,y,z)满足关系$\frac{x}{z}+\frac{z}{y}+\frac{y}{x}=3$.

13. (Pham Kim Hung) 设$a,b,c,d\geqslant 0$,且满足$a+b+c+d=3$,证明

$$ab(b+c)+bc(c+d)+cd(d+a)+da(a+b)\leqslant 4$$

证明 不失一般性,我们假定$b+d\leqslant a+c$. 我们有

$$ab(b+c)+bc(c+d)+cd(d+a)+da(a+b)=$$

$$(a+c)(bc+da)+(b+d)(ab+cd)=$$

$$(a+c)[(a+c)(b+d)-(ab+cd)]+(b+d)(ab+cd)=$$

$$(a+c)^2(b+d)+(ab+cd)(b+d-a-c)\leqslant(a+c)^2(b+d)$$

最后,由 AM - GM 不等式,有

$$2(a+c)^2(b+d)=(a+c)(a+c)(2b+2d)\leqslant 8\Leftrightarrow$$

$$(a+c)(b+d)^2\leqslant 4$$

等号成立的条件是$a=1,b=2,c=d=0$及其循环排列.

14. (Iran TST 2006) 设$a_1,a_2,\cdots,a_n$是任意实数,证明

$$\sum_{i,j=1}^{n}|a_i+a_j|\geqslant n\sum_{i=1}^{n}|a_i|$$

证明 把序列$(a_1,a_2,\cdots,a_n)$分解成两个非负子序列

$$\{a_1,a_2,\cdots,a_n\}=\{b_1,b_2,\cdots,b_r\}\cup\{-c_1,-c_2,\cdots,-c_s\}$$

满足

$$n=r+s,b_i\geqslant 0\quad i\in\{1,2,\cdots,r\}$$
$$c_j>0\quad j\in\{1,2,\cdots,s\}$$

设$R=\sum_{i=1}^{r}b_i,S=\sum_{j=1}^{s}c_j$,则不等式变成

$$2\sum_{i=1}^{r}\sum_{j=1}^{s}|b_i-c_j|+2r\sum_{i=1}^{r}b_i+2s\sum_{j=1}^{s}c_j\geqslant n\left(\sum_{i=1}^{r}b_i+\sum_{j=1}^{s}c_j\right)\Leftrightarrow$$
$$2\sum_{i=1}^{r}\sum_{j=1}^{s}|b_i-c_j|\geqslant(s-r)(R-S)$$

不失一般性,假设$s\geqslant r$,当然,我们只需考虑$R\geqslant S$的情况. 所以

$$\sum_{i=1}^{r}\sum_{j=1}^{s}|b_i-c_j|\geqslant\sum_{i=1}^{r}(sb_i-S)=sR-rS$$

我们只需证明

$$2(sR-rS)\geqslant(s-r)(R-S)\Leftrightarrow S(s-r)+r(R-S)+sR-rS\geqslant 0$$

这是显然成立的,因为$s\geqslant r,R\geqslant S$. 等号当且仅当$|a_1|=|a_2|=\cdots=|a_n|$,并且集合$\{a_1,a_2,\cdots,a_n\}$中的负项的个数和非负项的个数相等.

15. (Pham Kim Hung) 设$a,b,c\geqslant 0$,证明

$$3(a+b+c)\geqslant 2(\sqrt{a^2+bc}+\sqrt{b^2+ca}+\sqrt{c^2+ab})$$

证明 不失一般性,我们假定$a\geqslant b\geqslant c$. 因此

$$\sqrt{b^2+ca}+\sqrt{c^2+ab}\leqslant\sqrt{2(b^2+c^2)+2a(b+c)}$$

于是,我们只需证明

$$2\sqrt{2(b^2+c^2)+2a(b+c)}+2\sqrt{a^2+bc}\leqslant 3(a+b+c)$$

设$s=\dfrac{b+c}{2}$,两边平方,不等式等价于

$$8(b^2+c^2+2as)\leqslant 9(a+2s)^2+2(a^2+bc)-12(a+2s)\sqrt{a^2+bc}\Leftrightarrow$$
$$(a-2s)^2+20bc\geqslant 12(a+2s)(\sqrt{a^2+bc}-a)$$

显然,我们有

$$\sqrt{a^2+bc}-a=\frac{bc}{a+\sqrt{a^2+bc}}\leqslant\frac{bc}{2a}$$

所以,只需证明

$$(a-2s)^2+20bc\geqslant\frac{6(a+2s)bc}{a}\Leftrightarrow(a-2s)^2+2bc+\frac{12(a-s)bc}{a}\geqslant 0$$

这是显然成立的,因为 $a\geqslant s$. 等号成立的条件是 $a=b,c=0$ 或其循环排列.

16. (Vasile Cirtoaje, Nguyen Vient Anh) 设 $a,b,c\geqslant 0$,证明

$$\frac{1}{a^2+b^2}+\frac{1}{b^2+c^2}+\frac{1}{c^2+a^2}\geqslant\frac{10}{(a+b+c)^2}$$

证明 不失一般性,假设 $c=\min(a,b,c)$,则

$$b^2+c^2\leqslant\left(b+\frac{c}{2}\right)^2=x^2$$

$$c^2+a^2\leqslant\left(a+\frac{c}{2}\right)^2=y^2$$

$$a^2+b^2\leqslant\left(a+\frac{c}{2}\right)^2+\left(b+\frac{c}{2}\right)^2=x^2+y^2$$

于是,我们有

$$\text{LHS}\geqslant\left(\frac{1}{x^2}+\frac{1}{y^2}\right)\cdot\frac{3}{4}+\left(\frac{1}{x^2}+\frac{1}{y^2}\right)\cdot\frac{1}{4}+\frac{1}{x^2+y^2}\geqslant$$

$$\frac{3}{4}\cdot\frac{8}{(x+y)^2}+\frac{1}{2xy}+\frac{1}{x^2+y^2}\geqslant$$

$$\frac{6}{(x+y)^2}+\frac{(x+y)^2}{2(x^4+y^4)}\geqslant\frac{10}{(x+y)^2}$$

我们利用 Hölder 不等式,有:$(x+y)(x+y)\left(\frac{1}{x^2}+\frac{1}{y^2}\right)\geqslant 8$. 等号成立的条件是 $a=b,c=0$ 或其循环排列.

注意 这个解答可以帮助我们创建更多的一般的不等式.

设 $a_1,a_2,\cdots,a_n\geqslant 0$,求满足不等式

$$\frac{1}{a_2^2+a_3^2+\cdots+a_n^2}+\frac{1}{a_1^2+a_3^2+\cdots+a_n^2}+\cdots+\frac{1}{a_1^2+a_2^2+\cdots+a_{n-1}^2}\geqslant\frac{k}{(a_1+a_2+\cdots+a_n)^2}$$

的最大常数 k.

不失一般性,假设 $a_1\geqslant a_2\geqslant\cdots\geqslant a_n$. 记 $a=a_1+\frac{1}{2}\sum_{i=3}^{n}a_i,b=a_2+\frac{1}{2}\sum_{i=3}^{n}a_i$,显然

$$a_1^2+\sum_{j=3}^{n}a_j^2\leqslant a^2,a_2^2+\sum_{j=3}^{n}a_j^2\leqslant b^2$$

并且对所有 $k\in\{3,4,\cdots,n\}$,有

$$a_1^2+a_2^2+\sum_{j=1,j\neq k}^{n}a_j^2\leqslant a^2+b^2$$

$a_3=a_4=\cdots=a_n=0$ 的情况使得上面的不等式等号成立.因此只需证明下列表达式对于正实数 a,b,满足 $a+b=1$,不等式

$$A=\frac{n-2}{a^2+b^2}+\frac{1}{a^2}+\frac{1}{b^2}$$

成立即可.

记 $x=a^2+b^2\left(x\geqslant\frac{1}{2}\right)$,则 $2ab=1-x$,因此

$$A=\frac{n-2}{x}+\frac{4x}{(1-x)^2}=f(x)$$

注意到 $x\geqslant\frac{1}{2}$,所以

$$f'(x)=\frac{-n+2}{x^2}+\frac{4(1+x)}{(1-x)^3}\geqslant 0\quad n\leqslant 14$$

所以,如果 $n\in\{3,4,\cdots,14\}$,则我们有

$$f(x)\geqslant f\left(\frac{1}{2}\right)=2n+4\Rightarrow k=2n+4$$

如果 $n\geqslant 15$,则方程 $4x^2(1+x)-(n-2)(1-x)^3=0$ 恰有一个大于$\frac{1}{2}$ 的实根(因为$f\left(\frac{1}{2}\right)<0$).假设 x_0 是这个根,则

$$k=\min_{\frac{1}{2}\leqslant x<1}f(x)=f(x_0)=\frac{n-2}{x_0}+\frac{4x_0}{(1-x_0)^2}$$

使用类似的方法,我们可以证明下列问题.

设 $a,b,c,d>0$,证明

$$\frac{1}{a^3+b^3}+\frac{1}{a^3+c^3}+\frac{1}{a^3+d^3}+\frac{1}{b^3+c^3}+\frac{1}{b^3+d^3}+\frac{1}{c^3+d^3}\geqslant \frac{243}{2(a+b+c+d)^3}$$

17. (Pham Kim Hung) 设 $a,b,c,d>0$,且满足 $abcd=1$,证明

$$(1+a^2)(1+b^2)(1+c^2)(1+d^2)\geqslant(a+b+c+d)^2$$

证明 由于 $abcd=1$,则 a,b,c,d 中至少有两个数不小于1或者不大于1.不失一般性,假设这两个数是 b,d,则 $(b-1)(d-1)\geqslant 0$,应用 Cauchy - Schwarz 不等式,我们有

$$\begin{aligned}&(1+a^2)(1+b^2)(1+c^2)(1+d^2)=\\&(1+a^2+b^2+a^2b^2)(c^2+1+d^2+c^2d^2)\geqslant\\&(c+a+bd+1)^2\geqslant(a+b+c+d)^2\end{aligned}$$

等号成立的条件 $a=b=c=d=1$.

18. (Chinese MO 2006) 设 $a,b,c>0$,且满足 $a+b+c=1$,证明

$$\frac{ab}{\sqrt{ab+bc}}+\frac{bc}{\sqrt{bc+ca}}+\frac{ca}{\sqrt{ca+ab}}\leqslant\frac{1}{\sqrt{2}}$$

证明 不等式等价于

$$\sum_{\text{cyc}}a\cdot\sqrt{\frac{b}{a+c}}\leqslant\frac{1}{\sqrt{2}}\Leftrightarrow\sum_{\text{cyc}}\frac{a+b}{2}\cdot\sqrt{\frac{4a^2b}{(a+c)(a+b)^2}}\geqslant\frac{1}{\sqrt{2}}$$

使用加权 Jensen 不等式于凹函数 $f(x)=\sqrt{x}$,我们有

$$\sum_{\text{cyc}}\frac{a+b}{2}\cdot\sqrt{\frac{4a^2b}{(a+c)(a+b)^2}}\leqslant\sqrt{\sum_{\text{cyc}}\frac{2a^2b}{(a+b)(a+c)}}$$

于是,只需证明

$$\sum_{\text{cyc}}\frac{a^2b}{(a+b)(a+c)}\leqslant\frac{1}{4}\Leftrightarrow 4\sum_{\text{cyc}}a^2b(b+c)\leqslant(a+b+c)\prod_{\text{cyc}}(a+b)\Leftrightarrow$$

$$2\sum_{\text{cyc}}a^2b^2\leqslant\sum_{\text{cyc}}a^3(b+c)$$

这是显然成立的. 等号成立的条件是 $a=b=c=\frac{1}{3}$.

19. (Pham Kim Hung) 设 $x,y,z\geqslant 0$,且满足 $x+y+z=1$,求表达式

$$\frac{x-y}{\sqrt{x+y}}+\frac{y-z}{\sqrt{y+z}}+\frac{z-x}{\sqrt{z+x}}$$

的最大值.

解 首先我们考虑 $\min(x,y,z)=0$ 的情况. 不失一般性,假设 $z=0$,则 $x+y=1$,因此

$$\sum_{\text{cyc}}\frac{x-y}{\sqrt{x+y}}=\frac{x-y}{\sqrt{x+y}}+\sqrt{y}-\sqrt{x}=x-y+\sqrt{y}-\sqrt{x}=u(v-1)$$

其中

$$u=\sqrt{x}-\sqrt{y},v=\sqrt{x}+\sqrt{y},u^2+v^2=2$$

记 $u^2(v-1)^2=(2-v^2)(v-1)^2=f(v)$,我们有

$$f'(v)=2(v-1)(2+v-2v^2)$$

并且很容易得到

$$\max_{1\leqslant v\leqslant\sqrt{2}}f(v)=f\left(\frac{1+\sqrt{17}}{4}\right)=\frac{71-17\sqrt{17}}{32}$$

所以,当 $\min(x,y,z)=0$ 时,我们找到表达式的最大值是

$$k=\sqrt{\frac{71-17\sqrt{17}}{32}}$$

这个结果也表明,如果 $\min(x,y,z)=0$,则

$$\frac{x-y}{\sqrt{x+y}}+\frac{y-z}{\sqrt{y+z}}+\frac{z-x}{\sqrt{z+x}} \leqslant k\sqrt{x+y+z} \qquad (1)$$

现在我们将证明式(1)对于所有非负实数 x,y,z(我们不需要条件 $x+y+z=1$,因不等式是齐次的)都成立.记 $c=\sqrt{x+y}$,$b=\sqrt{x+z}$,$a=\sqrt{y+z}$,则不等式变成如下形式

$$\frac{b^2-a^2}{c}+\frac{c^2-b^2}{a}+\frac{a^2-c^2}{b} \leqslant \frac{k}{\sqrt{2}} \cdot \sqrt{a^2+b^2+c^2} \Leftrightarrow$$

$$(a-b)(b-c)(c-a)\left(\frac{1}{ab}+\frac{1}{bc}+\frac{1}{cz}\right) \leqslant \frac{k}{\sqrt{2}} \cdot \sqrt{a^2+b^2+c^2} \qquad (2)$$

不失一般性,假设 $c=\max(a,b,c)$,如果 $a \geqslant b$,则不等式显然成立;否则,假设 $b \geqslant a$,由于 $c^2 \leqslant b^2+a^2$,则存在一个唯一的实数 $t \leqslant a$,使得 $a-t,b-t,c-t$ 构成一直角三角形的三条边,即 $(a-t)^2+(b-t)^2=(c-t)^2$.显然,如果我们用 $a-t,b-t,c-t$ 来替换 a,b,c,则式(2)左边的表达式是增加的,而右边的表达式是减少的,所以我们只需考虑 a,b,c 是直角三角形三条边的情况,即 $a^2+b^2=c^2$ 或者 $z=0$.但 $z=0$ 的情况,在上面我们已经讨论了.

20. (Phan Thanh Nam) 设 $x,y,z \in [-1,1]$,且满足 $x+y+z=0$,证明

$$\sqrt{1+x+y^2}+\sqrt{1+y+z^2}+\sqrt{1+z+x^2} \geqslant 3$$

证明 首先我们将证明,如果 $ab \geqslant 0$,则

$$\sqrt{1+a}+\sqrt{1+b} \geqslant 1+\sqrt{1+a+b}$$

实际上,两边平方之后,不等式变成

$$2+a+b+2\sqrt{(1+a)(1+b)} \geqslant 2+a+b+2\sqrt{1+a+b} \Leftrightarrow$$
$$(1+a)(1+b) \geqslant$$
$$1+a+b \Leftrightarrow ab \geqslant 0$$

注意到 $x+y^2,y+z^2,z+x^2$,至少有两个数具有相同的符号.不失一般性,我们假定 $(x+y^2)(y+z^2) \geqslant 0$,则我们有

$$\sqrt{1+x+y^2}+\sqrt{1+y+z^2}+\sqrt{1+z+x^2} \geqslant$$
$$1+\sqrt{1+x+y^2+y+z^2}+\sqrt{1+z+x^2}=$$
$$1+\sqrt{\left(\sqrt{1-z+z^2}\right)^2+y^2}+\sqrt{\left(\sqrt{1+z}\right)^2+x^2} \geqslant$$
$$1+\sqrt{\left(\sqrt{1-z+z^2}+\sqrt{1+z}\right)^2+(x+y)^2}=$$
$$1+\sqrt{\left(\sqrt{1-z+z^2}+\sqrt{1+z}\right)^2+z^2}$$

于是,只需证明

$$\left(\sqrt{1-z+z^2}+\sqrt{1+z}\right)^2+z^2 \geqslant 4 \Leftrightarrow 2z^2+2\sqrt{1+z^3} \geqslant 2 \Leftrightarrow$$

$$z^2(2-z)(z+1)\geqslant 0$$

这显然成立,因为 $|z|\leqslant 1$. 等号成立的条件是

$$x=y=z=0$$

注意 使用类似的方法,我们可以证明四个实数的类似结果.

设 $x,y,z,t\in[-1,1]$,且满足 $x+y+z+t=0$,证明

$$\sqrt{1+x+y^2}+\sqrt{1+y+z^2}+\sqrt{1+z+t^2}+\sqrt{1+t+x^2}\geqslant 4$$

21. (Berkeley Mathematics Circle) 假设 $a,b,c\geqslant 0$,且满足 $ab+bc+ca=1$,证明

$$\frac{1}{a+b}+\frac{1}{b+c}+\frac{1}{c+a}\geqslant\frac{5}{2}$$

证明 我们记 $x=a+b+c,z=abc$,则不等式变成

$$2\sum_{\text{cyc}}(a+b)(a+c)\geqslant 5\prod_{\text{cyc}}(a+b)\Leftrightarrow 6+2\sum_{\text{cyc}}a^2\geqslant 5(a+b+c-abc)\Leftrightarrow$$

$$2x^2-5x+2+5z\geqslant 0\Leftrightarrow(x-2)(2x-1)+5z\geqslant 0$$

如果 $x\geqslant 2$,则不等式显然成立. 否则,假定 $x<2$,由于

$$(a+b-c)(b+c-a)(c+a-b)=(2x-a)(2x-b)(2x-c)\leqslant abc$$

我们得到 $9z\geqslant 4x-x^3$. 于是,只需证明

$$(x-2)(2x-1)+5\frac{4x-x^3}{9}\geqslant 0\Leftrightarrow(x-2)[18x-9-5x(2+x)]\geqslant 0\Leftrightarrow$$

$$(x-2)(-5x^2+8x-9)\geqslant 0$$

这是成立的,因为 $x\leqslant 2$. 等号成立的条件是 $a=b=1,c=0$ 或其循环排列.

注意 我们有下列类似的漂亮的结果.

设 $a,b,c\geqslant 0$,且 $ab+bc+ca=1$,证明

$$\frac{1}{a+b}+\frac{1}{b+c}+\frac{1}{c+a}+\frac{1}{a+b+c}\geqslant 3$$

证明 如果 $a+b+c\leqslant 2$,则由上面的结果可知,不等式成立. 现在我们假定 $a+b+c\geqslant 2$,并且 $a\geqslant b\geqslant c$,则

$$\frac{1}{a+b+c}+\sum_{\text{cyc}}\frac{1}{a+b}=\frac{1}{a+b}+\frac{ab+bc+ca}{b+c}+\frac{ab+bc+ca}{c+a}+\frac{1}{a+b+c}=$$

$$\frac{1}{a+b}+a+b+\frac{c(1+ab)}{1+c^2}+\frac{1}{a+b+c}\geqslant$$

$$\frac{1}{a+b}+\frac{1}{a+b+c}+(a+b+c)\geqslant$$

$$\left(\frac{1}{a+b}+\frac{a+b}{4}\right)+\left(\frac{1}{a+b+c}+\frac{a+b+c}{4}\right)+$$

$$\frac{a+b+c}{2}\geqslant$$

$$1+1+1=3$$

等号成立的条件是 $a=b=1,c=0$ 或其循环排列.

22. (Russia MO) 证明下列不等式

$$(\sqrt{2})^{n}(a_1+a_2)(a_2+a_3)\cdots(a_n+a_1)\leqslant$$
$$(a_1+a_2+a_3)(a_2+a_3+a_4)\cdots(a_n+a_1+a_2)$$

其中,$a_1,a_2,\cdots,a_n$ 是任意正实数.

证明 根据下列不等式

$$(a_1+a_2+a_3)^2\geqslant(2a_1+a_2)(a_2+2a_3)$$
$$(2a_1+a_2)(2a_2+a_1)=2a_1^2+2a_2^2+5a_1a_2\geqslant 2(a_1+a_2)^2$$

我们立即可以得出结果,因为

$$2^n\prod_{\text{cyc}}(a_1+a_2)^2\leqslant\prod_{\text{cyc}}(2a_1+a_2)(2a_2+a_1)=\prod_{\text{cyc}}(2a_1+a_2)(a_2+2a_3)\leqslant$$
$$\prod_{\text{cyc}}(a_1+a_2+a_3)^2$$

23. (Pham Kim Hung, MYM) 设 $a,b,c\geqslant 0$,且 $a+b+c=3$,证明

$$\frac{ab+bc+ca}{a^3b^3+b^3c^3+c^3a^3}\geqslant\frac{a^3+b^3+c^3}{36}$$

证明 不失一般性,我们假定 $a\geqslant b\geqslant c$. 记

$$f(a,b,c)=36(ab+bc+ca)-(a^3+b^3+c^3)(a^3b^3+b^3c^3+c^3a^3)$$

我们将证明 $f(a,b,c)\geqslant f(a,b+c,0)$. 事实上

$$a^3+b^3+c^3\leqslant a^3+(b+c)^3$$
$$a^3b^3+b^3c^3+c^3a^3\leqslant a^3(b+c)^3\Rightarrow(a^3+b^3+c^3)(a^3b^3+b^3c^3+c^3a^3)\leqslant$$
$$[a^3+(b+c)^3]a^3(b+c)^3$$

另外 $ab+bc+ca\geqslant a(b+c)$,于是我们有 $f(a,b,c)\geqslant f(a,b+c,0)$. 于是只需证明不等式在 $c=0$ 的条件下成立

$$36ab\geqslant a^3b^3(a^3+b^3)\Leftrightarrow 36\geqslant a^2b^2(a^3+b^3)$$

令 $x=ab$,则不等式等价于

$$x^2(27-9x)\leqslant 36\Leftrightarrow\frac{x}{2}\cdot\frac{x}{2}\cdot(3-x)\leqslant 1$$

由 AM - GM 不等式可知,这是成立的. 等号成立的条件是

$$c=0,a+b=3,ab=2\Leftrightarrow a=2,b=1,c=0$$

及其循环排列.

24. (Titu Abdreescu and Gabriel Dospinescu) 设实数 a,b,c,d 满足 $(1+a^2)(1+b^2)(1+c^2)(1+d^2)=16$,证明

$$-3\leqslant ab+bc+cd+da+ac+bd-abcd\leqslant 5$$

证明 我们记 $S=ab+bc+cd+da+ac+bd-abcd$,则

$$S-1=(1-ab)(cd-1)+(a+b)(c+d)$$

应用 Cauchy - Schwarz 不等式,我们有

$$(S-1)^2\leqslant[(1-ab)^2+(a+b)^2][(1-cd)^2+(c+d)^2]=$$
$$(1+a^2)(1+b^2)(1+c^2)(1+d^2)=16$$

因此 $|S-1|\leqslant 4\Leftrightarrow -3\leqslant S\leqslant 5$. 等号成立的条件是

$$(a,b,c,d)=(1,-1,1,-1),(1,1,1,1)$$

25. (Chinese TST 2004) 设 a,b,c,d 是正实数,且满足 $abcd=1$,证明

$$\frac{1}{(1+a)^2}+\frac{1}{(1+b)^2}+\frac{1}{(1+c)^2}+\frac{1}{(1+d)^2}\geqslant 1$$

证明 首先注意到,对任何非负实数 x,y,我们有

$$\frac{1}{(1+x)^2}+\frac{1}{(1+y)^2}\geqslant\frac{1}{1+xy}$$

展开,上面的不等式等价于

$$(2+2x+2y+x^2+y^2)(1+xy)\geqslant(1+2x+x^2)(1+2y+y^2)\Leftrightarrow$$
$$xy(x^2+y^2)+1\geqslant 2xy+x^2y^2\Leftrightarrow(xy-1)^2+xy(x-y)^2\geqslant 0$$

设 $m=ab,n=cd\Rightarrow mn=1$,因此

$$\frac{1}{1+m}+\frac{1}{1+n}=\frac{m+n+2}{(m+1)(n+1)}=1$$

使用上面两个结果,我们有

$$\frac{1}{(1+a)^2}+\frac{1}{(1+b)^2}+\frac{1}{(1+c)^2}+\frac{1}{(1+d)^2}\geqslant\frac{1}{1+m}+\frac{1}{1+n}=1$$

等号成立的条件是 $a=b=c=d=1$.

注意 (1) 我们也可以使用 Cauchy - Schwarz 不等式来证明这个问题. 实际上,存在四个正实数 s,t,u,v 满足 $a=\frac{stu}{v^3},b=\frac{tuv}{s^3},c=\frac{uvs}{t^3},d=\frac{vst}{u^3}$,则不等式等价于

$$\sum_{\text{cyc}}\frac{v^6}{(v^3+stu)^2}\geqslant 1$$

根据 Cauchy - Schwarz 不等式,只需证明

$$\left(\sum_{\text{cyc}}v^3\right)^2\geqslant\sum_{\text{cyc}}(v^3+stu)^2\Leftrightarrow\sum_{\text{cyc}}v^3(s^3+t^3+u^3)\geqslant 2\sum_{\text{cyc}}v^3stu+\sum_{\text{cyc}}s^2t^2u^2$$

这最后的不等式是从下列结果得到的

$$\sum_{\text{cyc}}v^3(s^3+t^3+u^3)\geqslant 3\sum_{\text{cyc}}v^3stu$$
$$\sum_{\text{cyc}}v^3(s^3+t^3+u^3)=\sum_{\text{cyc}}(s^3t^3+t^3u^3+u^3s^3)\geqslant 3\sum_{\text{cyc}}s^2t^2u^2$$

等号成立的条件是 $s=t=u=v$ 或者 $a=b=c=d=1$.

(2) 前面的证明方法启发我们创建了一个类似的结果.

设 $a_1,a_2,\cdots,a_9$ 是正实数,且满足 $a_1a_2\cdots a_9=1$,证明

$$\frac{1}{(2a_1+1)^2}+\frac{1}{(2a_2+1)^2}+\cdots+\frac{1}{(2a_9+1)^2}\geqslant 1$$

另外,这个问题的一般形式(使用相同的方法证明)如下.

设 $a_1,a_2,\cdots,a_n$ 是正实数,且满足 $a_1a_2\cdots a_n=1$,对于 $k=\sqrt{n}-1$,证明

$$\frac{1}{(ka_1+1)^2}+\frac{1}{(ka_2+1)^2}+\cdots+\frac{1}{(ka_n+1)^2}\geqslant 1$$

26. (Pham Kim Hung) 设 a,b,c 是正实数,证明

$$\frac{a+2b}{c+2b}+\frac{b+2c}{a+2c}+\frac{c+2a}{b+2a}\geqslant 3$$

证明 通过展开,不等式等价于

$$\sum_{\text{cyc}}(a+2b)(a+2c)(b+2a)\geqslant 3\prod_{\text{cyc}}(c+2b)\Leftrightarrow 2(a^3+b^3+c^3)+3abc\geqslant 3(a^2b+b^2c+c^2a)$$

结合三次 Schur 不等式和 AM - GM 不等式,得到

$$2\sum_{\text{cyc}}a^3+3abc-3\sum_{\text{cyc}}a^2b=3abc+\sum_{\text{cyc}}a^3-\sum_{\text{cyc}}a^2(b+c)+\sum_{\text{cyc}}(a^3+ab^2-2a^2b)\geqslant 0$$

等号成立的条件是 $a=b=c$.

27. (Phan Thanh Viet) 设 a,b,c 是正实数,证明

$$\frac{a^4}{a^2+ab+b^2}+\frac{b^4}{b^2+bc+c^2}+\frac{c^4}{c^2+ca+a^2}\geqslant\frac{a^3+b^3+c^3}{a+b+c}$$

证明 注意到

$$\frac{a^3+b^3+c^3}{a+b+c}=\frac{3abc}{a+b+c}+a^2+b^2+c^2-ab-bc-ca$$

因此,不等式可以写成如下的形式

$$\sum_{\text{cyc}}\left(\frac{a^4}{a^2+ab+b^2}-a^2+ab\right)\geqslant\frac{3abc}{a+b+c}\Leftrightarrow\sum_{\text{cyc}}\frac{ab^3}{a^2+ab+b^2}\geqslant\frac{3abc}{a+b+c}$$

根据 Cauchy - Schwarz 不等式,我们有

$$\sum_{\text{cyc}}\frac{ab^3}{a^2+ab+b^2}=\sum_{\text{cyc}}\frac{b^2}{1+\frac{a}{b}+\frac{b}{a}}\geqslant\frac{(a+b+c)^2}{3+\frac{a}{b}+\frac{b}{c}+\frac{c}{a}+\frac{b}{a}+\frac{c}{b}+\frac{a}{c}}=\frac{abc(a+b+c)}{ab+bc+ca}$$

于是只需证明

$$\frac{abc(a+b+c)}{ab+bc+ca}\geqslant\frac{3abc}{a+b+c}\Leftrightarrow(a+b+c)^2\geqslant 3(ab+bc+ca)$$

这是显然成立的，等号成立的条件是 $a=b=c$.

28.（Darij Grinberg）证明对所有非负实数 a,b,c

$$a^2+b^2+c^2+2abc+1\geqslant 2(ab+bc+ca)$$

证明　这里将给出上面不等式的四个证明方法.

（1）把不等式转化为 a 的二次函数

$$f(a)=a^2+2(bc-b-c)a+(b-c)^2+1$$

① 如果 $bc-b-c\geqslant 0$，则不等式显然成立.

② 如果 $bc-b-c\leqslant 0$，则 $(b-1)(c-1)\leqslant 1$，注意到判别式

$$\frac{1}{4}\Delta=(bc-b-c)^2-(b-c)^2-1=bc(b-2)(c-2)-1$$

如果 b 和 c 都小于 2，则由 AM - GM 不等式，我们有

$$b(2-b)\leqslant 1,c(2-c)\leqslant 1\Rightarrow \Delta\leqslant 0$$

否则，假设 $b\geqslant 2$，则 $c\leqslant 2$，显然 $\Delta\leqslant 0$.

（2）我们记 $k=a+b+c$，根据不等式

$$abc\geqslant (a+b-c)(b+c-a)(c+a-b)=(k-2a)(k-2b)(k-2c)$$

我们有

$$4(ab+bc+ca)-k^2\leqslant \frac{9abc}{k}\qquad (*)$$

于是，不等式等价于

$$(a+b+c)^2+2abc+1\geqslant 4(ab+bc+ca)\Leftrightarrow 4(ab+bc+ca)-k^2\leqslant 1+2abc$$

根据式（*），我们只需证明

$$\left(\frac{9}{k}-1\right)abc\leqslant 1$$

如果 $9\leqslant 2k$，则不等式显然成立. 否则，由 AM - GM 不等式，我们有

$$\left(\frac{9}{k}-2\right)abc\leqslant \left(\frac{9}{k}-2\right)\frac{k^3}{27}=\frac{(9-2k)\cdot k\cdot k}{27}\leqslant 1$$

这是显然成立的. 等号成立的条件是 $a=b=c=1$.

（3）由于 $2abc+1\geqslant 3\sqrt[3]{a^2b^2c^2}$，于是只需证明

$$x^6+y^6+z^6+3x^2y^2z^2\geqslant 2(x^3y^3+y^3z^3+z^3x^3)$$

这里 $a=x^3,b=y^3,c=z^3$. 根据 Schur 不等式，我们有

$$3x^2y^2z^2+\sum_{cyc}x^6\geqslant \sum_{cyc}x^4(y^2+z^2)=\sum_{cyc}x^2y^2(x^2+y^2)\geqslant 2\sum_{cyc}x^3y^3$$

（4）不等式变形如下

$$(a-1)^2+(b-1)^2+(c-1)^2\geqslant 2(a-1)(b-1)(1-c)$$

如果 a,b,c 都小于 1，则不等式显然成立. 否则，假设 $c\leqslant 1$，由 AM - GM 不等式，我们有

$$(a-1)^2+(b-1)^2 \geqslant 2|(a-1)(b-1)| \geqslant 2|(a-1)(b-1)|(1-c) \geqslant 2(a-1)(b-1)(1-c)$$

注意 我们有下列类似的不等式

$$a^2+b^2+c^2+2abc+3 \geqslant (1+a)(1+b)(1+c)$$

29. (Pham Kim Hung) 设 a,b,c 是正实数,且满足 $a^2+b^2+c^2=3$,证明

$$\frac{1}{2-a}+\frac{1}{2-b}+\frac{1}{2-c} \geqslant 3$$

证明 (1)(我们使用 Cauchy - Schwarz 不等式) 不等式等价于

$$\left(\frac{1}{2-a}-\frac{1}{2}\right)+\left(\frac{1}{2-b}-\frac{1}{2}\right)+\left(\frac{1}{2-c}-\frac{1}{2}\right) \geqslant \frac{3}{2} \Leftrightarrow$$

$$\frac{a}{2-a}+\frac{b}{2-b}+\frac{c}{2-c} \geqslant 3 \Leftrightarrow$$

$$\frac{a^4}{2a^3-a^4}+\frac{b^4}{2b^3-b^4}+\frac{c^4}{2c^3-c^4} \geqslant 3$$

根据 Cauchy - Schwarz 不等式,我们有

$$\text{LHS} \geqslant \frac{(a^2+b^2+c^2)^2}{2(a^3+b^3+c^3)-(a^4+b^4+c^4)}=\frac{9}{2(a^3+b^3+c^3)-(a^4+b^4+c^4)}$$

由于 $2\sum_{cyc} a^3-\sum_{cyc} a^4 \leqslant \sum_{cyc} a^2=3$,所以不等式成立.

(2)(我们使用 Cauchy 求反技术) 注意到 $a(2-a) \leqslant 1$,所以

$$\frac{1}{2-a}=\frac{1}{2}+\frac{a}{2(2-a)}=\frac{1}{2}+\frac{a^2}{2a(2-a)} \geqslant \frac{1}{2}+\frac{a^2}{2}$$

于是

$$\sum_{cyc} \frac{1}{2-a} \geqslant \frac{3}{2}+\frac{1}{2}\sum_{cyc} a^2=3$$

等号成立的条件是 $a=b=c=1$

30. (Vasile Cirtoaje) 设 a,b,c,d 是非负实数,证明

$$\left(1+\frac{2a}{b+c}\right)\left(1+\frac{2b}{c+d}\right)\left(1+\frac{2c}{d+a}\right)\left(1+\frac{2d}{a+b}\right) \geqslant 9$$

证明 不等式改写成如下形式

$$\left(1+\frac{a+c}{a+b}\right)\left(1+\frac{a+c}{c+d}\right)\left(1+\frac{b+d}{b+c}\right)\left(1+\frac{b+d}{a+d}\right) \geqslant 9$$

对所有正实数 x,y,很容易看到

$$\left(1+\frac{1}{x}\right)\left(1+\frac{1}{y}\right) \geqslant \left(1+\frac{2}{x+y}\right)^2$$

因此,我们有

$$\left(1+\frac{a+c}{a+b}\right)\left(1+\frac{a+c}{c+d}\right) \geqslant \left(1+\frac{2(a+c)}{a+b+c+d}\right)^2$$

$$\left(1+\frac{b+d}{b+c}\right)\left(1+\frac{b+d}{a+d}\right) \geqslant \left(1+\frac{2(b+d)}{a+b+c+d}\right)^2$$

于是,只需证明

$$\left(1+\frac{2(a+c)}{a+b+c+d}\right)\left(1+\frac{2(b+d)}{a+b+c+d}\right) \geqslant 3$$

这是显然成立的. 等号成立的条件是 $a=c=0, b=d$ 或者 $a=c, b=d=0$.

注意 下面是一般结果.

设 a,b,c,d,k 是非负实数,证明

$$\left(1+\frac{ka}{b+c}\right)\left(1+\frac{kb}{c+d}\right)\left(1+\frac{kc}{d+a}\right)\left(1+\frac{kd}{a+b}\right) \geqslant (k+1)^2$$

这个不等式可以由下面两个不等式得到

$$\sum_{cyc} \frac{a}{b+c} \geqslant 2 \tag{1}$$

$$\sum_{cyc} \frac{ab}{(b+c)(c+d)} \geqslant 1 \tag{2}$$

注意到式(1)是前面章节已经证明过的四变量 Nesbitt 不等式. 为了证明式(2),注意到(展开)它等价于

$$\sum_{cyc} a^2b^2 + \sum_{cyc} a^3b + \sum_{cyc} abc^2 \geqslant \sum_{cyc} a^2bc$$

这个不等式是成立的,因为

$$\sum_{cyc} a^3b + \sum_{cyc} abc^2 \geqslant 2\sum_{cyc} a^2bc$$

等号成立的条件是 $a=c, b=d=0$ 或者 $a=c=0, b=d$.

31. (Pham Kim Hung) 设 a,b,c 是非负实数,证明

$$\frac{1}{a^2+b^2}+\frac{1}{b^2+c^2}+\frac{1}{c^2+a^2}+\frac{1}{a^2+b^2+c^2} \geqslant \frac{6}{ab+bc+ca}$$

证明 不失一般性,假设 $a \geqslant b \geqslant c$. 记 $t=\sqrt{b^2+c^2}$ 以及

$$f(a,b,c)=\frac{1}{a^2+b^2}+\frac{1}{b^2+c^2}+\frac{1}{c^2+a^2}+\frac{1}{a^2+b^2+c^2}-\frac{6}{ab+bc+ca}$$

我们有

$$f(a,b,c)-f(a,t,0)=$$

$$\frac{c^2}{(a^2+b^2)(a^2+t^2)}-\frac{c^2}{a^2(a^2+c^2)}+\frac{6}{a\sqrt{b^2+c^2}}-\frac{6}{ab+bc+ca} \geqslant$$

$$\frac{6a(b+c-\sqrt{b^2+c^2})}{a\sqrt{b^2+c^2}(ab+bc+ca)}-\frac{c^2}{a^2(a^2+c^2)} \geqslant$$

$$\frac{6bc}{(b+c)\sqrt{b^2+c^2}(ab+bc+ca)}-\frac{c^2}{a^2(a^2+c^2)}\geqslant$$

$$\frac{6bc}{\sqrt{2}(b^2+c^2)(ab+bc+ca)}-\frac{bc}{a^2(a^2+c^2)}\geqslant 0$$

因为
$$3\sqrt{2}a^2(a^2+c^2)\geqslant(ab+bc+ca)(b^2+c^2)$$

根据 Cauchy - Schwarz 不等式,我们有

$$f(a,t,0)=\frac{9}{a^2+t^2}+\frac{1}{a^2}+\frac{1}{t^2}-\frac{6}{at}=\frac{9}{a^2+t^2}+\frac{a^2+t^2}{a^2t^2}-\frac{6}{at}\geqslant 0$$

因此,不等式成立. 等号成立的条件是$(a,b,c)=\left(\frac{-3\pm\sqrt{5}}{2},1,0\right)$.

32. (Vasile Cirtoaje and Pham Kim Hung) 设a,b,c,k是正实数,且$k\geqslant\frac{3}{2}$.

证明

$$\frac{a^k}{a+b}+\frac{b^k}{b+c}+\frac{c^k}{c+a}\geqslant\frac{1}{2}(a^{k-1}+b^{k-1}+c^{k-1})$$

证明 我将给出两个证明方法.

(1)(Cauchy 求反技术)不等式等价于

$$\sum_{cyc}\left(a^{k-1}-\frac{a^k}{a+b}\right)\leqslant\frac{1}{2}\sum_{cyc}a^{k-1}\Leftrightarrow\sum_{cyc}\frac{a^{k-1}b}{a+b}\leqslant\frac{1}{2}\sum_{cyc}a^{k-1}$$

注意到

$$\sum_{cyc}\frac{a^{k-1}b}{a+b}\leqslant\sum_{cyc}\frac{a^{k-1}b}{2\sqrt{ab}}=\frac{1}{2}\sum_{cyc}a^{k-\frac{3}{2}}b^{\frac{1}{2}}$$

于是只需证明

$$\sum_{cyc}a^{k-\frac{3}{2}}b^{\frac{1}{2}}\leqslant\sum_{cyc}a^{k-1}$$

根据 AM - GM 不等式,对$2k-2$个变量以及$k\geqslant\frac{3}{2}$,我们有

$$(2k-2)\sum_{cyc}a^{k-1}=\sum_{cyc}[(2k-3)a^{k-1}+b^{k-1}]\geqslant\sum_{cyc}(2k-2)a^{k-\frac{3}{2}}b^{\frac{1}{2}}$$

(2)不等式等价于

$$\frac{a^{k-1}(a-b)}{a+b}+\frac{b^{k-1}(b-c)}{b+c}+\frac{c^{k-1}(c-a)}{c+a}\geqslant 0$$

注意到,对所有正实数a,b,我们有

$$\frac{a^{k-1}(a-b)}{a+b}\geqslant\frac{a^{k-1}-b^{k-1}}{2(k-1)}\qquad(*)$$

实际上,这可以由 AM - GM 不等式得到

$$(2k-3)a^k+b^k+ab^{k-1}\geqslant(2k-1)a^{k-1}b$$

根据式(*),我们可以得到

$$\sum_{cyc}\frac{a^{k-1}(a-b)}{a+b}\geqslant\sum_{cyc}\frac{a^{k-1}-b^{k-1}}{2(k-1)}=0$$

等号成立的条件是 $a=b=c$.

33. (Pham Kim Hung) 设 a,b,c 是非负实数,且满足 $a+b+c=3$,证明

$$a\sqrt{1+b^3}+b\sqrt{1+c^3}+c\sqrt{1+a^3}\leqslant 5$$

证明 由 AM - GM 不等式,我们有

$$\sum_{cyc}a\sqrt{1+b^3}=\sum_{cyc}a\sqrt{(1+b)(1-b+b^2)}\leqslant\frac{1}{2}\sum_{cyc}a(2+b^2)$$

于是只需证明

$$ab^2+bc^2+ca^2\leqslant 4$$

不失一般性,我们假定 b 是 a,b,c 中的中间值,则

$$a(b-a)(b-c)\leqslant 0\Leftrightarrow ab^2+a^2c\leqslant abc+a^2b$$

于是只需证明

$$ab^2+bc^2+ca^2\leqslant 4\Leftrightarrow b(a^2+ac+c^2)\leqslant 4$$

根据 AM - GM 不等式,我们有

$$b(a^2+ac+c^2)\leqslant b(a+c)^2=4b\cdot\frac{a+c}{2}\cdot\frac{a+c}{2}\leqslant 4\left(\frac{a+b+c}{3}\right)^3=4$$

等号成立的条件是 $a=1,b=2,c=0$ 及其循环排列.

34. (Do Hoang Giang) 设 a,b,c 是正实数,且满足 $a+b+c=1$,证明

$$\frac{a}{\sqrt{\frac{1}{b}-1}}+\frac{b}{\sqrt{\frac{1}{c}-1}}+\frac{c}{\sqrt{\frac{1}{a}-1}}\leqslant\frac{3\sqrt{3}}{4}\cdot\sqrt{(1-a)(1-b)(1-c)}$$

证明 不等式等价于

$$P=\sum_{cyc}\sqrt{\frac{a}{(a+c)(a+b)}\cdot\frac{ab}{(b+c)(c+a)}}\leqslant\frac{3\sqrt{3}}{4}$$

不失一般性,假设 $a=\min(a,b,c)$,考虑下列情况:

(1) 如果 $a\leqslant b\leqslant c$,则有

$$\frac{ab}{(b+c)(c+a)}\leqslant\frac{ca}{(a+b)(b+c)}\leqslant\frac{bc}{(c+a)(a+b)}$$

$$\frac{a}{(a+c)(a+b)}\leqslant\frac{b}{(a+b)(b+c)}\leqslant\frac{c}{(b+c)(c+a)}$$

所以,根据排序不等式,我们有

$$P\leqslant\sqrt{\frac{a^2b}{(a+b)(a+c)^2(b+c)}}+\sqrt{\frac{abc}{(a+b)^2(b+c)^2}}+$$

$$\sqrt{\frac{bc^2}{(c+a)^2(a+b)(b+c)}}=$$

$$\sqrt{\frac{abc}{(a+b)^2(b+c)^2}+\frac{b}{(a+b)(b+c)}\left(\frac{a}{a+c}+\frac{c}{c+a}\right)}\leqslant$$

$$\sqrt{3\left[\frac{abc}{(a+b)^2(b+c)^2}+2\times\frac{1}{4}\times\frac{b}{(a+b)(b+c)}\right]}$$

(因为$\sqrt{x}+\sqrt{y}+\sqrt{z}\leqslant\sqrt{3(x+y+z)}$)

于是只需证明

$$\frac{abc}{(a+b)^2(b+c)^2}+\frac{1}{2}\cdot\frac{b}{(a+b)(b+c)}\geqslant\frac{9}{16}\Leftrightarrow(3ac-b)^2\geqslant0$$

(2) 如果$a\leqslant c\leqslant b$,我们有

$$\frac{ca}{(a+b)(b+c)}\leqslant\frac{ab}{(b+c)(c+a)}\leqslant\frac{bc}{(c+a)(a+b)}$$

$$\frac{a}{(a+c)(a+b)}\leqslant\frac{c}{(b+c)(c+a)}\leqslant\frac{b}{(a+b)(b+c)}$$

所以,根据排序不等式,我们有

$$P\leqslant\sqrt{\frac{a^2c}{(a+c)(a+b)^2(b+c)}}+\sqrt{\frac{abc}{(a+c)^2(b+c)^2}}+$$

$$\sqrt{\frac{b^2c}{(a+c)(a+b)^2(b+c)}}\leqslant$$

$$\sqrt{3\left[\frac{abc}{(a+c)^2(b+c)^2}+2\times\frac{1}{4}\times\frac{c}{(b+c)(c+a)}\right]}$$

于是只需证明

$$\frac{abc}{(a+c)^2(b+c)^2}+\frac{1}{2}\cdot\frac{c}{(b+c)(c+a)}\leqslant\frac{9}{16}\Leftrightarrow(3ab-c)^2\geqslant0$$

等号成立的条件是

$$a=b=c=\frac{1}{3}$$

35. 设a,b,c是非负实数,且满足$a^2+b^2+c^2=1$. 证明

$$\frac{a}{a^3+bc}+\frac{b}{b^3+ac}+\frac{c}{c^3+ab}\geqslant3$$

证明 这个问题将给出两个证法.

(1) 如果左边的每一个分式都大于或等于1,则不等式显然成立. 否则,我们假定

$$x=\frac{a}{a^3+bc}\leqslant1\Rightarrow a\leqslant a^3+bc$$

应用 Cauchy – Schwarz 不等式,我们有

$$\frac{b}{b^3+ac}+\frac{c}{c^3+ab}\geqslant\frac{4}{b^2+c^2+\frac{ac}{b}+\frac{ab}{c}}=\frac{4}{1+y}$$

这里 $y=\frac{ac}{b}+\frac{ab}{c}-a^2$. 注意到关系 $x\geqslant y$,不等式等价于

$$(a^3+bc)(b^2+c^2-abc)\leqslant bc\Leftrightarrow a^3(1-a^2-abc)\leqslant bc(a^2+abc)\Leftrightarrow$$
$$a^2(1-a^2)\leqslant bc(a^3+a+bc)$$

这是显然成立的,因为 $a(1-a^2)\leqslant bc$,于是我们有

$$\frac{a}{a^3+bc}+\frac{b}{b^3+ac}+\frac{c}{c^3+ab}\geqslant x+\frac{4}{1+x}=(x+1)+\frac{4}{x+1}-1\geqslant 3$$

等号成立的条件是 $a=1,b=c=0$ 及其循环排列.

(2) 我们记 $x=\frac{bc}{a},y=\frac{ac}{b},z=\frac{ab}{c}$,所以,我们有 $xy+yz+zx=a^2+b^2+c^2=1$. 于是只需证明

$$\frac{1}{x+yz}+\frac{1}{y+xz}+\frac{1}{z+xy}\geqslant 3$$

记 $s=x+y+z,p=xyz$,注意到

$$\sum_{cyc}\frac{1}{x+yz}\geqslant\frac{9}{x+y+z+xy+yz+zx}=\frac{9}{s+1}$$

如果 $s\leqslant 2$,则不等式显然成立. 现在考虑 $s\geqslant 2$ 的情况. 展开整理,不等式等价于

$$s+7sp\geqslant 2+3p^2+3ps^2\Leftrightarrow(s-2)(1-3sp)+p(s-3p)\geqslant 0$$

这是显然成立的,因为 $s\geqslant 2,1\geqslant 3sp,s\geqslant 3p$.

36. (Pham Kim Hung) 设 a,b,c 是非负实数,证明

$$\frac{b+c}{\sqrt{a^2+bc}}+\frac{c+a}{\sqrt{b^2+ca}}+\frac{a+b}{\sqrt{c^2+ab}}\geqslant 4$$

证明 应用 Hölder 不等式,我们有

$$\left(\sum_{cyc}\frac{b+c}{\sqrt{a^2+bc}}\right)^2\left(\sum_{cyc}(b+c)(a^2+bc)\right)\geqslant 8\left(\sum_{cyc}a\right)^3$$

因此,只需证明

$$(a+b+c)^3\geqslant 4\sum_{cyc}a^2(b+c)\Leftrightarrow 6abc+\sum_{cyc}a^3\geqslant\sum_{cyc}a^2(b+c)$$

这是成立的,因为这可由三次 Schur 不等式得到

$$3abc+\sum_{cyc}a^3\geqslant\sum_{cyc}a^2(b+c)$$

等号成立的条件是 $a=b,c=0$ 及其循环排列.

注意 使用相同的方法,我们可以证明下列不等式.

设 a,b,c 是非负实数,且满足 $a+b+c=2$,证明

$$\frac{a}{\sqrt{3+b^2+c^2}}+\frac{b}{\sqrt{3+c^2+a^2}}+\frac{c}{\sqrt{3+a^2+b^2}}\geqslant 1$$

37. (USA MO 2001) 设 a,b,c 是非负实数,且满足 $a^2+b^2+c^2+abc=4$,证明

$$2+abc\geqslant ab+bc+ca\geqslant abc$$

证明 为证明右边的不等式,仅注意到 a,b,c 中至少有一个,比如说是 a,不大于1. 因此我们有 $ab+bc+ca\geqslant bc\geqslant abc$. 等号成立的条件是 $(a,b,c)=(0,0,2)$ 及其循环排列.

为证明左边的不等式,注意到 a,b,c 中必有两个数,比如说 a,b,或者不小于1,或者不大于1. 因此 $b(a-1)(c-1)\geqslant 0\Leftrightarrow abc+b\geqslant ab+bc$. 于是只需证明 $2\geqslant ac+b$.

从假设条件我们有

$$a^2+c^2+b(ac+b)=4\Rightarrow 2ac+b(ac+b)\leqslant 4\Rightarrow (b+2)(ac+b-2)\leqslant 0$$

因此,$ac+b\leqslant 2$. 等号成立的条件是 $a=b=c=1$.

38. (Vo Quoc Ba Can, Vu Dinh Quy) 设 a,b,c 是非负实数,证明

$$\sqrt{\frac{a^2+2bc}{b^2+c^2}}+\sqrt{\frac{b^2+2ca}{c^2+a^2}}+\sqrt{\frac{c^2+2ab}{a^2+b^2}}\geqslant 3$$

证明 不失一般性,假设 $a\geqslant b\geqslant c$. 首先我们将证明

$$\sqrt{\frac{a^2+c^2}{b^2+c^2}}+\sqrt{\frac{b^2+c^2}{c^2+a^2}}\geqslant\sqrt{\frac{a}{b}}+\sqrt{\frac{b}{a}}$$

实际上,这个不等式等价于

$$\frac{a^2+c^2}{b^2+c^2}+\frac{b^2+c^2}{c^2+a^2}\geqslant\frac{a}{b}+\frac{b}{a}\Leftrightarrow\frac{(a-b)^2(a+b)(ab-c)}{ab(c^2+a^2)(b^2+c^2)}\geqslant 0$$

这是成立的,因为 $a\geqslant b\geqslant c$. 利用这个结果,我们有

$$\sqrt{\frac{a^2+2bc}{b^2+c^2}}+\sqrt{\frac{b^2+2ca}{c^2+a^2}}+\sqrt{\frac{c^2+2ab}{a^2+b^2}}\geqslant\sqrt{\frac{c^2+a^2}{b^2+c^2}}+\sqrt{\frac{b^2+c^2}{c^2+a^2}}+\sqrt{\frac{2ab}{a^2+b^2}}\geqslant$$

$$\sqrt{\frac{a}{b}}+\sqrt{\frac{b}{a}}+\sqrt{\frac{2ab}{a^2+b^2}}$$

我们记 $x=\sqrt{\frac{a}{b}}+\sqrt{\frac{b}{a}}\geqslant 2$. 如果 $x\geqslant 3$,则不等式显然成立. 否则,假设 $x\leqslant 3$,我们只需证明

$$\sqrt{\frac{a}{b}}+\sqrt{\frac{b}{a}}+\sqrt{\frac{2ab}{a^2+b^2}}=x+\sqrt{\frac{2}{x^2-2}}\geqslant 3$$

因为 $$\frac{2}{x^2-2}-(3-x)^2=\frac{(x-2)^2(-x^2+2x+5)}{x^2-3}\geqslant 0$$

等号成立的条件是 $a=b,c=0$ 及其循环排列.

39. (Pham Kim Hung) 设 a,b,c 是三个不同的正实数,证明

$$\frac{1}{|a^2-b^2|}+\frac{1}{|b^2-c^2|}+\frac{1}{|c^2-a^2|}+\frac{8}{a^2+b^2+c^2}\geqslant\frac{28}{(a+b+c)^2}$$

证明 不失一般性,我们假设 $a>b>c$,注意到

$$\frac{1}{a^2-b^2}+\frac{1}{b^2-c^2}+\frac{1}{a^2-c^2}+\frac{8}{a^2+b^2+c^2}-$$

$$\left(\frac{1}{a^2-b^2}+\frac{1}{b^2}+\frac{1}{a^2}+\frac{8}{a^2+b^2}\right)=$$

$$c^2\left[\frac{1}{a^2(a^2-c^2)}+\frac{1}{b^2(b^2-c^2)}-\frac{8}{(a^2+b^2+c^2)(a^2+b^2)}\right]\geqslant$$

$$c^2\left[\frac{1}{a^4}+\frac{1}{b^4}-\frac{8}{(a^2+b^2)^2}\right]\geqslant 0$$

右边的表达式是 c 的减函数,于是只需证明不等式在 $c=0$ 时成立即可

$$\frac{1}{a^2-b^2}+\frac{1}{b^2}+\frac{1}{a^2}+\frac{8}{a^2+b^2}\geqslant\frac{28}{(a+b)^2}\Leftrightarrow$$

$$2\left(\frac{a}{b}+\frac{b}{a}\right)+\frac{a^2}{b^2}+\frac{b^2}{a^2}+\frac{16ab}{a^2+b^2}+\frac{a+b}{a-b}\geqslant 18$$

因为不等式是齐次的,我们可以假设 $a>b\geqslant 1$,于是不等式变成

$$2\left(a+\frac{1}{a}\right)+a^2+\frac{1}{a^2}+\frac{16a}{a^2+1}+\frac{a+1}{a-1}\geqslant 18\Leftrightarrow$$

$$\frac{2(a-1)^4}{a}+\frac{(a^2-1)^2}{a^2}-\frac{8(a-1)^2}{a^2+1}+\frac{a+1}{a-1}\geqslant 4\Leftrightarrow$$

$$\frac{2(a-1)^4}{a(a^2+1)}+\frac{(a-1)^4(a+1)^2}{a^2(a^2+1)}+2(a-1)^2+\frac{a+1}{a-1}\geqslant 4$$

如果 $a\leqslant\frac{5}{3}$,则 $\frac{a+1}{a-1}\geqslant 4$,不等式显然成立. 否则,我们有 $a\geqslant\frac{4}{3}$. 根据 AM - GM 不等式,我们有

$$2(a-1)^2+\frac{a+1}{a-1}=2(a-1)^2+\frac{a+1}{2(a-1)}+\frac{a+1}{2(a-1)}\geqslant$$

$$3\sqrt[3]{\frac{(a+1)^2}{2}}\geqslant 4$$

等号不能达到.

40. (Pham Kim Hung) 求出对所有正实数 a,b,c

$$\frac{(a+b)(b+c)(c+a)}{abc}+\frac{k(ab+bc+ca)}{a^2+b^2+c^2}\geqslant 8+k$$

不等式都成立的最好的常数 k.

解 我们有

$$\frac{(a+b)(b+c)(c+a)}{abc}-8=\frac{c(a-b)^2+a(b-c)^2+b(c-a)^2}{abc}$$

$$1-\frac{ab+bc+ca}{a^2+b^2+c^2}=\frac{(a-b)^2+(b-c)^2+(c-a)^2}{2(a^2+b^2+c^2)}$$

所以我们只需求出正常数 k 满足条件

$$\sum_{\text{sym}}(a-b)^2\left[\frac{2(a^2+b^2+c^2)}{ab}-k\right]\geqslant 0\Leftrightarrow\sum_{\text{sym}}(a-b)^2S_c\geqslant 0\qquad(*)$$

其中,S_a,S_b,S_c 由下列表达式定义

$$S_a=2a(a^2+b^2+c^2)-kabc$$

$$S_b=2b(a^2+b^2+c^2)-kabc$$

$$S_c=2c(a^2+b^2+c^2)-kabc$$

(1) 必要条件:如果 $b=c$,我们有 $S_b=S_c$;因此如果式$(*)$成立,我们必定有

$$S_b\geqslant 0\Leftrightarrow 2(a^2+2b^2)\geqslant kab$$

由 AM - GM 不等式,我们找到最好的正常数 k 是 $4\sqrt{2}$.

(2) 充分条件:对于 $k\leqslant 4\sqrt{2}$,我们将证明不等式总是成立的. 不失一般性,我们假定 $a\geqslant b\geqslant c$,则 $S_a\geqslant S_b\geqslant S_c$. 当然,$S_a=2a(a^2+b^2+c^2)-kabc\geqslant 0$. 设 $x=\sqrt{bc}$,则

$$S_b+S_c=2(b+c)(a^2+b^2+c^2)-2kabc\geqslant 4x(a^2+2x^2)-2kax^2=$$
$$4x(a-\sqrt{2}x)^2\geqslant 0$$

于是,我们有

$$\sum_{\text{cyc}}S_a(b-c)^2\geqslant(S_b+S_c)(a-b)^2\geqslant 0$$

结论:最好的正常数 k 值是 $4\sqrt{2}$. 如果 $k=4\sqrt{2}$,等号成立的条件是 $a=b=c$ 或者 $a=\sqrt{2}b=\sqrt{2}c$ 及其循环排列. 如果 $k<4\sqrt{2}$,等号成立的条件是 $a=b=c$.

41. (Cezar Lupu) 设 a,b,c 是正实数,且满足条件 $a+b+c+abc=4$,证明

$$\frac{a}{\sqrt{b+c}}+\frac{b}{\sqrt{c+a}}+\frac{c}{\sqrt{a+b}}\geqslant\frac{a+b+c}{\sqrt{2}}$$

证明 首先我们将证明 $a+b+c\geqslant ab+bc+ca$. 事实上,不失一般性,我们可以假定 $c\geqslant b\geqslant a$. 我们只需证明

$$a+b-ab\geqslant\frac{4-a-b}{ab+1}(a+b-1)\Leftrightarrow(a+b-2)^2\geqslant ab(a-1)(b-1)$$

应用 AM - GM 不等式,立即可得

$$(a+b-2)^2 \geqslant 4|(a-1)(b-1)| \geqslant ab|(a-1)(b-1)|$$

回到我们的问题,由 Cauchy - Schwarz 不等式,有

$$c\sqrt{a+b}+a\sqrt{b+c}+b\sqrt{c+a} \leqslant \sqrt{2(a+b+c)(ab+bc+ca)}$$

因此

$$\frac{a}{\sqrt{b+c}}+\frac{b}{\sqrt{c+a}}+\frac{c}{\sqrt{a+b}} \geqslant \frac{(a+b+c)^2}{c\sqrt{a+b}+a\sqrt{b+c}+b\sqrt{c+a}} \geqslant$$

$$(a+b+c)\sqrt{\frac{a+b+c}{2(ab+bc+ca)}} \geqslant$$

$$\frac{a+b+c}{\sqrt{2}}$$

等号成立的条件是 $a=b=c=1$.

42. (Pham Kim Hung)(1) 证明对所有非负实数 a,b,c,我们有

$$\sqrt{\frac{2a^2+bc}{a^2+2bc}}+\sqrt{\frac{2b^2+ca}{b^2+2ca}}+\sqrt{\frac{2c^2+ab}{c^2+2ab}} \geqslant 2\sqrt{2}$$

(2) 使用相同的条件,证明

$$\sqrt{\frac{a^2+2bc}{2a^2+bc}}+\sqrt{\frac{b^2+2ca}{2b^2+ca}}+\sqrt{\frac{c^2+2ab}{2c^2+ab}} \geqslant 2\sqrt{2}$$

证明 (1) 因为不等式是齐次的,可以假定 $abc=1$. 不等式变成

$$\sqrt{\frac{2x+1}{x+2}}+\sqrt{\frac{2y+1}{y+2}}+\sqrt{\frac{2z+1}{z+2}} \geqslant 2\sqrt{2}$$

其中,$x=a^3,y=b^3,z=c^3,xyz=1$. 不失一般性,假设 $x \geqslant y \geqslant z$. 设 $t=\sqrt{yz}$,则 $t \leqslant 1$. 首先,注意到

$$\frac{(2y+1)(2z+1)}{(y+2)(z+2)}=\frac{4yz+2(y+z)+1}{yz+2(y+z)+4} \geqslant \frac{4t^2+4t+1}{t^2+4t+4}=\frac{(2t+1)^2}{(t+2)^2}$$

因此,应用 AM - GM 不等式,得到

$$\sqrt{\frac{2x+1}{x+2}}+\sqrt{\frac{2y+1}{y+2}}+\sqrt{\frac{2z+1}{z+2}} \geqslant \sqrt{\frac{2x+1}{x+2}}+2\sqrt{\frac{2t+1}{t+2}}=$$

$$\sqrt{\frac{2+t^2}{2t^2+1}}+2\sqrt{\frac{2t+1}{t+2}}$$

于是,只需证明对所有 $t \leqslant 1$

$$\sqrt{(2+t^2)(2+t)}+2\sqrt{(2t+1)(2t^2+1)} \geqslant 2\sqrt{2(2t^2+1)(t+2)}$$

两边平方,并整理,我们有

$$t^3+2t+4\sqrt{(2+t^2)(2+t)(1+2t)(1+2t^2)} \geqslant 22t^2+8$$

由于 $t \leqslant 1, 2t \geqslant 2t^2$,于是只需证明

$$\sqrt{(2+t^2)(2+t)(1+2t)(1+2t^2)} \geqslant 5t^2+2$$

这是成立的,因为由 Cauchy - Schwarz 不等式有 $t+t^3 \geqslant 2t^2$ 和

$$\sqrt{(2+t^2)(2+t)(1+2t)(1+2t^2)} \geqslant \sqrt{(4+5t^2)(1+5t^2)} \geqslant 2+5t^2$$

(2) 这第二个不等式可以从第一个不等式得到:$bc=x^2, ca=y^2, ab=z^2$.
等号成立的条件是 $a=0, b=c$ 及其循环排列.

43. (Phan Thanh Nam, VMEO 2004) 设 x,y,z 是非负实数,且满足 $x+y+z=1$, 证明

$$\sqrt{x+\frac{(y-z)^2}{12}}+\sqrt{y+\frac{(z-x)^2}{12}}+\sqrt{z+\frac{(x-y)^2}{12}} \leqslant \sqrt{3}$$

证明 设 $z=\min\{x,y,z\}$,首先我们证明,如果 $u=y-z, v=x-z, k=\frac{1}{12}$,

则

$$\sqrt{x+ku^2}+\sqrt{y+kv^2} \leqslant \sqrt{2(x+y)+k(u+v)^2}$$

事实上,这个不等式等价于

$$\begin{aligned}2\sqrt{(x+ku^2)(y+kv^2)} \leqslant x+y+2kuv &\Leftrightarrow 4(x+ku^2)(y+kv^2) \leqslant \\ &(x+y+2kuv)^2 \Leftrightarrow (x-y)^2+4xkv(u-v)+ \\ &4yku(v-u) \geqslant 0 \Leftrightarrow \\ &(x-y)^2+4k(u-v)(xv-yu) \geqslant 0 \Leftrightarrow \\ &(x-y)^2[1-4k(x+y-z)] \geqslant 0\end{aligned}$$

这是显然成立的. 由上面的结果,我们有

$$\begin{aligned}\text{LHS} &\leqslant \sqrt{2(x+y)+\frac{(x+y-2z)^2}{12}}+\sqrt{z+\frac{(x-y)^2}{12}} = \\ &\sqrt{2(1-z)+\frac{(1-3z)^2}{12}}+\sqrt{z+\frac{(x-y)^2}{12}} \leqslant \\ &\sqrt{2(1-z)+\frac{(1-3z)^2}{12}}+\sqrt{z+\frac{(1-3z)^2}{12}} = \\ &\frac{|5-3z|}{\sqrt{12}}+\frac{|1+3z|}{\sqrt{12}}=\sqrt{3}\end{aligned}$$

等号成立的条件是 $x=y=z=\frac{1}{3}$.

注意 使用相同的条件,我们可以证明

$$\sqrt{x+(y-z)^2}+\sqrt{y+(z-x)^2}+\sqrt{z+(x-y)^2} \geqslant \sqrt{3}$$

44. (Le Trung Kien) 设 x,y,z 是非负实数,且满足 $xy+yz+zx=1$,证明

$$\frac{1}{\sqrt{x+y}}+\frac{1}{\sqrt{y+z}}+\frac{1}{\sqrt{z+x}} \geqslant 2+\frac{1}{\sqrt{2}}$$

证明 不失一般性,设 $x=\max(x,y,z)$. 记 $a=y+z>0$,则显然,$ax=1-yz<1$. 考虑函数

$$f(x)=\frac{1}{\sqrt{x+y}}+\frac{1}{\sqrt{y+z}}+\frac{1}{\sqrt{z+x}}=$$

$$\frac{1}{\sqrt{y+z}}+\sqrt{\frac{2x+y+z+2\sqrt{x^2+1}}{x^2+1}}=$$

$$\frac{1}{\sqrt{a}}+\sqrt{\frac{2x+a+2\sqrt{x^2+1}}{x^2+1}}$$

有

$$f'(x)=\frac{yz-x^2-x\sqrt{x^2+1}}{\sqrt{(x^2+1)^3(2x+a+2\sqrt{x^2+1})}}\leqslant 0$$

所以 $f(x)$ 是减函数. 于是

$$f(x)\geqslant f\left(\frac{1}{a}\right)=\sqrt{a}+\frac{1}{\sqrt{a}}+\sqrt{\frac{a}{a^2+1}}=$$

$$(\sqrt{a}-1)^2\left[\frac{1}{\sqrt{a}}-\frac{(\sqrt{a}+1)^2}{2\sqrt{a(a^2+1)}+\sqrt{2}(a^2+1)}\right]+2+\frac{1}{\sqrt{2}}$$

因为

$$\frac{1}{\sqrt{a}}-\frac{(\sqrt{a}+1)^2}{2\sqrt{a(a^2+1)}+\sqrt{2}(a^2+1)}>0$$

所以

$$f(x)\geqslant f\left(\frac{1}{a}\right)\geqslant 2+\frac{1}{\sqrt{2}}$$

等号成立的条件是 $x=y=1,z=0$ 及其循环排列.

45. (Pham Kim Hung) 设 a,b,c 是正实数,证明

$$\left(2+\frac{a}{b}\right)^2+\left(2+\frac{b}{c}\right)^2+\left(2+\frac{c}{a}\right)^2\geqslant\frac{9(a+b+c)^2}{ab+bc+ca}$$

证明 不等式等价于

$$\sum_{\text{cyc}}\frac{a^2}{b^2}+4\sum_{\text{cyc}}\frac{a}{b}\geqslant\frac{9(a^2+b^2+c^2)^2}{ab+bc+ca}+6$$

考虑以下恒等式

$$\frac{a}{b}+\frac{b}{c}+\frac{c}{a}-3=\frac{(a-b)^2}{ab}+\frac{(c-a)(c-b)}{ac}$$

$$a^2+b^2+c^2-ab-bc-ca=(a-b)^2+(c-a)(c-b)$$

不等式变成如下形式

$$(a-b)^2M+(c-a)(c-b)N\geqslant 0$$

其中

$$M=\frac{4}{ab}+\frac{(a+b)^2}{a^2b^2}-\frac{9}{ab+bc+ca}$$

$$N=\frac{4}{ac}+\frac{(c+a)(c+b)}{a^2c^2}-\frac{9}{ab+bc+ca}$$

注意到,如果 $a\geqslant b\geqslant c$,则

$$\sum_{cyc}\frac{a}{b}\leqslant\sum_{cyc}\frac{b}{a},\sum_{cyc}\frac{a^2}{b^2}\leqslant\sum_{cyc}\frac{b^2}{a^2} \qquad (*)$$

所以,只需考虑 $a\geqslant b\geqslant c$ 的情况,因为 $a\geqslant b\geqslant c$ 的情况式(*)应用之后将减小其值

$$N\geqslant\frac{5}{ac}+\frac{b}{ac^2}-\frac{9}{ab+bc+ca}>0$$

$$M+N\geqslant\frac{8}{ab}+\frac{5}{ac}-\frac{18}{ab+bc+ca}>0$$

设 $k=\frac{1+\sqrt{5}}{2}$,考虑下列情况:

(1)$a-b\leqslant k(b-c)$ 的情况,则有 $(a-b)^2\leqslant(a-c)(b-c)$,所以

$$(a-b)^2M+(c-a)(c-b)N\geqslant(a-b)^2(M+N)\geqslant 0$$

(2)$a-b\geqslant k(b-c)$ 的情况,只需证明 $M\geqslant 0$ 或者

$$(a^2+b^2+6ab)(ab+bc+ca)\geqslant 9a^2b^2$$

因为 $(k+1)b-a\leqslant kc$,以及 $k+1=\frac{3+\sqrt{5}}{2}$,我们有

$$ab-(a-b)^2=\left[\frac{(3+\sqrt{5})b}{2}-a\right]\left[a-\frac{(3-\sqrt{5})b}{2}\right]\leqslant$$

$$kc\left[a+\frac{(3-\sqrt{5})b}{2}\right]\leqslant 2c(a+b)$$

因此

$(a^2+b^2+6ab)(ab+bc+ca)-9a^2b^2\geqslant ab[(a^2-b^2)^2-ab]+c(a+b)^3>$
$c(a+b)^3-4abc(a+b)=c(a+b)(a-b)^2\geqslant 0$

等号成立的条件是 $a=b=c$.

注意 在《数学和青年》杂志(2007 年第四期),我提出了下面稍微简单的不等式.

设 a,b,c 是正实数,证明

$$\left(1+\frac{2a}{b}\right)^2+\left(1+\frac{2b}{c}\right)^2+\left(1+\frac{2c}{a}\right)^2\geqslant\frac{9(a+b+c)^2}{ab+bc+ca}$$

46. (Pham Kim Hung) 设 a,b,c 是非负实数,且满足 $a^2+b^2+c^2=3$,证明

$$\frac{1}{3-ab}+\frac{1}{3-bc}+\frac{1}{3-ca}+\frac{1}{3-a^2}+\frac{1}{3-b^2}+\frac{1}{3-c^2}\geqslant 3$$

证明 不等式等价于

$$\sum_{cyc}\left(\frac{3}{3-ab}-1\right)+\sum_{cyc}\left(\frac{3}{3-c^2}-1\right)\geqslant 3\Leftrightarrow\sum_{cyc}\frac{ab}{3-ab}+\sum_{cyc}\frac{c^2}{3-c^2}\geqslant 3$$

应用 Cauchy - Schwarz 不等式,我们有

$$\text{LHS}\geqslant\frac{\left(\sum_{cyc}ab+\sum_{cyc}c^2\right)^2}{3\left(\sum_{cyc}ab+\sum_{cyc}c^2\right)-\sum_{cyc}a^2b^2-\sum_{cyc}c^4}$$

因此,只需证明

$$\left(\sum_{cyc}ab+3\right)^2\geqslant 3\left[3\sum_{cyc}ab-\sum_{cyc}(a^2)^2+\sum_{cyc}a^2b^2+3\sum_{cyc}a^2\right]\Leftrightarrow$$

$$\left(\sum_{cyc}ab\right)^2+6\left(\sum_{cyc}ab\right)+9\geqslant 9\left(\sum_{cyc}ab\right)+3\left(\sum_{cyc}a^2b^2\right)\Leftrightarrow$$

$$\left(\sum_{cyc}a^2\right)\left(\sum_{cyc}a^2-\sum_{cyc}ab\right)\geqslant\sum_{cyc}a^2(b-c)^2\Leftrightarrow$$

$$\sum_{cyc}(a^2+b^2-c^2)(a-b)^2\geqslant 0$$

因为

$$\sum_{cyc}a^2-\sum_{cyc}ab=\frac{1}{2}\sum_{cyc}(a-b)^2$$

记

$$S_a=b^2+c^2-a^2,S_b=c^2+a^2-b^2,S_c=a^2+b^2-c^2$$

假设 $a\geqslant b\geqslant c$,则 $S_a\leqslant S_b\leqslant S_c$,$(a-c)^2\geqslant(a-b)^2+(b-c)^2$. 还有,$S_a\geqslant 0$. 否则 $ba^2\geqslant b^2>\frac{3}{2}$,不真. 我们有

$$\sum_{cyc}(a^2+b^2-c^2)(a-b)^2=\sum_{cyc}S_a(b-c)^2\geqslant(S_a+S_b)(b-c)^2+$$
$$(S_c+S_b)(a-b)^2=$$
$$2a^2(a-b)^2+2c^2(b-c)^2\geqslant 0$$

等号成立的条件是 $a=b=c=1$ 或者 $a=b=\sqrt{\frac{3}{2}}$,$c=0$ 及其循环排列.

47. (Phan Thanh Nam, VMEO 2005) 设 a,b,c 是三个正实数,证明

$$\frac{1}{a\sqrt{a+b}}+\frac{1}{b\sqrt{b+c}}+\frac{1}{c\sqrt{c+a}}\geqslant\frac{3}{\sqrt{2abc}}$$

证明 设 $x=\sqrt{\frac{2bc}{a(a+b)}}$,$y=\sqrt{\frac{2ca}{b(b+c)}}$,$z=\sqrt{\frac{2ab}{c(c+a)}}$. 只需证明 $x+y+z\geqslant 3$. 不过,我们可以证明下面更强的不等式

$$3\leqslant xy+yz+zx=\frac{2c}{\sqrt{(a+b)(b+c)}}+\frac{2a}{\sqrt{(b+c)(c+a)}}+\frac{2b}{\sqrt{(c+a)(a+b)}}$$

记 $u=\sqrt{b+c}$,$v=\sqrt{c+a}$,$w=\sqrt{a+b}$. 我们有

$$yz=\frac{w^2+v^2-u^2}{uv},zx=\frac{u^2+w^2-v^2}{vw},xy=\frac{v^2+u^2-w^2}{wu}$$

则不等式变成

$$v(v^2+u^2-w^2)+w(w^2+v^2-u^2)+u(u^2+w^2-v^2)\geqslant 3uvw\Leftrightarrow$$
$$(u^3+v^3+w^3)+(u^2v+v^2w+w^2u)\geqslant(v^2u+w^2v+u^2w)+3uvw$$

但

$$(v^3+u^2v)+(w^3+v^2w)+(u^3+w^2u)\geqslant 2(v^2u+w^2v+u^2w)$$
$$v^2u+w^2v+u^2w\geqslant 3uvw$$

等号成立的条件是 $a=b=c$

48. (Mathlinks Contest) 如果实数 a,b,c,x,y,z 满足条件

$$(a+b+c)(x+y+z)=3$$
$$(a^2+b^2+c^2)(x^2+y^2+z^2)=4$$

证明

$$ax+by+cz\geqslant 0$$

证明 设 $\alpha=\sqrt[4]{\dfrac{a^2+b^2+c^2}{x^2+y^2+z^2}}$ 和 $a_1=\dfrac{a}{\alpha},b_1=\dfrac{b}{\alpha},c_1=\dfrac{c}{\alpha},x_1=x\alpha,y_1=y\alpha,$ $z_1=z\alpha$,则有

$$a_1^2+b_1^2+c_1^2=\frac{a^2+b^2+c^2}{\alpha^2}=\sqrt{(a^2+b^2+c^2)(x^2+y^2+z^2)}=2$$
$$x_1^2+y_1^2+z_1^2=(x^2+y^2+z^2)\alpha^2=\sqrt{(a^2+b^2+c^2)(x^2+y^2+z^2)}=2$$
$$a_1x_1+b_1y_1+c_1z_1=ax+by+cz$$

则不等式变成

$$(a_1+x_1)^2+(b_1+y_1)^2+(c_1+z_1)^2\geqslant 4$$

依据下列关系

$$(a_1+b_1+c_1)(x_1+y_1+z_1)=(a+b+c)(x+y+z)=3$$

立即得到结果,因为

$$(a_1+x_1)^2+(b_1+y_1)^2+(c_1+z_1)^2\geqslant\frac{1}{3}(a_1+b_1+c_1+x_1+y_1+z_1)^2\geqslant$$
$$\frac{4}{3}(a_1+b_1+c_1)(x_1+y_1+z_1)=4$$

49. (Pham Kim Hung) 设 a,b,c,d 是非负实数,且满足 $a+b+c+d=4$,证明

$$\sqrt{\frac{a+1}{ab+1}}+\sqrt{\frac{b+1}{bc+1}}+\sqrt{\frac{c+1}{cd+1}}+\sqrt{\frac{d+1}{da+1}}\geqslant 4$$

证明 根据 AM - GM 不等式,我们有

$$\text{LHS} \geqslant 4\sqrt[4]{\frac{(a+1)(b+1)(c+1)(d+1)}{(ab+1)(bc+1)(cd+1)(da+1)}}$$

于是只需证明

$$(a+1)(b+1)(c+1)(d+1) \geqslant (ab+1)(bc+1)(cd+1)(da+1)$$

展开后,不等式变成

$$abcd + \sum_{\text{sym}} abc + \sum_{\text{sym}} ab + \sum_{\text{sym}} a + 1 \geqslant (abcd)^2 + abcd\sum_{\text{cyc}} ab + \sum_{\text{cyc}} ab^2c + \sum_{\text{cyc}} ab + 1 + 2abcd$$

$$4 + ac + bd + \sum_{\text{sym}} abc \geqslant (abcd)^2 + abcd + abcd\sum_{\text{cyc}} ab + \sum_{\text{cyc}} ab^2c$$

由条件 $a+b+c+d=4$ 可知 $abcd \leqslant 1$,因此

$$ac + bd \geqslant 2\sqrt{abcd} \geqslant 2abcd \geqslant 2(abcd)^2 \Rightarrow ac + bd \geqslant abcd + (abcd)^2 \quad (1)$$

根据不等式 $(x+y+z+t)^2 \geqslant 4(xy+yz+zt+tx)$,得到

$$16 = \left(\sum_{\text{cyc}} a\right)^2 \geqslant 4\sum_{\text{cyc}} ab \Rightarrow \sum_{\text{cyc}} ab \leqslant 4 \Rightarrow 16 \geqslant \left(\sum_{\text{cyc}} ab\right)^2 \geqslant 4\sum_{\text{cyc}} ab^2c \Rightarrow$$

$$4 \geqslant \sum_{\text{cyc}} ab^2c \quad (2)$$

另外,还有

$$\left(\sum_{\text{cyc}} abc\right)^2 \geqslant 4abcd\sum_{\text{cyc}} ab \Rightarrow \sum_{\text{cyc}} abc \geqslant abcd\sum_{\text{cyc}} ab \quad (3)$$

利用式(1),(2),和(3),即得所证不等式.

50. 设 a,b,c 是非负实数,证明

$$\frac{a}{\sqrt{a+b}} + \frac{b}{\sqrt{b+c}} + \frac{c}{\sqrt{c+a}} \geqslant \frac{\sqrt{a}+\sqrt{b}+\sqrt{c}}{\sqrt{2}}$$

证明 设 $x=\sqrt{a}, y=\sqrt{b}, z=\sqrt{c}$,则不等式变成

$$\frac{x^2}{\sqrt{x^2+y^2}} + \frac{y^2}{\sqrt{y^2+z^2}} + \frac{z^2}{\sqrt{z^2+x^2}} \geqslant \frac{x+y+z}{\sqrt{2}} \Leftrightarrow$$

$$\sum_{\text{cyc}} \frac{2x^4}{x^2+y^2} + \sum_{\text{cyc}} \frac{4x^2y^2}{\sqrt{(x^2+y^2)(y^2+z^2)}} \geqslant (x+y+z)^2$$

注意到 $\frac{x^4-y^4}{x^2+y^2} + \frac{y^4-z^4}{y^2+z^2} + \frac{z^4-x^4}{z^2+x^2} = 0$,因此

$$\frac{2x^4}{x^2+y^2} + \frac{2y^4}{y^2+z^2} + \frac{2z^4}{z^2+x^2} = \frac{x^4+y^4}{x^2+y^2} + \frac{y^4+z^4}{y^2+z^2} + \frac{z^4+x^4}{z^2+x^2}$$

此外,下列序列排序相反

$$\left(\frac{x^2y^2}{\sqrt{x^2+y^2}}, \frac{y^2z^2}{\sqrt{y^2+z^2}}, \frac{z^2x^2}{\sqrt{z^2+x^2}}\right), \left(\frac{1}{\sqrt{x^2+y^2}}, \frac{1}{\sqrt{y^2+z^2}}, \frac{1}{\sqrt{z^2+x^2}}\right)$$

所以,由排序不等式我们有

$$\sum_{cyc}\frac{4x^2y^2}{\sqrt{x^2+y^2}}\cdot\frac{1}{\sqrt{y^2+z^2}}\geqslant\sum_{cyc}\frac{4x^2y^2}{\sqrt{x^2+y^2}}\cdot\frac{1}{\sqrt{x^2+y^2}}\Rightarrow$$

$$\sum_{cyc}\frac{4x^2y^2}{\sqrt{(x^2+y^2)(y^2+z^2)}}\geqslant\sum_{sym}\frac{4x^2y^2}{x^2+y^2}$$

于是只需证明

$$\sum_{cyc}\frac{x^4+y^4}{x^2+y^2}+\sum_{cyc}\frac{4x^2y^2}{x^2+y^2}\geqslant(x+y+z)^2\Leftrightarrow$$

$$\sum_{cyc}\frac{x^2+y^2}{2}+\sum_{cyc}\frac{2x^2y^2}{x^2+y^2}\geqslant$$

$$2\sum_{cyc}xy$$

这是显然成立的. 等号成立的条件是 $x=y=z$ 或者 $a=b=c$.

51. 设 a,b,c 是实数,证明

$$\sqrt[3]{2a^2-bc}+\sqrt[3]{2b^2-ca}+\sqrt[3]{2c^2-ab}\geqslant 0$$

证明 首先注意到,不等式只需考虑 a,b,c 是非负实数即可. 考虑恒等式

$$x^3+y^3+z^3-3xyz=(x+y+z)(x^2+y^2+z^2-xy-yz-zx)$$

因此,$(x+y+z)(x^3+y^3+z^3-3xyz)\geqslant 0$,所以,我们可以把不等式改写成

$$\sqrt[3]{2a^2-bc}+\sqrt[3]{2b^2-ca}+\sqrt[3]{2c^2-ab}\geqslant 0\Leftrightarrow$$

$$2\sum_{cyc}a^2-\sum_{cyc}bc\geqslant 3\sqrt[3]{(2a^2-bc)(2b^2-ca)(2c^2-ab)}\qquad(*)$$

不失一般性,假设 $a\geqslant b\geqslant c$. 注意到不等式当 $\sqrt[3]{2b^2-ca}\geqslant 0$, $\sqrt[3]{2c^2-ab}\geqslant 0$,是显然成立的. 如果 $(2b^2-ca)(2c^2-ab)\leqslant 0$,由于式$(*)$,不等式也是显然的. 所以可以假设

$$2b^2-ca\leqslant 0,2c^2-ab\leqslant 0$$

(1) $a\geqslant 2(b+c)$ 的情况. 我们有

$$2a^2-bc\geqslant 4(ab-2c^2+ac-2b^2)\Rightarrow\sqrt[3]{2a^2-bc}\geqslant-\sqrt[3]{2b^2-ca}-\sqrt[3]{2c^2-ab}\Rightarrow$$

$$\sqrt[3]{2a^2-bc}+\sqrt[3]{2b^2-ca}+\sqrt[3]{2c^2-ab}\geqslant 0$$

这里使用了不等式

$$\sqrt[3]{4(x+y)}\geqslant\sqrt[3]{x}+\sqrt[3]{y}$$

(2) 如果 $a<2(b+c)$,不失一般性,设 $abc=1$. 只需证明

$$2(a^2+b^2+c^2)-(ab+bc+ca)\geqslant 3\sqrt[3]{(2a^3-1)(1-2b^3)(1-2c^3)}$$

记

$$f(a,b,c)=2(a^2+b^2+c^2)-(ab+bc+ca)-3\sqrt[3]{(2a^3-1)(1-2b^3)(1-2c^3)}$$

当然有 $f(a,b,c)\geqslant f(a,\sqrt{bc},\sqrt{bc})$,因为

$$2(a^2+b^2+c^2)-(ab+bc+ca)\geqslant 2(a^2+2bc)-(2a\sqrt{bc}+bc)$$

$$(1-2b^3)(1-2c^3)\leqslant\left(1-2\sqrt{b^3c^3}\right)^2$$

于是只需在 $b=c$ 的情况下证明原不等式成立,即

$$\sqrt[3]{2a^2-b^2}\geqslant 2\sqrt[3]{ab-2b^2}\Leftrightarrow 2a^2+15b^2\geqslant 9ab$$

由 AM - GM 不等式,这是显然成立的. 等号成立的条件是 $a=b=c=0$.

注意　下列更强的不等式.

设 a,b,c 是实数,$k=\dfrac{1+\sqrt{513}}{16}$,证明

$$\sqrt[3]{ka^2-bc}+\sqrt[3]{kb^2-ca}+\sqrt[3]{kc^2-ab}\geqslant 0$$

为了证明之,我们使用上面证明的相同的技术. 同样的,只需考虑情况 $a\geqslant b\geqslant c,abc=1,kb^3\leqslant 1,kc^3\leqslant 1$. 设

$$f(a,b,c)=k(a^2+b^2+c^2)-(ab+bc+ca)-3\sqrt[3]{(ka^3-1)(kb^3-1)(kc^3-1)}$$

如果 $a\leqslant k(\sqrt{b}+\sqrt{c})^2$,很容易证明不等式成立,因为,在这种情况下,我们有

$$f(a,b,c)\geqslant f(a,\sqrt{bc},\sqrt{bc})$$

只需考虑 $a\geqslant k(\sqrt{b}+\sqrt{c})^2$ 的情况. 记

$$g(a)=ka^2-bc+4(kb^2+kc^2-ab-ac)$$

有

$$g'(a)=2ka-4k(b+c)\geqslant 2k^2(\sqrt{b}+\sqrt{c})^2-4(b+c)\geqslant 0$$

所以

$$g(a)\geqslant g(k(\sqrt{b}+\sqrt{c})^2)$$

记 $x=\sqrt{b},y=\sqrt{c}$,则不等式 $g(k(\sqrt{b}+\sqrt{c})^2)\geqslant 0$ 等价于

$$k^3(x+y)^4-x^2y^2+4k(x^4+y^4)-4k(x+y)^2(x^2+y^2)\geqslant 0$$

或者

$$k^3(x^4+y^4)+(4k^3-8k)(x^3y+xy^3)+(6k^3-8k-1)x^2y^2\geqslant 0$$

这最后的不等式显然成立,因为其所有的系数都是非负的. 所以

$$g(a)=ka^2-bc+4(kb^2+kc^2-ab-ac)\geqslant 0\Rightarrow$$

$$\sqrt[3]{ka^2-bc}\geqslant\sqrt[3]{4(ab+ac-kb^2-kc^2)}\geqslant\sqrt[3]{ab-kc^2}+\sqrt[3]{ac-kb^2}\Rightarrow$$

$$\sqrt[3]{ka^2-bc}+\sqrt[3]{kb^2-ca}+\sqrt[3]{kc^2-ab}\geqslant 0$$

等号成立的条件是 $(a,b,c)=\left(\sqrt{\dfrac{8k-1}{k}},1,1\right)$.

52. (Vasile Cirtoaje) 证明下列不等式对所有实数 a,b,c 都成立.

$$(a^2+b^2+c^2)^2\geqslant 3(a^3b+b^3c+c^3a)$$

证明　我将给出四个证明方法.

(1) 注意到

$$4(a^2+b^2+c^2-ab-bc-ca)[(a^2+b^2+c^2)^2-3(a^3b+b^3c+c^3a)]=$$

$$[(a^3+b^3+c^3)-5(a^2b+b^2c+c^2a)+4(ab^2+bc^2+ca^2)]^2+$$
$$3[(a^3+b^3+c^3)-(a^2b+b^2c+c^2a)-2(ab^2+bc^2+ca^2)+6abc]^2\geqslant 0$$

(2) 不失一般性,假设 $a=\min(a,b,c)$. 设 $b=a+x, c=a+y(x,y\geqslant 0)$,展开表达式,我们有

$$(a^2+b^2+c^2)^2-3(a^3b+b^3c+c^3a)=$$
$$(x^2+y^2-xy)a^2+(x^3+y^3+4xy^2-5x^2y)a+x^4+y^4+2x^2y^2-3x^3y$$

考虑关于 a 的二次函数,则

$$\Delta=(x^3+y^3+4xy^2-5x^2y)^2-4(x^2+y^2-xy)(x^4+y^4+2x^2y^2-3x^3y)=$$
$$-3(x^3-x^2y-2xy^2-y^3)^2\leqslant 0$$

所以,不等式成立.

(3) 由下列恒等式,立即可得

$$2(a^2+b^2+c^2)^2-6(a^3b+b^3c+c^3a)=\sum_{\text{cyc}}(a^2-2ab+bc-c^2+ca)^2$$

(4) 由下列恒等式立即可得

$$6(a^2+b^2+c^2)^2-12(a^3b+b^3c+c^3a)=\sum_{\text{cyc}}(a^2-2b^2+c^2+3bc-3ca)^2$$

注意 使用这个结果,我们可以通过 Cauchy 求反技术证明下列不等式.

设正实数 x,y,z 满足 $x+y+z=3$,证明

$$\frac{x}{1+xy}+\frac{y}{1+yz}+\frac{z}{1+zx}\geqslant\frac{3}{2}$$

事实上,为证明这个不等式,只需注意到

$$\frac{x}{1+xy}=x-\frac{x^2y}{1+xy}\geqslant x-\frac{x^2y}{2\sqrt{xy}}=x-\frac{1}{2}\sqrt{x^3y}$$

53. (Virgil Nicula) 设 a,b,c 是三个实数,且满足条件 $a^2+b^2+c^2=9$,证明

$$3\min(a,b,c)\leqslant 1+abc$$

证明 不失一般性,假设 $c\geqslant b\geqslant a$. 考虑下列情况:

(1) $a\leqslant 0$. 设 $d=-a, e=|b|$. 我们将证明

$$-3d\leqslant 1-dce\Leftrightarrow d(ce-3)\leqslant 1$$

如果 $ce\leqslant 3$,则不等式显然成立. 否则,如果 $ce>3$,则

$$d^2(ce-3)(ce-3)\leqslant\left(\frac{d^2+2ce-6}{3}\right)^3\leqslant\left(\frac{d^2+c^2+e^2-6}{3}\right)^3=1$$

不等式成立. 等号成立的条件是 $a=-1, b=c=2$ 及其循环排列.

(2) $a\geqslant 0$. 不等式等价于

$$a(a^2+b^2+c^2)\leqslant 3+3abc$$

因为 $2abc\geqslant a^3+ab^2$,我们只需证明

$$3+abc\geqslant ac^2\Leftrightarrow 3\geqslant ac(c-b)$$

$a \leqslant b$,所以 $c \leqslant \sqrt{9-2a^2}$,因此

$$ac(c-b) \leqslant ac(c-a) \leqslant a\sqrt{9-2a^2}(\sqrt{9-2a^2}-a)$$

于是只需证明

$$a(9-2a^2)-a^2\sqrt{9-2a} \leqslant 3 \Leftrightarrow f(a)=2a^6-9a^4-(3a-1)^2 \leqslant 0$$

如果$\frac{1}{3} \leqslant a \leqslant 2$,则

$$f(a)=2a^4(a^2-1)-7a^4-(3a-1)^2 \leqslant 0$$

如果 $1 \leqslant a \leqslant \sqrt{\frac{3}{2}}$,则

$$f(a)=\left(a^4+\frac{3}{2}\right)(2a^2-3)-6a^2(a^2-1)-6a\left(a-\frac{11}{12}\right) \leqslant 0$$

如果$\sqrt{\frac{3}{2}} \leqslant a \leqslant \sqrt{3}$,则

$$f(a)=a^2(a^2-3)(2a^2-3)+(1-6a) \leqslant 0$$

证毕.

注意 下列不等式是由 Vasile Cirtoaje 提出的,可以使用相同的方法证明.

设 a,b,c 是非负实数,且满足 $a^2+b^2+c^2=3$,证明

$$1+4abc \geqslant 5\min\{a,b,c\}$$

54. (Pham Kim Hung) 设 a,b,c,d 是非负实数,且满足 $a+b+c+d=4$,证明

$$(1+a^4)(1+b^4)(1+c^4)(1+d^4) \geqslant (1+a^3)(1+b^3)(1+c^3)(1+d^3)$$

证明 注意到,当 $x \geqslant 0$ 时,$(1+x^4)(1+x) \geqslant (1+x^3)(1+x^2)$,因此

$$\prod_{cyc}(1+a^4)\prod_{cyc}(1+a) \geqslant \prod_{cyc}(1+a^3)\prod_{cyc}(1+a^2)$$

于是只需证明

$$\prod_{cyc}(1+a^2) \geqslant \prod_{cyc}(1+a)$$

或者

$$\sum_{cyc}\ln(1+a^2) \geqslant \sum_{cyc}\ln(1+a)$$

记

$$f(x)=\ln(1+x^2)-\ln(1+x)-\frac{x-1}{2}$$

它的导数为

$$f'(x)=\frac{2x}{1+x^2}-\frac{1}{1+x}-\frac{1}{2}=\frac{(x-1)(3-x^2)}{2(1+x)(1+x^2)}$$

所以$f(x)$在区间$[1,\sqrt{3}]$是增函数,在区间$[0,1]\cup[\sqrt{3},+\infty)$是减函数. 于是

$$\min_{0\leqslant x\leqslant 2.2} f(x)=\min\{f(1),f(2.2)\}=0$$

如果a,b,c,d都小于2.2,则有

$$\sum_{cyc} f(a)\geqslant 0\Rightarrow\sum_{cyc}\ln(1+a^2)-\ln(1+a)\geqslant\sum_{cyc}\frac{a-1}{2}=0$$

否则,设$a\geqslant 2.2$. 因为函数$g(x)=\frac{1+x^2}{1+x}$在$\mathbf{R}^+$范围内,在点$x=-1+\sqrt{2}$达到其最小值. 因此$g(a)\geqslant g(2.2)$. 我们有

$$g(a)\cdot g(b)\cdot g(c)\cdot g(d)\geqslant g(2.2)\cdot[g(-1+\sqrt{2})]^3\approx 1.03>1$$

等号成立的条件是$a=b=c=d=1$.

55. (Genralization Of Russia MO 2000) 求最好的常数k(最小值)使得下列不等式

$$a^k+b^k+c^k\geqslant ab+bc+ca$$

对非负实数a,b,c满足条件$a+b+c=3$成立.

解 在第1章例1.1.1,这个不等式在$k=\frac{1}{2}$时,已经证明了. 因此对于$k\geqslant\frac{1}{2}$,它是成立的. 考虑不等式在$k\leqslant\frac{1}{2}$的情况.

引理:设$a,b\geqslant 0,a+b=2t\geqslant 1$,则我们有

$$a^k+b^k-ab\geqslant\min\{(2t)^k,2t^k-t^2\}$$

事实上,不失一般性,假设$a\geqslant b$,则存在一个非负实数x,满足$a=t+x,b=t-x$. 考虑函数

$$f(x)=(t+x)^k+(t-x)^k-t^2+x^2$$

则

$$f'(x)=k(t+x)^{k-1}-k(t-x)^{k-1}+2x$$

$$f''(x)=k(k-1)[(t+x)^{k-2}+(t-x)^{k-2}]+2$$

$$f'''(x)=k(k-1)(k-2)[(t+x)^{k-3}-(t-x)^{k-3}]$$

所以$f'''(x)\leqslant 0$,因此$f''(x)$是单调函数,所以$f'(x)$的根不多于两个.

因为$f'(0)=0$,而且

$$f''(0)=2k(k-1)t^{k-2}+2=2-2k(1-k)\geqslant 0$$

所以$f(x)$仅在$x=0$或$x=t$达到最小值.

回到我们的问题,不失一般性,假设$a\geqslant b\geqslant c$,并设$a+b=2t\geqslant 1$,则

$$a^k+b^k+c^k-(ab+bc+ca)\geqslant\min\{(2t)^k,2t^k-t^2\}-2ct+c^k$$

(1) 如果$(2t)^k\leqslant 2t^k-t^2$,对$2t,c$使用引理,我们得到

$$a^k+b^k+c^k-(ab+bc+ca)\geqslant(2t)^k+c^k-c\cdot 2t\geqslant$$

$$\min\left\{(2t+c)^k,2\left(t+\frac{c}{2}\right)^k-\left(t+\frac{c}{2}\right)^2\right\}$$

因为 $2t+c=3$,于是

$$a^k+b^k+c^k-(ab+bc+ca)\geqslant\min\left\{3^k,2\times\frac{3^k}{2^k}-\frac{9}{4}\right\}$$

(2) 如果$(2t)^k\geqslant 2t^k-t^2$. 我们将证明 $g(t)\geqslant 0$. 其中

$$g(t)=2t^k+(3-2t)^k-2t(3-2t)+t^2=2t^k+(3-2t)^k-6t+3t^2$$

注意到

$$g'(t)=2kt^{k-1}-2k(3-2t)^{k-1}-6+6t$$

$$g''(t)=2k(k-1)[t^{k-2}-2(3-2t)^{k-2}]+6$$

$$g'''(t)=2k(k-1)(k-2)[t^{k-3}-4(3-2t)^{k-3}]$$

因为 $g'''(t)$ 当 $t\geqslant 1$ 时,没有实根,因此 $g'(t)$ 的实根不超过两个. 于是

$$\min_{1\leqslant t\leqslant\frac{3}{2}}g(t)=\min\left(g(1),g\left(\frac{3}{2}\right)\right)=\min\left(0,2\times\frac{3^k}{2^k}-\frac{9}{4}\right)$$

根据这些结果,对所有正实数 k,有

$$a^k+b^k+c^k-(ab+bc+ca)\geqslant\min\left(0,2\times\frac{3^k}{2^k}-\frac{9}{4}\right)$$

因此最好的常数 k 是

$$2\times\frac{3^k}{2^k}=\frac{9}{4}\Leftrightarrow k=\frac{2\ln 3-3\ln 2}{\ln 3-\ln 2}\approx 0.290\ 5$$

在此情况下,等号成立的条件是 $a=b=c=1$ 或者 $a=b=\frac{3}{2},c=0$ 及其循环排列.

56. (Vo Quoc Ba Can) 设 a,b,c 是正实数,证明

$$\frac{a}{b}+\frac{b}{c}+\frac{c}{a}\geqslant 3\sqrt{\frac{a^2+b^2+c^2}{ab+bc+ca}}$$

证明 注意到,如果 $a\geqslant b\geqslant c$,则

$$\left(\frac{a}{b}+\frac{b}{c}+\frac{c}{a}\right)-\left(\frac{b}{a}+\frac{c}{b}+\frac{a}{c}\right)=\frac{(a-b)(a-c)(c-b)}{abc}\leqslant 0$$

所以,只需考虑情况 $a\geqslant b\geqslant c$. 两边平方,我们有

$$\sum_{\text{cyc}}\frac{a^2}{b^2}+\sum_{\text{cyc}}\frac{2b}{a}\geqslant\frac{9(a^2+b^2+c^2)}{ab+bc+ca}$$

另外,使用下列恒等式

$$\frac{b}{a}+\frac{c}{b}+\frac{a}{c}-3=\frac{(b-c)^2}{bc}+\frac{(a-b)(a-c)}{ac}$$

$$\frac{a^2}{b^2}+\frac{b^2}{c^2}+\frac{c^2}{a^2}-3=\frac{(b-c)^2(b+c)}{b^2c^2}+\frac{(a^2-b^2)(a^2-c^2)}{a^2b^2}$$

$$a^2+b^2+c^2-(ab+bc+ca)=(b-c)^2+(a-b)(a-c)$$

则不等式等价于

$$(b-c)^2M+(a-b)(a-c)N\geqslant 0$$

其中

$$M=\frac{2}{bc}+\frac{(b+c)^2}{b^2c^2}-\frac{9}{ab+bc+ca}$$

$$N=\frac{2}{ac}+\frac{(a+b)(a+c)}{a^2b^2}-\frac{9}{ab+bc+ca}$$

如果 $b-c\geqslant a-b$,则 $2(b-c)^2\geqslant(a-b)(a-c)$. 于是,我们有

$$M\geqslant\frac{6}{bc}-\frac{9}{ab+bc+ca}\geqslant 0$$

$$M+2N\geqslant\frac{6}{bc}-\frac{18}{ab+bc+ca}\geqslant 0$$

因此

$$(b-c)^2M+(a-b)(a-c)N\geqslant\frac{1}{2}(a-b)(a-c)(M+2N)\geqslant 0$$

否则,设 $b-c\leqslant a-b$,则 $2b\leqslant a+c$,当然,$M\geqslant 0$ 以及

$$N\geqslant\frac{2}{ac}+\frac{a+b+c}{ab^2}-\frac{9}{ab+bc+ca}\geqslant\frac{2}{ac}+\frac{3}{ab}-\frac{9}{ab+bc+ca}\geqslant$$

$$\frac{(\sqrt{2}+\sqrt{3})^2}{ac+ab}-\frac{9}{ab+bc+ca}>0$$

等号成立的条件是 $a=b=c$.

注意 证明下列不等式有点困难.

设 a,b,c 是正实数,证明

$$\frac{a^2}{b^2}+\frac{b^2}{c^2}+\frac{c^2}{a^2}+\frac{9(ab+bc+ca)}{a^2+b^2+c^2}\geqslant 12$$

证明:注意到,如果 $a\geqslant b\geqslant c$,则

$$\frac{a^2}{b^2}+\frac{b^2}{c^2}+\frac{c^2}{a^2}\geqslant\frac{b^2}{a^2}+\frac{c^2}{b^2}+\frac{a^2}{c^2}$$

所以,我们只需考虑不等式在 $a\geqslant b\geqslant c$ 的情况. 不等式等价于

$$(a-b)^2\left[\frac{(a+b)^2}{a^2b^2}-\frac{9}{a^2+b^2+c^2}\right]+$$

$$(c-a)(c-b)\left[\frac{(c+a)(c+b)}{a^2c^2}-\frac{9}{a^2+b^2+c^2}\right]\geqslant 12$$

记

$$M=\frac{(a+b)^2}{a^2b^2}-\frac{9}{a^2+b^2+c^2}$$

$$N=\frac{(c+a)(c+b)}{a^2c^2}-\frac{9}{a^2+b^2+c^2}$$

首先我们将证明 $N\geqslant 0$,即

$$(c+a)(c+b)(a^2+b^2c^2)\geqslant 9c^2a^2$$

即 $$2a^3-7a^2c+4c^2a+4c^3\geqslant 0\Leftrightarrow (a-c)^2(2a+c)\geqslant 0$$

这是显然成立的. 所以 $N\geqslant 0$. 接下来,分两种情况进行讨论.

(1)$a-b\leqslant b-c$,则

$$(c-a)(c-b)\geqslant 2(a-b)^2$$

如果能证明 $M+2N\geqslant \dfrac{(c+a)(c+b)}{a^2c^2}-\dfrac{10}{a^2+b^2+c^2}\geqslant 0$,则不等式成立.

事实上,不等式等价于

$$(c+a)(c+b)(a^2+b^2+c^2)\geqslant 10a^2c^2$$

因为 $b\geqslant \dfrac{c+a}{2}$,有(使用 AM - GM 不等式)

$$(c+a)(c+b)(a^2+b^2+c^2)\geqslant (c+a)\left(c+\frac{a+c}{2}\right)\left(a^2+c^2+\frac{(a+c)^2}{4}\right)\geqslant$$

$$2\sqrt{ac}\cdot\sqrt{3ac}\cdot 3ac>10ac$$

(2)$a-b\geqslant b-c$. 在这种情况下,我们将证明 $M\geqslant 0$,即

$$(a+b)^2(a+b+c)^2\geqslant 9a^2b^2$$

如果 $a\geqslant 2b$,则不等式显然成立,因为 $a^2+b^2\geqslant \dfrac{5}{2}ab$. 所以,可以假设 $a\leqslant 2b$. 因为 $c\geqslant 2b-a$,所以只需证明

$$(a+b)^2[a^2+b^2+(2b-a)^2]\geqslant 9a^2b^2$$

设 $x=\dfrac{b}{a}$,则$\dfrac{1}{2}\leqslant x\leqslant 1$,不等式变成

$$(x+1)^2(5x^2-4x+2)\geqslant 9x^2$$

或者 $$f(x)=5x^4+6x^3-10x^2+2\geqslant 0$$

导数 $f'(x)=20x^3+18x^2-20x$ 在 $\left[\dfrac{1}{2},1\right]$ 只有一个根 $x_0=\dfrac{-9+\sqrt{481}}{40}$. 所以 $\min\limits_{0.5\leqslant x\leqslant 1}f(x)=f(x_0)>0$,所以不等式成立.

57. (Pham Kim Hung) 设 a,b,c,d 是正实数,且满足 $a^2+b^2+c^2+d^2=4$,证明

$$\frac{1}{3-abc}+\frac{1}{3-bcd}+\frac{1}{3-cda}+\frac{1}{3-dab}\leqslant 2$$

证明 设 $x=abc,y=abd,z=acd,t=bcd$,则不等式变成

$$\sum_{\text{cyc}}\frac{1}{3-x}\leqslant 2\Leftrightarrow \sum_{\text{cyc}}\frac{1-x}{3-x}\geqslant 0$$

根据 AM - GM 不等式,我们有

$$x + y = ab(c + d) \leqslant \frac{1}{2}(a^2 + b^2)\sqrt{2(c^2 + d^2)} \leqslant \left(\frac{4}{3}\right)^{\frac{3}{2}} < \frac{9}{4}$$

不失一般性,假设 $x \leqslant y \leqslant z \leqslant t$,首先,考虑 $x + y \leqslant \frac{1}{4}$ 的情况. 易见 $t = bcd \leqslant \left(\frac{4}{3}\right)^{\frac{3}{2}}$ 且 $z \leqslant 1$. 因为$\frac{1}{3 - x}$是增加的凸函数,我们有

$$\frac{1}{3 - x} + \frac{1}{3 - y} + \frac{1}{3 - z} + \frac{1}{3 - t} \leqslant \frac{1}{3 - \frac{1}{4}} + \frac{1}{3} + \frac{1}{3 - 1} + \frac{1}{3 - \left(\frac{4}{3}\right)^{\frac{3}{2}}} < 2$$

现在考虑情况 $x + y \geqslant \frac{1}{4}$. 因为

$$(1 - x)(4x + 3) - (1 - y)(4y + 3) = (x - y)(1 - 4x - 4y) \geqslant 0$$
$$(3 - x)(4x + 3) - (3 - y)(4y + 3) = (x - y)(9 - 4x - 4y) \leqslant 0$$

根据 Chebyshev 不等式,我们有

$$\sum_{cyc} \frac{1 - x}{3 - x} = \sum_{cyc} \frac{(1 - x)(4x + 3)}{(3 - x)(4x + 3)} \geqslant \frac{1}{4}\left(\sum_{cyc}(1 - x)(4x + 3)\right)\left(\sum_{cyc} \frac{1}{(3 - x)(4x + 3)}\right)$$

于是只需证明 $\sum\limits_{cyc}(1 - x)(4x + 3) \geqslant 0$ 或者

$$S = 12 + \sum_{cyc} x - 4\sum_{cyc} x^2 \geqslant 0$$

因为 $\sum\limits_{cyc} a^2 = 4$,根据 AM - GM 不等式,有 $abcd \leqslant 1$ 以及 $\sum\limits_{cyc} \frac{1}{a} \geqslant 4$. 所以

$$x + y + z + t = abcd\left(\sum_{cyc} \frac{1}{a}\right) \geqslant 4abcd \geqslant 4a^2b^2c^2d^2 \qquad (*)$$

设 $m = a^2, n = b^2, p = c^2, q = d^2$,则 $\sum\limits_{cyc} m = 4$. 根据式($*$),我们有

$$S \geqslant 12 + 4mnpq - 4\sum_{cyc} mnp$$

因为 $x \leqslant y \leqslant z \leqslant t$,则 $m \leqslant n \leqslant p \leqslant q$. 设 $r = \frac{1}{3}(n + p + q)$,则由 AM - GM 不等式,有 $np + pq + qn \leqslant 3r^2$,并且 $npq \leqslant t^3$. 因为 $m \leqslant 1$,所以

$$S = 12 - 4npq(1 - m) - 4m(np + pq + qm) \geqslant 12 - 4r^3(1 - m) + 4m \cdot 3r^2$$

在上面的不等式中,用 $4 - 3r$ 替换 m,我们有

$$S \geqslant 4 - 4(4 - 3r)r^2 - 4r^3(3r - 3) = 12(r - 1)^2(-r^2 + 2r + 1) \geqslant 0$$

不等式证毕,等号成立的条件是 $a = b = c = d = 1$.

58. (Titu Andreescu, Gabriel Dospinescu) 设 n 个正实数 $x_1, x_2, \cdots, x_n$,满足

条件

$$\frac{1}{1+x_1}+\frac{1}{1+x_2}+\cdots+\frac{1}{1+x_n}=\frac{n}{2}$$

证明

$$\sum_{i,j=1}^{n}\frac{1}{x_i+x_j}\geqslant\frac{n^2}{2}$$

证明　对于 $i\in\{1,2,\cdots,n\}$,记 $a_i=\dfrac{1-x_i}{1+x_i}$,则 $a_1+a_2+\cdots+a_n=0$ 以及 $a_i\in[-1,1]$. 考虑表达式

$$S=\sum_{i,j=1}^{n}\frac{1}{x_i+x_j}\Rightarrow 2S=\sum_{i,j=1}^{n}\frac{(1+a_i)(1+a_j)}{1-a_ia_j}$$

有

$$P=\sum_{i,j=1}^{n}(1+a_i)(1+a_j)(1-a_ia_j)=n^2-\sum_{i,j=1}^{n}a_i^2a_j^2\leqslant n^2$$

根据 Cauchy - Schwarz 不等式,我们有

$$2S\cdot P\geqslant\left(\sum_{i,j=1}^{n}(1+a_i)(1+a_j)\right)^2=n^4$$

所以 $S\geqslant\dfrac{n^2}{2}$,等号成立的条件是 $x_1=x_2=\cdots=x_n=1$.

59. (Pham Kim Hung) 设 a,b,c 是非负实数,证明

$$\frac{ab}{a+4b+4c}+\frac{bc}{b+4c+4a}+\frac{ca}{c+4a+4b}\leqslant\frac{a+b+c}{9}$$

证明　不失一般性,我们假设 $a+b+c=3$,则不等式变成

$$\sum_{cyc}\frac{3ab}{a+4(3-a)}\leqslant 1\Leftrightarrow\sum_{cyc}\frac{ab}{4-a}\leqslant 1\Leftrightarrow\sum_{cyc}\frac{b}{4-a}\leqslant 1\Leftrightarrow$$

$$\sum_{cyc}b(4-b)(4-c)\leqslant\prod_{cyc}(4-a)\Leftrightarrow$$

$$a^2b+b^2c+c^2a+abc\leqslant 4$$

对于最后的不等式,我们给出两个比较困难的证法.

(1) 因为 $a+b+c=3$,则不等式可以改写成

$$27(a^2b+b^2c+c^2a)+27abc\leqslant 4(a+b+c)^3\Leftrightarrow$$

$$27\sum_{cyc}a^2b+27abc\leqslant 4\sum_{cyc}a^3+12\sum_{cyc}a^2b+12\sum_{cyc}ab^2+24abc\Leftrightarrow$$

$$15\sum_{cyc}a^2b+3abc\leqslant 4\sum_{cyc}a^3+12\sum_{cyc}ab^2\Leftrightarrow$$

$$12\left(\sum_{cyc}a^2b-\sum_{cyc}ab^2\right)\leqslant 4\left(\sum_{cyc}a^3-\sum_{cyc}a^2b\right)+\left(-3abc+\sum_{cyc}a^3\right)$$

这个不等式可以写成

$$12(a-b)(a-c)(b-c) \leqslant S_a(b-c)^2 + S_b(c-a)^2 + S_c(a-b)^2 (*)$$

这里 S_a, S_b, S_c 由下式定义

$$S_a = 2b + c + \frac{1}{2}(a+b+c)$$

$$S_b = 2c + a + \frac{1}{2}(a+b+c)$$

$$S_c = 2a + b + \frac{1}{2}(a+b+c)$$

我们将证明不等式(*)对所有非负实数 a,b,c(我们已经定义了条件 $a+b+c=3$)成立. 因为 S_a,S_b,S_c 是 a,b,c 的线性函数,如果用 $a-t,b-t,c-t$ $(t \leqslant \min(a,b,c))$ 来替换 a,b,c,则 $a-b,b-c,c-a$ 不改变,式(*)左边的表达式不变,而右边的表达式减少. 所以只需证明不等式在 $\min(a,b,c)=0$(例如 $c=\min(a,b,c)$)条件下成立. 此时不等式变成

$$a^2b \leqslant 4$$

这是显然成立的,因为 $2a+b=3$.

(2) 不失一般性,假设 b 是集合 $\{a,b,c\}$ 第二大的数. 我们当然有

$$c(b-a)(b-c) \leqslant 0 \Leftrightarrow c(b^2-bc-ba+ac) \leqslant 0 \Leftrightarrow b^2c + c^2a \leqslant bc(a+c)$$

于是,只需证明

$$bc(a+c) + a^2b + abc \leqslant 4 \Leftrightarrow b(a+c)^2 \leqslant 4$$

由 AM - GM 不等式,这是显然成立的. 等号成立的条件是 $a=2,b=1,c=0$ 及其循环排列.

60. (United of Kingdom TST 2005) 假设 n 是一个大于 2 的整数. 设 $a_1, a_2,\cdots,a_n$ 是正实数,且满足 $a_1a_2\cdots a_n=1$,证明

$$\frac{a_1+3}{(a_1+1)^2} + \frac{a_2+3}{(a_2+1)^2} + \cdots + \frac{a_n+3}{(a_n+1)^2} \geqslant 3$$

证明 首先注意到,只需证明不等式在 $n=3$ 的情况下成立即可,对于 $n \geqslant 4$,我们只需从集合 $\{a_1,a_2,\cdots,a_n\}$ 选择三个较小的元素,比如说是 a_1,a_2,a_3. 因为 $a_1a_2a_3 \leqslant 1$,则存在一个正数 k 满足条件 $\frac{a}{a_1}=\frac{b}{a_2}=\frac{c}{a_3}=k \geqslant 1$,则

$$\sum_{i=1}^{n} \frac{a_i+3}{(a_i+1)^2} \geqslant \frac{a_1+3}{(a_1+1)^2} + \frac{a_2+3}{(a_2+1)^2} + \frac{a_3+3}{(a_3+1)^2} \geqslant \sum_{\text{cyc}} \frac{a+3}{(a+1)^2} \geqslant 3$$

我们将证明,如果 a,b,c 是正实数,且满足 $abc=1$,则

$$\frac{a+3}{(a+1)^2} + \frac{b+3}{(b+1)^2} + \frac{c+3}{(c+1)^2} \geqslant 3$$

设 $a_1=\frac{2}{1+a}, b_1=\frac{2}{1+b}, c_1=\frac{2}{1+c}$,则不等式变成

$$a_1+b_1+c_1+a_1^2+b_1^2+c_1^2\geqslant 6$$

因为 $abc=1$,我们有

$$\prod_{\text{cyc}}\left(\frac{1}{a_1}-\frac{1}{2}\right)=\frac{abc}{8}=\frac{1}{8}\Rightarrow\prod_{\text{cyc}}(2-a_1)=a_1b_1c_1$$

设 $x=a_1-1,y=b_1-1,z=c_1-1$,则 $x,y,z\in[-1,1]$,我们有

$$(x+1)(y+1)(z+1)=(1-x)(1-y)(1-z)\Rightarrow x+y+z+xyz=0$$

由 AM - GM 不等式,有 $x^2+y^2+z^2\geqslant 3(xyz)^{\frac{2}{3}}\geqslant 3xyz$,所以

$$a_1+b_1+c_1+a_1^2+b_1^2+c_1^2-6=\sum_{\text{cyc}}(a_1-1)(a_1+2)=\sum_{\text{cyc}}x(x+3)\geqslant 0$$

不等式成立,等号成立的条件是 $a=b=c=1$.

61. (Pham Kim Hung) 设 a,b,c 是非负实数,且满足 $a+b+c=2$,证明

$$\sqrt{a+b-2ab}+\sqrt{b+c-2bc}+\sqrt{c+a-2ca}\geqslant 2$$

证明 不失一般性,假设 $a\geqslant b\geqslant c$. 记 $x=a+b-2ab,y=b+c-2bc$, $z=c+a-2ca$,则不等式等价于(平方之后)

$$2\sum_{\text{cyc}}\sqrt{xy}\geqslant 2\sum_{\text{cyc}}ab$$

注意到 $2x=c(a+b)+(a-b)^2,2y=a(b+c)+(b-c)^2$,所以由 Cauchy - Schwarz 不等式,我们有

$$2\sqrt{xy}\geqslant\sqrt{ca(a+b)(b+c)}+|(a-b)(b-c)|$$

再次应用 Cauchy - Schwarz 不等式,有

$$\sqrt{ca(a+b)(b+c)}=\sqrt{ca}\cdot\sqrt{(a+b)(b+c)}\geqslant\sqrt{ca}(\sqrt{ca}+b)=ca+b\sqrt{ca}$$

于是只需证明

$$\sum_{\text{cyc}}|(a-b)(b-c)|+\sum_{\text{cyc}}b\sqrt{ca}\geqslant\sum_{\text{cyc}}ca\Leftrightarrow$$

$$2(a-c)^2+2(a-b)(b-c)\geqslant\sum_{\text{cyc}}b(\sqrt{c}-\sqrt{a})^2$$

记 $\sqrt{c}=m,\sqrt{a}-\sqrt{b}=\alpha\geqslant 0,\sqrt{b}-\sqrt{c}=\beta\geqslant 0$,则上面的不等式变成

$$2(\alpha+\beta+2m)^2(\alpha+\beta)^2+2\alpha\beta(2m+\beta)(2m+2\beta+\alpha)\geqslant$$
$$(m+\beta)^2(\alpha+\beta)^2+m^2\alpha^2+(m+\alpha+\beta)^2\beta^2$$

这最后的不等式,可以写成:$Mm^2+Nm+P\geqslant 0$,其中

$$M=8(\alpha+\beta)^2+8\alpha\beta(\alpha+\beta)^2+\alpha^2+\beta^2\geqslant 0$$
$$N=8(\alpha+\beta)^3+4\alpha\beta(\alpha+3\beta)-2\beta(\alpha+\beta)^2-2(\alpha+\beta)\beta^2\geqslant 0$$
$$P=2(\alpha+\beta)^4+2\alpha\beta^2(2\beta+\alpha)-2\beta^2(\alpha+\beta)^2\geqslant 0$$

证毕. 等号成立的条件是 $a=b=c=\dfrac{2}{3}$ 和 $a=b=1,c=0$ 及其循环排列.

62. (Vasile Cirtoaje) 设 a,b,c 是非负实数,且满足 $a^2+b^2+c^2=3$,证明

$$\frac{a}{b+2}+\frac{b}{c+2}+\frac{c}{a+2}\leqslant 1$$

证明 去分母,整理,不等式等价于

$$ab^2+bc^2+ca^2\leqslant 2+abc$$

不失一般性,假设 b 是集合 $\{a,b,c\}$ 中第二大的数,则

$$a(b-a)(b-c)\leqslant 0\Leftrightarrow a^2b+abc\geqslant ab^2+ca^2$$

所以,只需证明

$$2\geqslant a^2b+bc^2\Leftrightarrow b(a^2+c^2)\leqslant 2\Leftrightarrow b(3-b^2)\leqslant 2\Leftrightarrow (b-1)^2(b+2)\geqslant 0$$

这是显然成立的. 等号成立的条件是 $a=b=c=1$ 或 $a=0,b=1,c=\sqrt{2}$ 及其循环排列.

63. (Pham Kim Hung) 设 a,b,c 是非负实数,证明

$$\frac{a(b+c)}{a^2+bc}+\frac{b(c+a)}{b^2+ca}+\frac{c(a+b)}{c^2+ab}\geqslant 2$$

证明 不等式等价于

$$\sum_{cyc}a(b+c)(b^2+ca)(c^2+ab)\geqslant 2(a^2+bc)(b^2+ca)(c^2+ab)\Leftrightarrow$$

$$\sum_{cyc}a^4(b^2+c^2)+3abc\sum_{cyc}a^2(b+c)\geqslant 4a^2b^2c^2+2\sum_{cyc}a^3b^3+2abc\sum_{cyc}a^3 \quad (*)$$

根据恒等式

$$(a-b)^2(b-c)^2(c-a)^2=\sum_{cyc}a^4(b^2+c^2)+2abc\sum_{cyc}a^2(b+c)-2\sum_{cyc}a^3b^3-6a^2b^2c^2-2abc\sum_{cyc}a^3$$

不等式(*)可以写成

$$(a-b)^2(b-c)^2(c-a)^2+2a^2b^2c^2+abc\sum_{cyc}a^2(b+c)\geqslant 0$$

这是显然成立的. 等号成立的条件是 $a=b,c=0$ 及其循环排列.

注意 根据同样的恒等式,我们可以证明下列不等式(没有这个恒等式,这个问题是很困难的).

设 a,b,c 是非负实数,证明

$$\frac{a(b+c-a)}{a^2+bc}+\frac{b(c+a-b)}{b^2+ca}+\frac{c(a+b-c)}{c^2+ab}\geqslant 0$$

64. 设 a,b,c 是三角形的三条边,证明

$$\frac{a}{b+c}+\frac{b}{c+a}+\frac{c}{a+b}+\frac{ab+bc+ca}{a^2+b^2+c^2}\leqslant\frac{5}{2}$$

证明 使用下列恒等式

$$-3+\sum_{cyc}\frac{2a}{b+c}=\sum_{cyc}\frac{(a-b)^2}{(a+c)(b+c)}$$

$$2-\frac{2(ab+bc+ca)}{a^2+b^2+c^2}=\frac{(a-b)^2+(b-c)^2+(c-a)^2}{a^2+b^2+c^2}$$

把不等式写成形式:$S_a(b-c)^2+S_b(a-c)^2+S_c(a-b)^2\geqslant 0$,其中

$$S_a=1-\frac{a^2+b^2+c^2}{(a+b)(a+c)}$$

$$S_b=1-\frac{a^2+b^2+c^2}{(b+a)(b+c)}$$

$$S_c=1-\frac{a^2+b^2+c^2}{(c+a)(c+b)}$$

不失一般性,假设 $a\geqslant b\geqslant c$,则显然 $S_a\geqslant 0$,因为 a,b,c 是三角形的三条边,我们有 $a\leqslant b+c$ 以及$\frac{a-c}{a-b}\geqslant\frac{b}{c}\geqslant\frac{a+b}{a+c}$.另外

$$S_b=\frac{a(b+c-a)+c(b-c)}{(a+b)(b+c)}\geqslant\frac{c(b-c)}{(a+b)(b+c)}$$

$$S_c=\frac{a(b+c-a)+b(c-b)}{(a+c)(c+b)}\geqslant\frac{b(c-b)}{(a+c)(c+b)}$$

于是,我们有

$$\sum_{\text{cyc}}S_a(b-c)^2\geqslant(a-b)^2\left(\frac{b^2}{c^2}S_b+S_c\right)\geqslant$$

$$\frac{(a-b)^2}{c^2}\left[\frac{b^2c(b-c)}{(a+b)(b+c)}+\frac{c^2b(c-b)}{(a+c)(c+b)}\right]=$$

$$\frac{(a-b)^2(b-c)b}{(a+b)(b+c)}\left(\frac{b}{c}-\frac{a+b}{a+c}\right)\geqslant 0$$

等号成立的条件是 $a=b=c$ 或者 $a=b,c=0$ 及其循环排列.

65.(Pham Kim Hung)设 a,b,c 是非负实数,证明

$$\frac{1}{\sqrt{a^2+bc}}+\frac{1}{\sqrt{b^2+ca}}+\frac{1}{\sqrt{c^2+ab}}\geqslant\frac{6}{a+b+c}$$

证明 (1)考虑到问题15,我们有

$$\frac{1}{\sqrt{a^2+bc}}+\frac{1}{\sqrt{b^2+ca}}+\frac{1}{\sqrt{c^2+ab}}\geqslant\frac{9}{\sqrt{a^2+bc}+\sqrt{b^2+ca}+\sqrt{c^2+ab}}\geqslant$$

$$\frac{6}{a+b+c}$$

(2)应用 AM - GM 不等式,有

$$\frac{1}{\sqrt{a^2+bc}}+\frac{1}{\sqrt{b^2+ca}}+\frac{1}{\sqrt{c^2+ab}}\geqslant\frac{3}{\sqrt[6]{(a^2+bc)(b^2+ca)(c^2+ab)}}$$

于是只需证明,如果 $a+b+c=2$,则$(a^2+bc)(b^2+ca)(c^2+ab)\leqslant 1$.不失一般性,设 $a\geqslant b\geqslant c$,则

$$\left(a+\frac{c}{2}\right)^2 \geqslant a^2+bc$$

$$(b^2+c^2+ab+ca)^2 \geqslant 4(b^2+ca)(c^2+ab)$$

另外

$$4\left(a+\frac{c}{2}\right)(b^2+c^2+ab+ac)-(a+b+c)^3=$$

$$-(a-b)^2(a+b)+(ac^2-3a^2c)+(c^3-bc^2-b^2c)\leqslant 0$$

于是,我们有

$$(a^2+bc)(b^2+ca)(c^2+ab)\leqslant \frac{1}{4}\left(a+\frac{c}{2}\right)^2(b^2+c^2+ab+ac)^2\leqslant$$

$$\frac{1}{64}(a+b+c)^6=1$$

等号成立的条件是 $a=b,c=0$ 及其循环排列.

66. (Nguyen Vient Anh) 设 a,b,c 是正实数,证明

$$\frac{a^3}{2a^2-ab+2b^2}+\frac{b^3}{2b^2-bc+2c^2}+\frac{c^3}{2c^2-ca+2a^2}\geqslant \frac{a+b+c}{3}$$

证明 不等式等价于

$$\sum_{cyc}\frac{a^3}{2a^2-ab+2b^2}-\frac{1}{3}\sum_{cyc}a=\sum_{cyc}\frac{a(a^2+ab-2b^2)}{3(2a^2-ab+2b^2)}=$$

$$\sum_{cyc}(a-b)\left[\frac{a(2a+b)}{3(2a^2-ab+2b^2)}-\frac{1}{3}\right]=$$

$$\frac{1}{3}\sum_{cyc}\frac{(a-b)^2(2b-a)}{2a^2-ab+2b^2}$$

假设 $a=\max(a,b,c)$. 如果 $\left\{\frac{a}{b},\frac{b}{c},\frac{c}{a}\right\}\in(0,2]$,则不等式显然成立. 否则,我们考虑下列一些情况.

(1) $a\geqslant b\geqslant c$. 如果 $a\geqslant 2b$,则

$$\frac{a^3}{2a^2-ab+2b^2}\geqslant \frac{a}{2}$$

$$\frac{b^3}{2b^2-bc+2c^2}\geqslant \frac{b}{3}$$

$$\Rightarrow \frac{a^3}{2a^2-ab+2b^2}+\frac{b^3}{2b^2-bc+2c^2}+\frac{c^3}{2c^2-ca+2a^2}\geqslant \frac{a}{2}+\frac{b}{3}\geqslant \frac{a+b+c}{3}$$

否则,$b\geqslant 2c$,则

$$\frac{a^3}{2a^2-ab+2b^2}+\frac{b^3}{2b^2-bc+2c^2}+\frac{c^3}{2c^2-ca+2a^2}\geqslant \frac{a}{3}+\frac{b}{2}\geqslant \frac{a+b+c}{3}$$

(2) 如果 $a\geqslant c\geqslant b$,则 $0\leqslant \frac{b}{c}\leqslant 1, 0\leqslant \frac{c}{a}\leqslant 1$. 假设 $a\geqslant 2b$,则

$$\frac{a^3}{2a^2-ab+2b^2} \geqslant \frac{a}{2} \tag{1}$$

我们将证明

$$\frac{b^3}{2b^2-bc+2c^2} \geqslant \frac{b}{3}-\frac{c}{9} \tag{2}$$

事实上,该不等式等价于

$$f(c)=2c^3-7c^2b+5cb^2+3b^3 \geqslant 0$$

利用条件 $c \geqslant b$,$f'(c)=6c^2-14cb+5b^2$ 只有一个根 $c_0=\frac{7+\sqrt{19}}{16}b$,因此 $f(c) \geqslant f(c_0) \geqslant 0$. 式(2)得证.

类似地,我们来证明

$$\frac{a}{6}+\frac{c^3}{2c^2-ca+2a^2} \geqslant \frac{4c}{9} \tag{3}$$

事实上,不等式等价于

$$6a^3-19a^2c+14ac^2+2c^3 \geqslant 0$$

由 AM - GM 不等式,这是成立的. 不等式(1),(2),(3)相加,即得所证不等式. 等号成立的条件是 $a=b=c$.

67. 证明:对所有的正实数 a,b,c

$$\frac{a^2}{b}+\frac{b^2}{c}+\frac{c^2}{a} \geqslant 3\sqrt[4]{\frac{a^4+b^4+c^4}{3}}$$

证明 应用 Hölder 不等式,有

$$\left(\frac{a^2}{b}+\frac{b^2}{c}+\frac{c^2}{a}\right)\left(\frac{a^2}{b}+\frac{b^2}{c}+\frac{c^2}{a}\right)(a^2b^2+b^2c^2+c^2a^2) \geqslant (a^2+b^2+c^2)^3$$

令 $x=a^2,y=b^2,z=c^2$,则只需证明

$$(x+y+z)^3 \geqslant 3(xy+yz+zx)\sqrt{3(x^2+y^2+z^2)} \Leftrightarrow$$

$$\frac{(x+y+z)^2}{xy+yz+zx} \geqslant \frac{3\sqrt{3(x^2+y^2+z^2)}}{x+y+z} \Leftrightarrow$$

$$\frac{(x-y)^2+(y-z)^2+(z-x)^2}{2(xy+yz+zx)} \geqslant$$

$$\frac{3[(x-y)^2+(y-z)^2+(z-x)^2]}{(x+y+z)[x+y+z+\sqrt{3(x^2+y^2+z^2)}]} \Leftrightarrow$$

$$6(xy+yz+zx) \leqslant (x+y+z)[x+y+z+\sqrt{3(x^2+y^2+z^2)}]$$

这是显然成立的. 等号成立的条件是 $x=y=z$ 或者等价于 $a=b=c$.

注意 是用类似的方法,我们可以证明下列不等式.

设 a,b,c 是正实数,证明

$$\frac{a^2}{b+c}+\frac{b^2}{c+a}+\frac{c^2}{a+b}\geqslant\frac{3}{2}\times\sqrt[4]{\frac{a^4+b^4+c^4}{3}}$$

结果扩展到四个变量也是成立的,如下

设 a,b,c,d 是正实数,证明

$$\frac{a^2}{b}+\frac{b^2}{c}+\frac{c^2}{d}+\frac{d^2}{a}\geqslant 2\sqrt{2}\sqrt[4]{a^4+b^4+c^4+d^4}$$

68. (Pham Kim Hung) 设非负实数 a,b,c 满足条件 $a+b+c=3$. 证明

$$(a+b^2)(b+c^2)(c+a^2)\leqslant 13+abc$$

证明 首先证明,如果 $a\geqslant b\geqslant c$,则

$$(a+b^2)(b+c^2)(c+a^2)\geqslant(a^2+b)(b^2+c)(c^2+a)$$

事实上,注意到

$$\sum_{cyc}a^3b-\sum_{cyc}ab^3=(a+b+c)(a-b)(b-c)(a-c)$$

$$\sum_{cyc}a^2b^3-\sum_{cyc}a^3b^2=(ab+bc+ca)(a-b)(b-c)(a-c)$$

因此

$$\prod_{cyc}(a+b^2)-\prod_{cyc}(a^2+b)=(a-b)(b-c)(a-c)\left(\sum_{cyc}a-\sum_{cyc}ab\right)\geqslant 0$$

因为

$$\sum_{cyc}a-\sum_{cyc}ab=\frac{1}{3}[(a+b+c)^2-3(ab+bc+ca)]=\frac{1}{3}\sum_{cyc}(a-b)^2\geqslant 0$$

根据这个结果,只需要考虑 $a\geqslant b\geqslant c$ 的情况. 设

$$f(a,b,c)=(a+b^2)(b+c^2)(c+a^2)-abc=$$
$$\sum_{cyc}a^3b+\sum_{cyc}a^2b^3+a^2b^2c^2$$

我们来证明 $f(a,b,c)\leqslant f(a+c,b,0)$. 事实上

$$f(a,b,c)-f(a+c,b,0)=$$
$$\sum_{cyc}a^3b+\sum_{cyc}a^2b^3+a^2b^2c^2-(a+c)^3b-(a+c)^2b^3=$$
$$b^3c+c^3a+b^2c^3+c^2a^3+a^2b^2c^2-3a^2bc-3ac^2b-2acb^3-c^2b^3$$

因为 $a\geqslant b\geqslant c$,我们有 $b^3c\leqslant acb^3,c^3a\leqslant ac^2b,b^2c^3\leqslant c^2b^3$. 最后

$$c^2a^3+a^2b^2c^2\leqslant 3a^2bc$$

这是成立的,因为

$$3a^2bc-c^2a^3-a^2b^2c^2\geqslant bca^2(3-a-bc)=bca^2(b+c-bc)\geqslant 0$$

这个不等式即是 $f(a,b,c)\leqslant f(a+c,b,0)=(a+c)^2b(a+c+b^2)$. 于是只需证明,如果 $x,y\geqslant 0$,且 $x+y=3(x=a+c,y=b)$,则

$$x^2y(x+y^2)\leqslant 13$$

事实上,表达式左边转变为 x 的函数,变成

$$f(x)=(9+x^2-5x)(3x^2-x^3)$$

应用 AM - GM 不等式,有

$$f(x)\leqslant\frac{1}{4}(-x^3+4x^2-5x+9)^2$$

根据 AM - GM 不等式,有

$$-x^3+4x^2-5x+9=(x-1)^2(2-x)+7\leqslant 7+\frac{4}{27}$$

所以,我们得到结果

$$f(x)\leqslant\frac{1}{4}\left(7+\frac{4}{27}\right)^2<13$$

注意 使用相同的方法,我们可以证明下列更强的不等式.

设非负实数 a,b,c 满足条件 $a+b+c=3$. 证明

$$(a+b^2)(b+c^2)(c+a^2)\leqslant 13+abc(1-2abc)$$

设非负实数 a,b,c 满足条件 $a+b+c=3$. 证明

$$(a+b^2)(b+c^2)(c+a^2)\leqslant 13$$

69. (Peter Scholze, Darij Grinberg) 设 a,b,c 是正实数. 证明

$$\frac{(a+b)^2}{c^2+ab}+\frac{(b+c)^2}{a^2+bc}+\frac{(c+a)^2}{b^2+ac}\geqslant 6$$

证明 我们有 $(a+b)^2-2(c^2+ab)=(a^2-c^2)+(b^2-c^2)$,因此

$$\frac{(a+b)^2}{c^2+ab}+\frac{(b+c)^2}{a^2+bc}+\frac{(c+a)^2}{b^2+ac}-6=\sum_{\text{cyc}}\frac{(a^2-b^2)+(a^2-c^2)}{a^2+bc}=$$

$$\sum_{\text{cyc}}(a^2-b^2)\left(\frac{1}{a^2+bc}-\frac{1}{b^2+ac}\right)=\sum_{\text{cyc}}\frac{(a-b)^2S_c}{M}$$

其中 $M=(a^2+bc)(b^2+ca)(c^2+ab)$,并且 S_a,S_b,S_c 由下列表达式定义

$$S_a=(b+c)(b+c-a)(a^2+bc)$$

$$S_b=(c+a)(c+a-b)(b^2+ac)$$

$$S_c=(a+b)(a+b-c)(c^2+ab)$$

假设 $a\geqslant b\geqslant c$. 当然,$S_c\geqslant 0$ 以及 $\frac{(a-c)^2}{(b-c)^2}\geqslant\frac{a^2}{b^2}$,所以,我们有

$$\sum_{\text{cyc}}S_a(b-c)^2\geqslant(a-c)^2S_b+(b-c)^2S_a=(c-b)^2\left[\frac{(a-c)^2}{(c-b)^2}S_b+S_a\right]\geqslant$$

$$\frac{(c-b)^2[a^2S_b+b^2S_a]}{b^2}$$

另一方面

$$a^2S_b+b^2S_a=a^2(a+c)(a+c-b)(b^2+ac)+$$

$$b^2(b+c)(b+c-a)(a^2+bc)\geqslant$$

$$a(a-b)[a^2(b^2+ac)-b^2(b^2+ac)]\geqslant 0$$

等号成立的条件是 $a=b=c$ 或者 $a=b,c=0$ 及其循环排列.

70. (Le Hong Quy) 求表达式 $k=k(n)$ 的最大值,满足对于任意实数 x_1, $x_2,\cdots,x_n$,不等式

$$x_1^2+(x_1+x_2)^2+\cdots+(x_1+x_2+\cdots+x_n)^2\geqslant k(x_1^2+x_2^2+\cdots+x_n^2)$$

都成立.

证明 设 $a_1,a_2,\cdots,a_n$ 是正实数,则

$$a_1y_1^2+\frac{1}{a_1}\cdot y_2^2+2y_1y_2\geqslant 0$$

$$a_2y_2^2+\frac{1}{a_2}\cdot y_3^2+2y_2y_3\geqslant 0$$

$$\vdots$$

$$a_{n-1}y_{n-1}^2+\frac{1}{a_{n-1}}\cdot y_n^2+2y_{n-1}y_n\geqslant 0$$

将上述不等式相加,有

$$a_1y_1^2+\left(\frac{1}{a_1}+a_2\right)y_2^2+\cdots+\left(\frac{1}{a_{n-2}}+a_{n-1}\right)y_{n-1}^2+\frac{1}{a_{n-1}}\cdot y_n^2+2\sum_{i=1}^{n-1}y_iy_{i+1}\geqslant 0(*)$$

我们将选择 n 个数 $a_1,a_2,\cdots,a_n$,满足

$$a_1=\frac{1}{a_1}+a_2=\cdots=\frac{1}{a_{n-1}}-1$$

经过计算,我们得到 $a_k=\dfrac{\sin(k+1)\alpha}{\sin(k\alpha)}$,其中 $\alpha=\dfrac{2\pi}{2n+1}$. 将它们代入式($*$),我们有

$$2\cos\alpha\left(\sum_{k=1}^{n}y_k^2\right)+2\left(\sum_{k=1}^{n-1}y_ky_{k+1}\right)+y_n^2\geqslant 0\Leftrightarrow$$

$$2(1+\cos\alpha)\left(\sum_{k=1}^{n}y_k^2\right)\geqslant$$

$$y_1^2+\sum_{k=1}^{n-1}(y_k-y_{k+1})^2$$

设 $y_k=x_1+x_2+\cdots+x_k,k\in\{1,2,\cdots,n\}$,则

$$4\cos^2\frac{\alpha}{2}[x_1^2+(x_1+x_2)^2+\cdots+(x_1+x_2+\cdots+x_n)^2]\geqslant x_1^2+x_2^2+\cdots+x_n^2$$

k 的最好的值(最大)是

$$\frac{1}{4\cos^2\dfrac{\pi}{2n+1}}$$

等号成立的条件是

$$x_k = (-1)^k\left[\sin\frac{2k\pi}{2n+1} + \sin\frac{2(k-1)\pi}{2n+1}\right]$$

注意 在例6.2.4中,我们证明了(使用 Cauchy - Schwarz 不等式)

$$x_1^2 + (x_1 + x_2)^2 + \cdots + (x_1 + x_2 + \cdots + x_n)^2 \leqslant$$
$$\frac{1}{4\sin^2\frac{\pi}{2(2n+1)}}(x_1^2 + x_2^2 + \cdots + x_n^2)$$

多么奇怪而有趣的巧合,同一个问题,一个求最大值,另一个求最小值,一个基于 AM - GM 不等式,而另一个基于 Cauchy - Schwarz 不等式,但结果在外观上是类似的,都有$\frac{2\pi}{2n+1}$.

71. (Pham Kim Hung) 设 $a_1, a_2, \cdots, a_n$ 是正实数,且 $a_1 + a_2 + \cdots + a_n = n$,证明

$$\frac{1}{a_1} + \frac{1}{a_2} + \cdots \frac{1}{a_n} - n \geqslant \frac{8(n-1)(1 - a_1a_2\cdots a_n)}{n^2}$$

证明 用归纳法来证明这个不等式.如果 $n = 2$,则不等式变成

$$\frac{1}{a_1} + \frac{1}{a_2} - 2 \geqslant 2(1 - a_1a_2) \Leftrightarrow (1 - a_1a_2)^2 \geqslant 0$$

假设不等式对n成立,我们来证明,它对$n+1$也成立.假设$a_1 \leqslant a_2 \leqslant \cdots \leqslant a_n \leqslant a_{n+1}$,对于$i \in \{1,2,\cdots,n\}$,我们记$b_i = \frac{a_i}{t}$,其中$t = \frac{a_1 + a_2 + \cdots + a_n}{n} \leqslant 1$.对 $b_1, b_2, \cdots, b_n$ 应用归纳假设,我们有

$$\frac{1}{b_1} + \frac{1}{b_2} + \cdots + \frac{1}{b_n} - n \geqslant c(1 - b_1b_2\cdots b_n), c \leqslant \frac{8(n-1)}{n^2}$$

用$\frac{a_i}{t}$来替换 b_i,我们有

$$-n + \sum_{i=1}^{n}\frac{t}{a_i} \geqslant c\left(1 - \frac{1}{t^n}\prod_{i=1}^{n}a_i\right) \Leftrightarrow \sum_{i=1}^{n}\frac{1}{a_i} + \frac{c}{t^{n+1}}\left(\prod_{i=1}^{n}a_i\right) \geqslant \frac{n}{t} + \frac{c}{t} \quad (*)$$

对于 $n+1$ 个数,我们必须证明,如果 $k = \frac{8n}{(n+1)^2}$,则

$$-n - 1 + \sum_{i=1}^{n+1}\frac{1}{a_i} \geqslant k(1 - \prod_{i=1}^{n+1}a_i) \Leftrightarrow \sum_{i=1}^{n}\frac{1}{a_i} + (ka_{n+1})\prod_{i=1}^{n}a_i + \frac{1}{a_{n+1}} \geqslant n + 1 + k$$

设 $c' = (ka_{n+1})t^{n+1}$.根据 AM - GM 不等式,我们有

$$a_{n+1}t^n \leqslant \left(\frac{a_{n+1} + nt}{n+1}\right)^{n+1} = 1$$

因此,$c' \leqslant kt \leqslant k = \frac{8n}{(n+1)^2} \leqslant \frac{8(n-1)}{n^2}$.另一方面,注意到式$(*)$对 $c \leqslant$

$\frac{8(n-1)}{n^2}$成立. 它对 $c=c'$ 也成立,所以

$$\sum_{i=1}^{n}\frac{1}{a_i}+(ka_{n+1})\left(\prod_{i=1}^{n}a_i\right)\geqslant\frac{n}{t}+ka_{n+1}t^n$$

于是,只需证明

$$\frac{n}{t}+ka_{n+1}t^n+\frac{1}{a_{n+1}}\geqslant n+1+k$$

用 $n+1-nt$ 来替换 a_{n+1},我们得到一个等价的不等式

$$\frac{n}{t}+\frac{1}{n+1-nt}-(n+1)\geqslant k(nt^{n+1}-(n+1)t^n+1)\Leftrightarrow$$

$$\frac{n(n+1)}{t(n+1-nt)}\geqslant\frac{8n}{(n+1)^2}(1+2t+\cdots+nt^{n-1})$$

这是显然成立的,因为 $t\leqslant 1$ 以及 $t(n+1-nt)\leqslant\frac{(n+1)^2}{4n}$

72. (Phan Thanh Nam) 设非负实数 x,y,z 满足条件 $x+y+z=1$,证明

$$\sqrt{x+y^2}+\sqrt{y+z^2}+\sqrt{z+x^2}\geqslant 2$$

证明 注意到,如果 a,b,c,d 是非负实数,且满足 $a+b=c+d$,$|a-b|\leqslant|c-d|$,则

$$\sqrt{a}+\sqrt{b}\geqslant\sqrt{c}+\sqrt{d}\qquad(*)$$

事实上,因为$(a+b)^2-(a-b)^2\geqslant(c+d)^2-(c-d)^2$,有 $ab\geqslant cd$. 所以

$$a+b+2\sqrt{ab}\geqslant c+d+2\sqrt{cd}$$

根据式(*),我们有

$$\sqrt{x+y^2}+\sqrt{y+z^2}\geqslant(x+y)+\sqrt{z+y^2}$$

于是

$$\sqrt{x+y^2}+\sqrt{y+z^2}+\sqrt{z+x^2}\geqslant(x+y)+\sqrt{z+y^2}+\sqrt{z+x^2}\geqslant$$

$$x+y+\sqrt{(\sqrt{z}+\sqrt{z})^2+(x+y)^2}=1-z+\sqrt{4z+(1-z)^2}=2$$

等号成立的条件的是 $x=y=z=\frac{1}{3}$ 或者 $x=1,y=z=0$ 及其循环排列.

73. (Pham Kim Hung) 设正实数 a,b,c 满足条件 $a+b+c=3$,证明

$$\frac{1}{2+a^2b^2}+\frac{1}{2+b^2c^2}+\frac{1}{2+c^2a^2}\geqslant 1$$

证明 根据 AM - GM 不等式,我们有

$$\frac{1}{2+a^2b^2}=\frac{1}{2}-\frac{a^2b^2}{2(2+a^2b^2)}\geqslant\frac{1}{2}-\frac{a^2b^2}{6\sqrt[3]{a^2b^2}}=\frac{1}{2}-\frac{a^{\frac{4}{3}}b^{\frac{4}{3}}}{6}$$

所以 $$\sum_{cyc}\frac{1}{2+a^2b^2}\geqslant\frac{3}{2}-\frac{1}{6}\sum_{cyc}a^{\frac{4}{3}}b^{\frac{4}{3}}$$

于是,只需证明 $\sum_{cyc}a^{\frac{4}{3}}b^{\frac{4}{3}}\leqslant 3$. 再次根据 AM - GM 不等式,我们有

$$3\sum_{cyc}a^{\frac{4}{3}}b^{\frac{4}{3}}=3\sum_{cyc}ab\sqrt[3]{ab}\leqslant\sum_{cyc}ab(a+b+1)=4(ab+bc+ca)-3abc$$

使用不等式 $(a+b-c)(b+c-a)(c+a-b)\leqslant abc$,有

$$(3-2a)(3-2b)(3-2c)\leqslant abc\Leftrightarrow 4(ab+bc+ca)-3abc\leqslant 9$$

等号成立的条件是 $a=b=c=1$.

注意 下列一般结果是由 Gabriel Dospinescu 和 Vasile Cirtoaje 提出的.

设正实数 a,b,c 满足条件 $a+b+c=3$,求满足不等式

$$(ab)^k+(bc)^k+(ca)^k\leqslant 3$$

的常数 k 的最大值.

让我们来检验一下这个问题. 当 $k\leqslant 0$,显然是错误的. 如果 $0<k\leqslant 1$,则显然是成立的. 现在考虑 $k\geqslant 2$ 的情况. 假设 $a\geqslant b\geqslant c$,我们有

$$(ab)^k+(bc)^k+(ca)^k\leqslant a^k(b+c)^k=a^k(3-a)^k\leqslant\left(\frac{3}{2}\right)^{2k}$$

如果 $1\leqslant k\leqslant 2$,设 $t=\frac{a+b}{2},u=\frac{a-b}{2}$,则 $a=t+u,b=t-u$. 记

$$f(u)=c^k[(t+u)^k+(t-u)^k+(t^2-u^2)^k]$$

则其导数为

$$f'(u)=kc^k(t^2-u^2)^{k-1}\left[\frac{1}{(t-u)^{k-1}}-\frac{1}{(t+u)^{k-1}}-\frac{2u}{c^k}\right]$$

对函数 $g(x)=x^{1-k}$,应用 Lagrange 中值定理,得到,存在一个实数 $t_0\in[t-u,t+u]$ 满足

$$\frac{1}{(t-u)^{k-1}}-\frac{1}{(t+u)^{k-1}}=\frac{2u(k-1)}{t_0^k}$$

其中,$t_0\geqslant t-u\geqslant c,k\leqslant 2$. 所以

$$\frac{1}{(t-u)^{k-1}}-\frac{1}{(t+u)^{k-1}}=\frac{2u(k-1)}{t_0^k}\leqslant\frac{2u}{c^k}\Rightarrow f'(u)\leqslant 0$$

所以 $f(u)\leqslant f(0)$. 余下的考虑 $a=b\geqslant 1\geqslant c$ 的情况. 记

$$h(a)=2a^k(3-2a)^k+a^{2k}$$

则 $$h'(a)=2ka^{k-1}(3-2a)^{k-1}\left[3-4a+\frac{a^k}{(3-2a)^{k-1}}\right]$$

使用条件 $0<a<\frac{3}{2}$,方程 $h'(a)=0$,有一个根 $a\geqslant\frac{3}{4}$,而且

$$k\ln a-(k-1)\ln(3-2a)=\ln(4a-3)$$

记 $q(a)=k\ln a-(k-1)\ln(3-2a)-\ln(4a-3)$,则

$$aq'(a)=k+\frac{(k-1)a}{3-a}-\frac{4a}{4a-3}$$

注意到$\frac{a}{3-a}$和$\frac{-a}{4a-3}$都是 a 的增函数,所以方程 $aq'(a)=0$ 的根不多于一个,方程 $q(a)=0$ 不超过两个根,从而方程$h'(a)=0$ 有不超过两个根. 由于 $h'(1)=0$ 和 $q'(1)=k+2(k-1)-4=3k-6\leqslant 0$,我们很容易得到

$$h(a)\leqslant \max\left\{h(1),h\left(\frac{3}{2}\right)\right\}$$

所以,对所有正实数 k,有

$$(ab)^k+(bc)^k+(ca)^k\leqslant \max\left\{3,\left(\frac{3}{2}\right)^{2k}\right\}$$

对每一个 k 等号都可以达到. 所以,我们找到的常数 k 的最大值是

$$\frac{\ln 3}{2(\ln 3-\ln 2)}$$

74. (Le Trung Kien, Vo Quoc Ba Can) 考虑正实数常数 m,n,满足 $3n^2>m^2$. 实数 a,b,c 满足条件

$$a+b+c=m,a^2+b^2+c^2=n^2$$

求表达式

$$P=a^2b+b^2c+c^2a$$

的最大值和最小值.

解 设 $a=x+\frac{m}{3},b=y+\frac{m}{3},c=z+\frac{m}{3}$. 从给定的条件我们得到 $x+y+z=0$ 以及 $x^2+y^2+z^2=\frac{3n^2-m^2}{3}$,则表达式 P 变成

$$P=x^2y+y^2z+z^2x+\frac{m^3}{9}$$

注意到

$$\sum_{cyc}\left(3x\sqrt{\frac{2}{3n^2-m^2}}-\frac{18xy}{3n^2-m^2}-1\right)^2=$$

$$3+\frac{18}{3n^2-m^2}\left(\sum_{cyc}x\right)^2+\frac{324}{(3n^2-m^2)^2}\sum_{cyc}x^2y^2-$$

$$6\sqrt{\frac{2}{3n^2-m^2}}\sum_{cyc}x-54\left(\frac{2}{3n^2-m^2}\right)^{\frac{3}{2}}\sum_{cyc}x^2y=$$

$$3+\frac{324}{(3n^2-m^2)^2}\sum_{cyc}x^2y^2-54\left(\frac{2}{3n^2-m^2}\right)^{\frac{3}{2}}\sum_{cyc}x^2y$$

因为 $x+y+z=0$,我们有 $xy+yz+zx=-\frac{1}{2}(x^2+y^2+z^2)=-\frac{3n^2-m^2}{6}$. 所以

$$\sum_{cyc} x^2y^2=\left(\sum_{cyc} xy\right)^2-2xyz\sum_{cyc} x=\left(\sum_{cyc} xy\right)^2=\frac{(3n^2-m^2)^2}{36}$$

有

$$12-54\left(\frac{2}{3n^2-m^2}\right)^{\frac{3}{2}}\sum_{cyc} x^2y\geqslant 0$$

或者换句话说

$$\sum_{cyc} x^2y\leqslant\frac{2}{9}\left(\frac{3n^2-m^2}{2}\right)^{\frac{3}{2}}$$

如果我们选择

$$x=\frac{\sqrt{2(3n^2-m^2)}}{3}\cos\frac{2\pi}{9}$$

$$y=\frac{\sqrt{2(3n^2-m^2)}}{3}\cos\frac{4\pi}{9}$$

$$z=\frac{\sqrt{2(3n^2-m^2)}}{3}\cos\frac{8\pi}{9}$$

则

$$P=\frac{2}{9}\left(\frac{3n^2-m^2}{2}\right)^{\frac{3}{2}}+\frac{m^3}{9}$$

所以

$$\max P=\frac{2}{9}\left(\frac{3n^2-m^2}{2}\right)^{\frac{3}{2}}+\frac{m^3}{9}$$

类似地,通过考察表达式 $\sum_{cyc}\left(3x\sqrt{\frac{2}{3n^2-m^2}}+\frac{18xy}{3n^2-m^2}+1\right)^2$,我们很容易得到

$$\min P=-\frac{2}{9}\left(\frac{3n^2-m^2}{2}\right)^{\frac{3}{2}}-\frac{m^3}{9}$$

75. (Pham Kim Hung) 设正实数 a,b,c, 满足条件 $(a+b+c)\left(\frac{1}{a}+\frac{1}{b}+\frac{1}{c}\right)=13$,求下列表达式

$$P=\frac{a^3+b^3+c^3}{abc}$$

的最大值和最小值.

解 记 $x=\sum_{cyc}\frac{a}{b}, y=\sum_{cyc}\frac{b}{a}, m=\sum_{cyc}\frac{a^2}{bc}, n=\sum_{cyc}\frac{bc}{a^2}$,则我们有 $x+y=10$ 以及

$$x^3=3(m+n)+6+\sum_{cyc}\frac{a^3}{b^3}$$

$$y^3 = 3(m+n) + 6 + \sum_{cyc} \frac{b^3}{a^3}$$

由上面的恒等式,我们有

$$x^3 + y^3 = (a^3 + b^3 + c^3)\left(\frac{1}{a^3} + \frac{1}{b^3} + \frac{1}{c^3}\right) + 6(m+n) + 9$$

还有

$$mn = 3 + \sum_{cyc} \frac{a^3}{b^3} + \sum_{cyc} \frac{b^3}{a^3} = (a^3 + b^3 + c^3)\left(\frac{1}{a^3} + \frac{1}{b^3} + \frac{1}{c^3}\right)$$

以及

$$xy = \left(\frac{a}{b} + \frac{b}{c} + \frac{c}{a}\right)\left(\frac{b}{a} + \frac{c}{b} + \frac{a}{c}\right) = 3 + m + n$$

于是

$$10^3 - 30(3 + m + n) = mn + 6(m+n) + 9 \Leftrightarrow 10^3 - 99 = mn + 36(m+n)$$

所以 m,n 是下列二次方程的两个正根

$$f(t) = t^2 - (xy - 3)t + (1\,009 - 36xy)$$

令 $r = xy$,我们可以确定

$$2m = (xy - 3) \pm \sqrt{(xy-3)^2 - 4(1\,009 - 36xy)}$$

考虑函数 $g(r) = r - 3 - \sqrt{r^2 + 138r - 4\,027}\,(0 \leqslant r \leqslant 25)$. 注意到

$$g'(r) = 1 - \frac{2r + 138}{2\sqrt{r^2 + 138r - 4\,027}} < 0$$

所以,$11 - 2\sqrt{3} \leqslant m \leqslant 11 + 2\sqrt{3}$,等号成立的条件

$$x - y = (a-b)(b-c)(c-a) = 0$$

m 的最小值是 $11 - 2\sqrt{3}$,当 $a = b = (2 + \sqrt{3})c$ 及其循环排列达到. m 的最大值是 $11 + 2\sqrt{3}$,当 $a = b = (2 - \sqrt{3})c$ 及其循环排列达到.

76. 证明对所有的正实数 a,b,c,d,e

$$\frac{a+b}{2} \cdot \frac{b+c}{2} \cdot \frac{c+d}{2} \cdot \frac{d+e}{2} \cdot \frac{e+a}{2} \leqslant$$

$$\frac{a+b+c}{3} \cdot \frac{b+c+d}{3} \cdot \frac{c+d+e}{3} \cdot \frac{d+e+a}{3} \cdot \frac{e+a+b}{3}$$

证明 首先证明,对任意 a

$$b > 0, a + b \leqslant 1$$

$$\left(\frac{1}{a} - 1\right)\left(\frac{1}{b} - 1\right) \geqslant \left(\frac{2}{a+b} - 1\right)^2 \qquad (*)$$

事实上,这个结果可以表述成下列形式

$$\frac{1}{ab} - \frac{1}{a} - \frac{1}{b} \geqslant \frac{4}{(a+b)^2} - \frac{4}{a+b} \Leftrightarrow \frac{1}{ab} - \frac{4}{(a+b)^2} \geqslant \frac{1}{a} + \frac{1}{b} - \frac{4}{a+b} \Leftrightarrow$$

$$\frac{(a-b)^2}{ab(a+b)^2} \geqslant \frac{(a-b)^2}{ab(a+b)} \Leftrightarrow (a-b)^2(1-a-b) \geqslant 0$$

回到原始问题.假设 $a+b+c+d+e=1$,则有

$$\prod_{\text{cyc}}\left(\frac{a+b}{2}\right) \leqslant \prod_{\text{cyc}}\left(\frac{a+b+c}{3}\right) \Leftrightarrow \prod_{\text{cyc}}\left(\frac{a+b+c}{d+e}\right) \geqslant \frac{3^5}{2^5} \Leftrightarrow \prod_{\text{cyc}}\left(\frac{1}{a+b}-1\right) \geqslant \frac{3^5}{2^5}$$

根据式(*),我们有

$$\left(\frac{1}{d+e}-1\right)\left(\frac{1}{a+b}-1\right) \geqslant \left(\frac{2}{d+e+a+b}-1\right)^2 = \left(\frac{2}{1-c}-1\right)^2$$

这个结果表明

$$\prod_{\text{cyc}}\left(\frac{1}{a+b}-1\right) \geqslant \prod_{\text{cyc}}\left(\frac{2}{1-c}-1\right) = \prod_{\text{cyc}}\left(\frac{1+c}{1-c}\right)$$

函数 $f(x)=\ln(1+x)-\ln(1-x)$ 是一个凸函数,因为二阶导数

$$f''(x) = \frac{-1}{(1+x)^2} + \frac{1}{(1-x)^2} \geqslant 0$$

所以由 Jensen 不等式,我们有

$$\sum_{\text{cyc}} f(a) \geqslant 5f\left(\frac{1}{5}\right) = 5\ln\left(\frac{3}{2}\right) \Rightarrow \prod_{\text{cyc}}\left(\frac{1+c}{1-c}\right) \geqslant \frac{3^5}{2^5}$$

等号成立的条件是 $a=b=c=d=e$.

注意 使用相同的方法,我们可以证明下列一般的结果.

设 $a_1,a_2,\cdots,a_{2n+1}$ 是正实数.对于每个 $k \in \{1,2,\cdots,2n+1\}$,定义 S_k,P_k 如下

$$S_k = \frac{a_{k+1}+a_{k+2}+\cdots+a_{k+n}}{n}, P_k = \frac{a_{k+1}+a_{k+2}+\cdots+a_{k+n+1}}{n+1}, a_{k+2n+1}=a_k$$

证明

$$S_1 \cdot S_2 \cdot \cdots \cdot S_{2n+1} \leqslant P_1 \cdot P_2 \cdot \cdots \cdot P_{2n+1}$$

77. 设 a,b,c 是非负实数,证明

$$\frac{a^4}{a^3+b^3} + \frac{b^4}{b^3+c^3} + \frac{c^4}{c^3+a^3} \geqslant \frac{a+b+c}{2}$$

证明 注意到

$$\frac{2a^4}{a^3+b^3} - a - \frac{3(a-b)}{2} = (a-b)\left[\frac{a(a^2+ab+b^2)}{a^3+b^3} - \frac{3}{2}\right] = \frac{2a^2+ab-b^2}{3(a^3+b^3)}(a-b)^2$$

所以不等式可以改写成

$$S_a(b-c)^2 + S_b(a-c)^2 + S_c(a-b)^2 \geqslant 0$$

其中,$S_a = \dfrac{3c^2+bc-b^2}{b^3+c^3}, S_b = \dfrac{3a^2+ca-c^2}{c^3+a^3}, S_c = \dfrac{3b^2+ab-a^2}{a^3+b^3}$.

第一种情况:如果 $a \geqslant b \geqslant c$,则显然有 $S_b \geqslant 0$,而且

$$S_b + 2S_c = \frac{3a^2 + ca - c^2}{c^3 + a^3} + \frac{2(3b^2 + ab - a^2)}{a^3 + b^3} \geqslant \frac{3a^2}{c^3 + a^3} - \frac{2a^2}{a^3 + b^3} \geqslant 0$$

$$a^2 S_b + 2b^2 S_a = \frac{a^2(3a^2 + ca - c^2)}{c^3 + a^3} + \frac{2b^2(3c^2 + bc - b^2)}{b^3 + c^3} \geqslant \frac{3a^4}{c^3 + a^3} - \frac{2b^4}{b^3 + c^3} \geqslant 0$$

所以,我们有

$$2\sum_{cyc} S_a (b - c)^2 \geqslant (S_b + 2S_c)(a - b)^2 + (b - c)^2\left(2S_a + \frac{a^2}{b^2}S_b\right) \geqslant 0$$

第二种情况:如果 $c \geqslant b \geqslant a$,则当然有 $S_a, S_c \geqslant 0$,而且

$$S_a + 2S_b = \frac{3c^2 + bc - b^2}{b^3 + c^3} + \frac{2(3a^2 + ca - c^2)}{c^3 + a^3} \geqslant \frac{3c^2 + bc}{b^3 + c^3} - \frac{2c^2}{a^3 + c^3} \geqslant 0$$

$$S_c + 2S_b = \frac{3b^2 + ab - a^2}{a^3 + b^3} + \frac{2(3a^2 + ca - c^2)}{c^3 + a^3} \geqslant \frac{3b^2}{a^3 + b^3} - \frac{2c^2}{c^3 + a^3} \geqslant 0$$

我们有

$$2\sum_{cyc} S_a (b - c)^2 \geqslant (S_a + 2S_b)(b - c)^2 + (2S_b + S_c)(a - b)^2 \geqslant 0$$

等号成立的条件是 $a = b = c$.

译者注

证法一:SOS 法.

注意到 $\frac{a^4}{a^3 + b^3} - \left(\frac{5}{4}a - \frac{3}{4}b\right) = \frac{(-a^2 + ab + 3b^2)(a - b)^2}{4(a^3 + b^3)}$,所以,不等式用 SOS 可以表示为

$$S_a(b - c)^2 + S_b(c - a)^2 + S_c(a - b)^2 \geqslant 0 \qquad (*)$$

其中 $S_c = \frac{-a^2 + ab + 3b^2}{4(a^3 + b^3)}, S_b = \frac{-c^2 + ca + 3a^2}{4(c^3 + a^3)}, S_a = \frac{-b^2 + bc + 3c^2}{4(b^3 + c^3)}$

由于不等式是轮换对称的,所以,考虑下列两种情况:

(1) 当 $a \geqslant b \geqslant c$ 时

$$S_b = \frac{-c^2 + ca + 3a^2}{4(c^3 + a^3)} = \frac{c(a - c) + 3a^2}{4(c^3 + a^3)} \geqslant 0$$

注意到,$(c - a)^2 \geqslant (a - b)^2, (c - a)^2 \geqslant \frac{a^2(b - c)^2}{b^2}$,所以

$$S_c + \frac{1}{2}S_b = \frac{-a^2 + ab + 3b^2}{4(a^3 + b^3)} + \frac{-c^2 + ca + 3a^2}{8(c^3 + a^3)} \geqslant \frac{-a^2 + ab + 3b^2}{4(a^3 + b^3)} + \frac{-c^2 + ca + 3a^2}{8(a^3 + b^3)} =$$

$$\frac{2ab + 6b^2 + c(a - c) + a^2}{8(a^3 + b^3)} \geqslant 0$$

$$S_a + \frac{a^2}{2b^2}S_b = \frac{-b^2 + bc + 3c^2}{4(b^3 + c^3)} + \frac{a^2}{2b^2} \cdot \frac{-c^2 + ca + 3a^2}{4(c^3 + a^3)} =$$

$$\frac{bc + 3c^2}{4(b^3 + c^3)} + \frac{a^2(-c^2 + ca + 3a^2)}{8b^2(c^3 + a^3)} - \frac{b^2}{4(b^3 + c^3)} \geqslant$$

$$\frac{bc+3c^2}{4(c^3+a^3)}+\frac{a^2(-c^2+ca+3a^2)}{8b^2(c^3+a^3)}-\frac{b^2}{4(b^3+c^3)}=$$

$$\frac{2b^3c+6b^2c^2-c^2a^2+3a^4+a^3c}{8b^2(c^3+a^3)}-\frac{b^2}{4(b^3+c^3)}=$$

$$\frac{c(2b^3+a^3)+6b^2c^2+a^2(a^2-c^2)+2a^4}{8b^2(c^3+a^3)}-\frac{b^2}{4(b^3+c^3)}\geqslant$$

$$\frac{3b^3c+6b^2c^2+2a^4}{8b^2(c^3+a^3)}-\frac{b^2}{4(b^3+c^3)}\Leftrightarrow$$

$$3b^6c+3b^3c^4+6c^2b^5+6c^5b^2+2a^3b^3(a-b)+2c^3(a^4-b^4)\geqslant 0$$

从而，$S_a+\frac{a^2}{2b^2}S_b\geqslant 0$. 所以

$$S_a(b-c)^2+S_b(c-a)^2+S_c(a-b)^2=$$

$$S_a(b-c)^2+\frac{1}{2}S_b[(c-a)^2+(c-a)^2]+S_c(a-b)^2\geqslant$$

$$S_a(b-c)^2+\frac{1}{2}S_b\left[(a-b)^2+\frac{a^2(b-c)^2}{b^2}\right]+S_c(a-b)^2=$$

$$\left(S_a+\frac{a^2}{2b^2}S_b\right)(b-c)^2+\left(S_c+\frac{1}{2}S_b\right)(a-b)^2\geqslant 0$$

(2) 当 $c\geqslant b\geqslant a$ 时，有

$$S_c=\frac{-a^2+ab+3b^2}{4(a^3+b^3)}=\frac{a(b-a)+3b^2}{4(a^3+b^3)}\geqslant 0, S_a=\frac{-b^2+bc+3c^2}{4(b^3+c^3)}=\frac{b(c-b)+3c^2}{4(b^3+c^3)}\geqslant 0$$

所以，当 $S_b\geqslant 0$ 时，不等式(*)显然成立. 以下假设

$$S_b<0$$

注意到 $(c-a)^2\leqslant 3(a-b)^2+\frac{3}{2}(b-c)^2$，又

$$S_a+\frac{3}{2}S_b=\frac{-b^2+bc+3c^2}{4(b^3+c^3)}+\frac{3(-c^2+ca+3a^2)}{8(c^3+a^3)}\geqslant 0\Leftrightarrow$$

$$2c^3b(c-b)+2a^3(c^2-b^2)+3c^2(c^3-b^3)+2ca^3(b+2c)+$$
$$3a(c+3a)(b^3+c^3)\geqslant 0$$

$$S_c+3S_b=\frac{-a^2+ab+3b^2}{4(a^3+b^3)}+\frac{3(-c^2+ca+3a^2)}{4(c^3+a^3)}\geqslant 0\Leftrightarrow$$

$$(ab+3b^2-a^2)(c-b)^3+[3a(b^2-a^2)+3b(2b^2-a)](c-b)^2+$$
$$3(a^2-b^2-ab)^2(c-b)+4a(2a+b)(a+b)(b^2-ab+a^2)\geqslant 0$$

所以

$$S_a(b-c)^2+S_b(c-a)^2+S_c(a-b)^2\geqslant$$

$$S_a(b-c)^2+S_b\left[3(a-b)^2+\frac{3}{2}(b-c)^2\right]+S_c(a-b)^2=$$

$$(S_c+3S_b)(a-b)^2+\left(S_a+\frac{3}{2}S_b\right)(b-c)^2\geqslant 0$$

综合上述两种情况，可知，原不等式成立.

证法二：由 C－S 不等式，有

$$\sum \frac{a^4}{a^3+b^3} = \sum \frac{a^6}{a^2(a^3+b^3)} \geqslant \frac{(\sum a^3)^2}{\sum a^5 + \sum a^2b^3}$$

所以,只需证明

$$\frac{(\sum a^3)^2}{\sum a^5+\sum a^2b^3} \geqslant \frac{1}{2}\sum a \Leftrightarrow 2(\sum a^3)^2 \geqslant (\sum a^5 + \sum a^2b^3)\sum a \Leftrightarrow \text{LHS} - \text{RHS} =$$

$$\frac{1}{4}\sum [bc(b^2+c^2)+a(2a+3b)(a-b)^2+ca(c-a)^2](a-b)^2 +$$

$$\frac{1}{2}\sum a^2(a^2-2ca+bc)^2 \geqslant 0$$

(这最后一步的配方并不轻松).

类似地,还可以如下进行.

由 C - S 不等式,有

$$\sum \frac{a^4}{a^3+b^3} = \sum \frac{a^4(c+a)^2}{(a^3+b^3)(c+a)^2} \geqslant \frac{[\sum a^2(c+a)]^2}{\sum (a^3+b^3)(c+a)^2}$$

所以,只需证明

$$\frac{[\sum a^2(c+a)]^2}{\sum (a^3+b^3)(c+a)^2} \geqslant \frac{\sum a}{2} \Leftrightarrow$$

$$2[\sum a^2(c+a)]^2 \geqslant \sum a \cdot \sum (a^3+b^3)(c+a)^2 \Leftrightarrow$$

$$\text{LHS} - \text{RHS} = \prod (b-c)^2 + \sum [bc(2b^2+ab+ca)+ca(b-c)^2 +$$

$$a(a+b)(a-b)^2](a-b)^2 \geqslant 0$$

备注:下列是和本题类似的不等式问题.

设 $a,b,c \geqslant 0, n = 0,1,2,3,4,5,6$,则:

(1) $\dfrac{a^{n+1}}{a^n+b^n} + \dfrac{b^{n+1}}{b^n+c^n} + \dfrac{c^{n+1}}{c^n+a^n} \geqslant \dfrac{a+b+c}{2}$;

(2) $\dfrac{a^5}{a^3+b^3} + \dfrac{b^5}{b^3+c^3} + \dfrac{c^5}{c^3+a^3} \geqslant \dfrac{a^2+b^2+c^2}{2}$.

78. (Le Trung Kien) 设 $a,b,c > 0$,证明

$$\sqrt{\frac{a^3}{a^2+ab+b^2}} + \sqrt{\frac{b^3}{b^2+bc+c^2}} + \sqrt{\frac{c^3}{c^2+ca+a^2}} \geqslant \frac{\sqrt{a}+\sqrt{b}+\sqrt{c}}{\sqrt{3}}$$

证明 设 $x^2 = a, y^2 = b, z^2 = c$,则不等式变成了

$$\frac{x^3}{\sqrt{x^4+x^2y^2+y^4}} + \frac{y^3}{\sqrt{y^4+y^2z^2+z^4}} + \frac{z^3}{\sqrt{z^4+z^2x^2+x^4}} \geqslant \frac{x+y+z}{\sqrt{3}}$$

两边平方,我们得到等价形式

$$\sum_{\text{cyc}} \frac{x^6}{x^4+x^2y^2+y^4} + \sum_{\text{cyc}} \frac{2x^3y^3}{\sqrt{(x^4+x^2y^2+y^4)(y^4+y^2z^2+z^4)}} \geqslant$$

$$\frac{1}{3}\left(\sum_{cyc}x^2+2\sum_{cyc}xy\right)$$

注意到$\sum\limits_{cyc}\frac{x^6-y^6}{x^4+x^2y^2+y^4}=0$,所以上面的不等式可以转化为

$$\sum_{cyc}\frac{6x^3y^3}{\sqrt{(x^4+x^2y^2+y^4)(y^4+y^2z^2+z^4)}}\geqslant$$

$$\frac{1}{2}\sum_{cyc}\left(x^2+y^2+4xy-\frac{3(x^6+y^6)}{x^4+x^2y^2+y^4}\right)\Leftrightarrow$$

$$\sum_{cyc}\frac{6x^3y^3}{\sqrt{(x^4+x^2y^2+y^4)(y^4+y^2z^2+z^4)}}\geqslant$$

$$\sum_{cyc}\frac{6x^3y^3-(x-y)^4(x+y)^2}{x^4+x^2y^2+y^4}$$

由于下列两序列是单调相反的次序

$$\left(\frac{x^3y^3}{\sqrt{x^4+x^2y^2+y^4}},\frac{y^3z^3}{\sqrt{y^4+y^2z^2+z^4}},\frac{z^3x^3}{\sqrt{z^4+z^2x^2+x^4}}\right)$$

$$\left(\frac{1}{\sqrt{x^4+x^2y^2+y^4}},\frac{1}{\sqrt{y^4+y^2z^2+z^4}},\frac{1}{\sqrt{z^4+z^2x^2+x^4}}\right)$$

所以,有排序不等式,我们由

$$\sum_{cyc}\frac{x^3y^3}{\sqrt{(x^4+x^2y^2+y^4)(y^4+y^2z^2+z^4)}}\geqslant\sum_{sym}\frac{x^3y^3}{x^4+x^2y^2+y^4}$$

等号成立的条件是$a=b=c$.

79. (Pham Kim Hung) 设$a,b,c\geqslant 0,a+b+c=2$,证明

$$\frac{ab}{1+c^2}+\frac{bc}{1+a^2}+\frac{ca}{1+b^2}\leqslant 1$$

证明 记$x=ab+bc+ca,p=abc$.根据恒等式

$$A=(a-b)^2(b-c)^2(c-a)^2=4x^2(1-x)+4(9x-8)p-27p^2$$

$$B=\sum_{cyc}a^2(a-b)(a-c)=12p+4(1-x)(4-x)$$

不等式转化为

$$(1-x)(5-2x+x^2)+(6x-2)p-2p^2\geqslant 0\Leftrightarrow$$

$$6A+\frac{5}{2}(1+9x)B+(1-x)^2(365-147x)\geqslant 0$$

这是显然成立的,因为$x\leqslant\frac{4}{3}$.等号成立的条件$a=b=c$.

80. (Pham Kim Hung) 设$a_1,a_2,\cdots,a_n$是非负实数,且满足$a_1+a_2+\cdots+a_n=n$,求表达式

$$S=a_1^2+a_2^2+\cdots+a_n^2+a_1a_2\cdots a_n\left(\frac{1}{a_1}+\frac{1}{a_2}+\cdots\frac{1}{a_n}\right)$$

最小值.

解 考虑下列函数

$$F=f(a_1,a_2,\cdots,a_n)=a_1^2+a_2^2+\cdots+a_n^2+a_1a_2\cdots a_n\left(\frac{1}{a_1}+\frac{1}{a_2}+\cdots\frac{1}{a_n}\right)$$

有下列有趣的恒等式

$$f(a_1,a_2,\cdots,a_n)-f(0,a_1+a_2,a_3,\cdots,a_n)=$$

$$a_1a_2\left[a_3a_4\cdots a_n\left(\frac{1}{a_3}+\frac{1}{a_4}+\cdots\frac{1}{a_n}\right)-2\right]$$

$$f(a_1,a_2,\cdots,a_n)-f\left(\frac{a_1+a_2}{2},\frac{a_1+a_2}{2},a_3,\cdots,a_n\right)=$$

$$\frac{(a_1-a_2)^2}{4}\left[2-a_3a_4\cdots a_n\left(\frac{1}{a_3}+\frac{1}{a_4}+\cdots+\frac{1}{a_n}\right)\right]$$

因此,下列不等式至少有一个是成立的

$$F\geqslant f(0,a_1+a_2,a_3,\cdots,a_n) \tag{1}$$

$$F\geqslant f\left(\frac{a_1+a_2}{2},\frac{a_1+a_2}{2},a_3\cdots,a_n\right) \tag{2}$$

不失一般性,假设 $a_1\geqslant a_2\geqslant\cdots\geqslant a_n$. 考虑变换式

$$(a_i,a_j)\to\left(\frac{a_i+a_j}{2},\frac{a_i+a_j}{2}\right)$$

如果$\left(\prod_{k\neq i,j}a_k\right)\left(\sum_{k\neq i,j}\frac{1}{a_k}\right)<2$,则经过变换之后 F 将减少. 如果经过这样的变换之后,对每一个$\{i_1,i_2,\cdots,i_{n-2}\}\subset\{1,2,\cdots,n\}$,有

$$a_{i_1}a_{i_2}\cdots a_{i_{n-2}}\left(\frac{1}{a_{i_1}}+\frac{1}{a_{i_2}}+\cdots+\frac{1}{a_{i_{n-2}}}\right)<2 \tag{3}$$

可以断定 F 仅当 n 个变量相等时达到最小值. 在这种情况下,我们有 $\min F=2n$. 否则,存在一个变换满足

$$\left(\prod_{k=1}^{n-2}a_{i_k}\right)\left(\sum_{k=1}^{n-2}\frac{1}{a_{i_k}}\right)\geqslant 2$$

根据式(1),F 仅当集合$\{a_1,a_2,\cdots,a_n\}$中最小的元素等于0时,达到最小值. 在这种情况下,我们有

$$F=g(a_1,a_2,\cdots,a_{n-1})=a_1^2+a_2^2+\cdots+a_{n-1}^2+a_1a_2\cdots a_{n-1}$$

使用相同的方法,我们可以得到下列不等式至少一个成立

$$g(a_1,a_2,\cdots,a_{n-1})\geqslant g(0,a_1+a_2,a_3,\cdots,a_{n-1})$$

$$g(a_1,a_2,\cdots,a_{n-1})\geqslant g\left(\frac{a_1+a_2}{2},\frac{a_1+a_2}{2},a_3,\cdots,a_{n-1}\right)$$

使用同样的函数 g，我们得到 $g(a_1,a_2,\cdots,a_{n-1})$ 达到其最小值当且仅当集合 $\{a_1,a_2,\cdots,a_{n-1}\}$ 中的所有元素都相等或者 $n-2$ 个元素相等而其他元素等于 0. 这个事实表明

$$\min F=\min\left(2n,\frac{n^2}{n-2},\frac{n^2}{n-1}+\left(\frac{n}{n-1}\right)^{n-1}\right)$$

注意　下面的结果可以推出上面问题的一个部分.

设 $a_1,a_2,\cdots,a_n$ 是非负实数，且满足 $a_1+a_2+\cdots+a_n=n$，对于 $k\in\mathbf{R}$，则

$$a_1^2+a_2^2+\cdots+a_n^2+ka_1a_2\cdots a_n\geqslant\min\left\{n+k,\frac{n^2}{n-1}\right\}$$

81. 设正实数 x,y,z 满足条件 $2xyz=3x^2+4y^2+5z^2$，求表达式 $P=3x+2y+z$ 的最小值.

解　设 $a=3x,b=2y,c=z$，则

$$a+b+c=3x+2y+z,a^2+3b^2+15c^2=abc$$

根据加权 AM - GM 不等式，我们有

$$a+b+c\geqslant(2a)^{\frac{1}{2}}(3b)^{\frac{1}{3}}(6c)^{\frac{1}{6}}$$

$$a^2+3b^2+15c^2\geqslant(4a^2)^{\frac{1}{4}}(9b^2)^{\frac{3}{9}}(36c^2)^{\frac{15}{36}}=(4a^2)^{\frac{1}{4}}(9b^2)^{\frac{1}{3}}(36c^2)^{\frac{5}{12}}$$

相乘上面的不等式，我们有

$$(a+b+c)(a^2+3b^2+15c^2)\geqslant 36abc\Rightarrow a+b+c\geqslant 36$$

所以 $3x+2y+z$ 的最小值是 36. 当 $x=y=z=6$ 时达到.

注意　我们考虑下列一般结果.

设 a,b,c,x,y,z 是正实数，且满足条件 $ax^2+by^2+cz^2=xyz$.

(1) 证明存在一个正实数 k 满足

$$\frac{1}{2\sqrt{k}}=\frac{1}{\sqrt{k}+\sqrt{k+a}}+\frac{1}{\sqrt{k}+\sqrt{k+b}}+\frac{1}{\sqrt{k}+\sqrt{k+c}}$$

(2) 使用这个 k 值，证明

$$x+y+z\geqslant\frac{(\sqrt{k}+\sqrt{k+a})(\sqrt{k}+\sqrt{k+b})(\sqrt{k}+\sqrt{k+c})}{\sqrt{k}}$$

证明：(1) 这部分相当简单. 考虑下列函数

$$f(k)=\frac{\sqrt{k}}{\sqrt{k}+\sqrt{k+a}}+\frac{\sqrt{k}}{\sqrt{k}+\sqrt{k+b}}+\frac{\sqrt{k}}{\sqrt{k}+\sqrt{k+c}}-\frac{1}{2}$$

因为 $f(k)$ 是 k 的增函数，且 $f(0)=-\frac{1}{2},\lim\limits_{k\to\infty}f(k)=1$，由 $f(k)$ 的连续性，可知方程 $f(k)=0$ 有一个正根.

(2) 设 m,n,p,m_1,n_1,p_1 是正实数，且满足

$$m+n+p=1,am_1+bn_1+cp_1=1$$

由加权 AM - GM 不等式,我们有

$$x+y+z \geqslant \left(\frac{x}{m}\right)^{m}\left(\frac{x}{n}\right)^{n}\left(\frac{x}{p}\right)^{p}$$

$$ax^2+by^2+cz^2 \geqslant \left(\frac{x^2}{m_1}\right)^{am_1}\left(\frac{y^2}{n_1}\right)^{bn_1}\left(\frac{z^2}{p_1}\right)^{cp_1}$$

将上述不等式相乘,有

$$(x+y+z)(ax^2+by^2+cz^2) \geqslant \frac{x^{m+2am_1}y^{n+2bn_1}z^{p+2cp_1}}{m^m n^n p^p m_1^{m_1} n_1^{n_1} p_1^{p_1}}$$

我们将选择六个数 m,n,p,m_1,n_1,p_1,验证下列条件

$$m+2am_1=n+2bn_1=p+2cp_1=1$$

$$\frac{x}{m}=\frac{y}{n}=\frac{z}{p},\frac{x^2}{m_1}=\frac{y^2}{n_1}=\frac{z^2}{p_1}$$

这第二个条件等价于存在一个实数 l,满足

$$\frac{m^2}{m_1}=\frac{n^2}{n_1}=\frac{p^2}{p_1}=8l$$

替换这些关系到第一个条件,我们有

$$\frac{a}{4l}=m_2^2-m_2,\frac{b}{4l}=n_2^2-n_2,\frac{c}{4l}=p_2^2-p_2$$

其中,$m_2=\frac{1}{m},n_2=\frac{1}{n},p_2=\frac{1}{p}$,所以

$$1=\frac{1}{m_2}+\frac{1}{n_2}+\frac{1}{p_2}=\frac{2\sqrt{l}}{\sqrt{l}+\sqrt{l+a}}+\frac{2\sqrt{l}}{\sqrt{l}+\sqrt{l+b}}+\frac{2\sqrt{l}}{\sqrt{l}+\sqrt{l+c}}\Rightarrow$$

$$\frac{1}{2\sqrt{l}}=\frac{1}{\sqrt{l}+\sqrt{l+a}}+\frac{1}{\sqrt{l}+\sqrt{l+b}}+\frac{1}{\sqrt{l}+\sqrt{l+c}}$$

根据 k 的定义,我们必定有 $l=k$,所以

$$x+y+z \geqslant m^{-m}n^{-n}p^{-p}m_1^{-am_1}n_1^{-bn_1}p_1^{-cp_1}=\frac{8l}{mnp}=8lm_2n_2p_2=$$

$$\frac{1}{\sqrt{k}}(\sqrt{k}+\sqrt{k+a})(\sqrt{k}+\sqrt{k+b})(\sqrt{k}+\sqrt{k+c})$$

等号成立的条件是

$$\frac{x}{m}=\frac{y}{n}=\frac{z}{p}=\frac{mnp}{am^2+bn^2+cp^2}$$

这个问题可以表示为另外的形式.

设 a,b,c,x,y,z 是正实数且满足 $ax^2+by^2+cz^2=xyz$.

(1) 证明:存在一个正实数 φ 满足

$$\frac{2}{1+\sqrt{1+\varphi a}}+\frac{2}{1+\sqrt{1+\varphi b}}+\frac{2}{1+\sqrt{1+\varphi c}}=1$$

(2) 对于同样的 φ 值,证明

$$x+y+z \geqslant \frac{(1+\sqrt{1+\varphi a})(1+\sqrt{1+\varphi b})(1+\sqrt{1+\varphi c})}{\varphi}$$

虽然不能否认,这个一般的问题在创建特定的不等式方面(对 a,b,c 特定的值)是很有用的,但我们认为原始问题,并不是基于一般问题,是偶然创建的,由于它有有趣的系数2,3,4,5,3,2,1以及表达式当所有变量 a,b,c 都等于6时达到最小值的特性,是令人印象深刻的.

82. (Pham Kim Hung) 设 a,b,c 是非负实数,证明

$$\frac{1}{\sqrt{a^2+bc}}+\frac{1}{\sqrt{b^2+ca}}+\frac{1}{\sqrt{c^2+ab}} \geqslant \frac{2\sqrt{2}}{\sqrt{ab+bc+ca}}$$

证明 假设 $a \geqslant b \geqslant c$. 注意到

$$\frac{1}{\sqrt{b^2+ca}}+\frac{1}{\sqrt{c^2+ab}} \geqslant \frac{2\sqrt{2}}{\sqrt{b^2+c^2+ab+ac}}$$

于是只需证明

$$\frac{1}{\sqrt{a^2+bc}}+\frac{2\sqrt{2}}{\sqrt{b^2+c^2+ab+ac}} \geqslant \frac{2\sqrt{2}}{\sqrt{ab+bc+ca}}$$

令 $M=ab+bc+ca, N=b^2+c^2+ab+ac$,则

$$\frac{2\sqrt{2}}{\sqrt{M}}-\frac{2\sqrt{2}}{\sqrt{N}}=\frac{2\sqrt{2}(b^2-bc+c^2)}{\sqrt{MN}(\sqrt{M}+\sqrt{N})}$$

当然,$N \geqslant M, N \geqslant 2(b^2-bc+c^2), M=ab+bc+ca \geqslant b\sqrt{a^2+bc}$,所以

$$\frac{2\sqrt{2}(b^2-bc+c^2)}{\sqrt{MN}(\sqrt{M}+\sqrt{N})} \leqslant \frac{2\sqrt{2}(b^2-bc+c^2)}{\sqrt{MN}\cdot 2\sqrt{N}}=\frac{\sqrt{2}(b^2-bc+c^2)}{M\sqrt{N}} \leqslant$$

$$\frac{\sqrt{2}(b^2-bc+c^2)}{b\sqrt{a^2+bc}\cdot\sqrt{2(b^2-bc+c^2)}}=\frac{\sqrt{b^2-bc+c^2}}{b\sqrt{a^2+bc}} \leqslant \frac{1}{\sqrt{a^2+bc}}$$

证毕. 无等号成立的情况.

83. (Vasile Cirtoaje) 设 a,b,c,d 是正实数,且 $a+b+c+d=4$,证明

$$\frac{1}{5-abc}+\frac{1}{5-bcd}+\frac{1}{5-cda}+\frac{1}{5-dab} \leqslant 1$$

证明 设 $x=abc, y=bcd, z=cda, t=dab$. 只需证明

$$\sum_{\text{cyc}}\frac{1}{5-x} \leqslant 1 \Leftrightarrow \sum_{\text{cyc}}\frac{1-x}{5-x} \geqslant 0 \Leftrightarrow \sum_{\text{cyc}}\frac{(1-x)(x+2)}{(5-x)(x+2)} \geqslant 0$$

由 AM - GM 不等式,容易证明 $x+y=bc(a+d) \leqslant \frac{64}{27}<3$. 所以,如果 $x \geqslant y$,则

$$(1-x)(2+x) \leqslant (1-y)(2+y),(5-x)(2+x) \geqslant (5-y)(2+y)$$

根据 Chebyshev 不等式,我们有

$$4\sum_{cyc}\frac{(1-x)(x+2)}{(5-x)(x+2)} \geqslant \left(\sum_{cyc}(1-x)(2+x)\right)\left(\sum_{cyc}\frac{1}{(5-x)(x+2)}\right)$$

于是,只需证明

$$\sum_{cyc}(1-x)(2+x)=8-\sum_{cyc}abc-\sum_{cyc}a^2b^2c^2 \geqslant 0$$

(1) 设 $p=a+b,q=ab,r=c+d,s=cd$,则 $p+r=4$,于是,只需证明

$$A=sp+qr+s^2(p^2-2q)+q^2(r^2-2s) \leqslant 8$$

记

$$A=f(q)=q^2(r^2-2s)+q(r-2s^2)+sp+s^2p^2$$

因为 $f(q)$ 是 q 的一个凸函数,我们有

$$f(q) \leqslant \max\left\{f(0),f\left(\frac{p^2}{4}\right)\right\}$$

类似地,如果考虑 A 作为 s 的函数,或 $A=g(s)$,我们有

$$g(s) \leqslant \max\left\{g(0),g\left(\frac{r^2}{4}\right)\right\}$$

这两个结果组合起来,表明当且仅当 a,b,c,d 中的一个数等于0(情况 I) 或者 $a=b,c=d$(情况 II). 情况 I 很容易得到证明. 在情况 II,不等式变成

$$a^2c+c^2a+a^4c^2+c^4a^2 \leqslant 4$$

令 $\beta=ac$,则 $\beta \leqslant 1$,而且

$$a^2c+c^2a+a^4c^2+c^4a^2=2ac+a^2c^2(4-2ac)=-2\beta^3+4\beta^2+2\beta=$$
$$4+(4-2\beta)(\beta^2-1) \leqslant 4$$

等号成立的条件是 $a=b=c=d=1$.

(2) 不失一般性,假设 $a \geqslant b \geqslant c \geqslant d$. 令 $m=\frac{a+c}{2},u=\frac{a-c}{2},t=m^2,v=u^2$,

则

$$f(a,b,c,d)=\sum_{cyc}abc+\sum_{cyc}a^2b^2c^2=g(v)$$

其中

$$g(v)=(t-v)(b+d)+2bd\sqrt{t}+(t-v)^2(b^2+d^2)+2b^2d^2(t+v)$$

因为 $t-v=ac \geqslant bd$,于是

$$g'(v)=-(b+d)-2(t-v)(b^2+d^2)+2b^2d^2 \leqslant 0$$

这就意味着 $f(a,b,c,d) \leqslant f(\sqrt{ac},b,\sqrt{ac},d)$. 现在我们重复前两个变量 $\sqrt{ac}$,b 的过程,然后第一个和第三个,重复上述过程,并取极限,我们有

$$f(a,b,c,d) \leqslant f(\alpha,\alpha,\alpha,4-3\alpha) \quad \alpha \in \left[0,\frac{4}{3}\right]$$

不等式 $f(\alpha,\alpha,\alpha,4-3\alpha) \leqslant 8$ 等价于

$$\alpha^3+3\alpha^2(4-3\alpha)+\alpha^6+3\alpha^4(4-3\alpha)^2 \leqslant 8 \Leftrightarrow$$

$$(\alpha-1)^2(7\alpha^4-4\alpha^3-3\alpha^2-4\alpha-2)\leqslant 0$$

这是显然的,因为 $\alpha\in\left[0,\frac{4}{3}\right]$(从而 $7\alpha^4-4\alpha^3-3\alpha^2-4\alpha-2\leqslant 0$). 等号成立的条件是 $a=b=c=d=1$.

注意 使用归纳法,我们可以证明下列结果.

设 $n\geqslant 3$ 是自然数,$a_1,a_2,\cdots,a_n$ 是非负实数,且 $a_1+a_2+\cdots+a_n=n$. 对于每一个 $k\in\{1,2,\cdots,n\}$,我们记 $b_k=a_1a_2\cdots a_{k-1}a_{k+1}\cdots a_n$. 证明

$$\frac{1}{n+1-b_1}+\frac{1}{n+1-b_2}+\cdots+\frac{1}{n+1-b_n}\leqslant 1$$

为了证明它,我们使用归纳法来证明更一般的不等式

$$\frac{1}{k-b_1}+\frac{1}{k-b_2}+\cdots+\frac{1}{k-b_n}\leqslant\frac{n}{k-1}$$

其中 k 是一个实数,且 $k\geqslant n+1$. 注意到,最困难的步骤是 $n=4$ 的情况. 对于 $n=4$,不等式 $\sum\limits_{\text{cyc}}\frac{1}{k-abc}\leqslant\frac{4}{k-1}(k\geqslant 5)$ 的证明与 $k=5$ 的情况是类似的.

84. (Pham Kim Hung) 设 a,b,c 是三个任意实数. 证明

$$\frac{1}{(2a-b)^2}+\frac{1}{(2b-c)^2}+\frac{1}{(2c-a)^2}\geqslant\frac{11}{7(a^2+b^2+c^2)}$$

证明 记 $x=2a-b,y=2b-c,z=2c-a$,则

$$a=\frac{4x+2y+z}{7},b=\frac{4y+2z+x}{7}$$

$$c=\frac{4z+2x+y}{7}\Rightarrow a^2+b^2+c^2=\frac{2(x+y+z)+x^2+y^2+z^2}{7}$$

余下的只需要证明,对所有 $x,y,z\in\mathbf{R}$,有

$$\frac{1}{x^2}+\frac{1}{y^2}+\frac{1}{z^2}\geqslant\frac{11}{2(x+y+z)^2+x^2+y^2+z^2}$$

当然,我们只需考虑 $x\geqslant y\geqslant 0\geqslant z$ 的情况(不必讨论 $x,y,z\geqslant 0$ 或 $x,y,z\leqslant 0$ 的情况). 事实上,我们只需证明

$$f(x,y,z)=\frac{1}{x^2}+\frac{1}{y^2}+\frac{1}{z^2}-\frac{11}{2(x+y+z)^2+x^2+y^2+z^2}\geqslant 0$$

对所有 $x,y,z\geqslant 0$(我们改变了 z 的符号). 考虑两种情况:

(1) 如果 $z\geqslant x+y$,则很容易证明

$$\frac{1}{z-x-y}[f(x,y,z)-f(x,y,x+y)]=\frac{11(3z-x-y)}{MN}-\frac{x+y+z}{z^2(x+y)^2}$$

其中

$$M=x^2+y^2+(x+y)^2$$

$$N=x^2+y^2+z^2+2(z-x-y)^2$$

因为 $$3z-x-y\geqslant x+y+z,2(x+y)^2\geqslant M,5z^2\geqslant N$$

因此

$$f(x,y,z)\geqslant f(x,y,x+y)=\frac{1}{x^2}+\frac{1}{y^2}+\frac{1}{(x+y)^2}-\frac{11}{2[x^2+y^2+(x+y)^2]}$$

注意到

$$\left[\frac{1}{x^2}+\frac{1}{y^2}+\frac{1}{(x+y)^2}\right](x^2+y^2+xy)-\frac{27}{4}=$$
$$\frac{x^2}{y^2}+\frac{y^2}{x^2}+\frac{x}{y}+\frac{y}{x}+\frac{x^2+xy+y^2}{(x+y)^2}-\frac{19}{4}\geqslant 0$$

所以 $f(x,y,x+y)\geqslant 0$.

(2) 如果 $x+y\geqslant z$,设 $t=\sqrt{xy}$,我们有

$$f(x,y,z)\geqslant f(t,t,z)=\frac{2}{t^2}+\frac{1}{z^2}-\frac{11}{2t^2+z^2+(2t-z)^2}$$

不失一般性,假设 $z=1$,则 $t\leqslant\frac{1}{2}$. 展开之后,不等式变成

$$f(t)=5t^4-4t^3+6t^2-8t+3\geqslant 0$$

因为

$$t\leqslant\frac{1}{2},f'(t)=20t^3-12t^2+12t-8<(20t^3-10t^2)+(12t-6)$$

所以 $$f(t)\geqslant f\left(\frac{1}{2}\right)=0.312\ 5>0$$

注意 对所有实数 a,b,c,不等式

$$\frac{1}{(2a-b)^2}+\frac{1}{(2b-c)^2}+\frac{1}{(2c-a)^2}\geqslant\frac{k}{7(a^2+b^2+c^2)}$$

都成立的最好的常数 $k=\min\limits_{0\leqslant x\leqslant\frac{1}{2}}g(x)=10x^2+\frac{6}{x^2}-\frac{16}{x}-8x+23$. 某些计算之后,我们得到这个值大约是 11.607 5.

85. 设 a,b,c 是正实数. 考虑下列不等式

$$\frac{ab}{c}+\frac{bc}{a}+\frac{ca}{b}\geqslant 3\sqrt[k]{\frac{a^k+b^k+c^k}{3}}\qquad(*)$$

(1) 证明式(*)对 $k=2$ 成立.

(2) 证明式(*)对 $k=3$ 不成立,但是对 $k=3$ 以及 a,b,c 满足下列条件成立

$$a^3b^3+b^3c^3+c^3a^3\geqslant abc(a^3+b^3+c^3)$$

(3) k 取何值时,式(*)对任意正数 a,b,c 都成立?

证明 (1) 对于 $k=2$,不失一般性,假设 $\sum\limits_{cyc}a^2=3$,则不等式 $\sum\limits_{cyc}\frac{ab}{c}\geqslant 3$ 等

价于

$$\left(\sum_{cyc}\frac{ab}{c}\right)^2\geqslant 9\Leftrightarrow\sum_{cyc}\frac{a^2b^2}{c^2}\geqslant 3\Leftrightarrow\sum_{cyc}a^2\left(\frac{b^2}{c^2}+\frac{c^2}{b^2}-2\right)\geqslant 0$$

这是显然成立的. 等号成立的条件是 $a=b=c$.

(2) 如果 $k=3$, 设 $a=b=0.8, c=\sqrt[3]{1.976}$, 则式(*)不成立. 现在, 利用条件

$$a^3b^3+b^3c^3+c^3a^3\geqslant abc(a^3+b^3+c^3)$$

式(*)为真. 事实上, 根据 AM - GM 不等式, 使用假设条件 $\sum_{cyc}a^3=3$, 我们有

$$\left(\sum_{cyc}a\right)\left(\sum_{cyc}a^2\right)=3+\sum_{cyc}a^2(b+c)=\sum_{cyc}(a^2b+b^2a+1)\geqslant 3\sum_{cyc}ab\Rightarrow$$

$$abc\left(\sum_{cyc}a^3+\sum_{cyc}ab(a+b)\right)\geqslant 3abc\left(\sum_{cyc}ab\right)$$

因为 $abc\sum_{cyc}a^3\leqslant\sum_{cyc}a^3b^3$, 所以

$$abc\left(\sum_{cyc}ab(a+b)\right)+\sum_{cyc}a^3b^3\geqslant 3abc\left(\sum_{cyc}ab\right)\Rightarrow\left(\sum_{cyc}ab\right)\left(\sum_{cyc}a^2b^2\right)\geqslant 3abc\left(\sum_{cyc}ab\right)$$

$$\sum_{cyc}a^2b^2\geqslant 3abc\Rightarrow\sum_{cyc}\frac{ab}{c}\geqslant 3$$

(3) 考虑正实数 a,b,c 满足条件 $\frac{ab}{c}+\frac{bc}{a}+\frac{ca}{b}=3$, 我们来求表达式 S 的最大值

$$S=a^k+b^k+c^k\quad(k>0)$$

设 $x=\frac{ab}{c}, y=\frac{bc}{a}, z=\frac{ca}{b}$, 则 $x+y+z=3$, 并且 $S=\sum_{cyc}(xy)^{\frac{k}{2}}$. 由一个已知的结果(参见前一个问题), 我们有

$$S\leqslant\max\left\{3,\frac{3^k}{2^k}\right\}$$

于是式(*)对所有正实数 a,b,c 都成立, 当且仅当

$$k\leqslant\frac{\ln 3}{\ln 3-\ln 2}\approx 2.709\ 511\cdots<3$$

(当然包括 $k<0$ 的情况).

86. (Pham Kim Hung) 设 a,b,c 是非负实数, 证明

$$\frac{1}{\sqrt{4a^2+bc}}+\frac{1}{\sqrt{4b^2+ca}}+\frac{1}{\sqrt{4c^2+ab}}\geqslant\frac{4}{a+b+c}$$

证明 (1) 记

$$S=\sum_{cyc}\frac{1}{\sqrt{4a^2+bc}}$$

$$P=\sum_{cyc}(b+c)^3(4a^2+bc)$$

根据 Hölder 不等式,我们有

$$S\cdot S\cdot P\geqslant(a+b+c)^3$$

所以,只需证明

$$(a+b+c)^5\geqslant 2P$$

因为

$$P=\sum_{cyc}a^4(b+c)+7\sum_{cyc}a^3(b^2+c^2)+24abc\sum_{cyc}ab$$

$$(a+b+c)^5=\sum_{cyc}a^5+5\sum_{cyc}a^4(b+c)+10\sum_{cyc}a^3(b^2+c^2)+$$
$$20abc\sum_{cyc}a^2+30abc\sum_{cyc}ab$$

不等式$(a+b+c)^5\geqslant 2P$等价于(整理之后)

$$\sum_{cyc}a^5+3\sum_{cyc}a^4(b+c)+20abc\sum_{cyc}a^2\geqslant 4\sum_{cyc}a^3(b^2+c^2)+18abc\sum_{cyc}ab$$

这最后的不等式由下列不等式,得到

$$18abc\sum_{cyc}a^2\geqslant 18abc\sum_{cyc}ab$$

$$\sum_{cyc}a^5+abc\sum_{cyc}a^2\geqslant\sum_{cyc}a^4(b+c)$$

$$4\sum_{cyc}a^4(b+c)\geqslant 4\sum_{cyc}a^3(b^2+c^2)$$

等号成立的条件是$a=b,c=0$及其循环排列.

(2) 假设$a\geqslant b\geqslant c$. 记$t=\frac{a+b}{2}\geqslant c$,则不等式$(4a^2+bc)(4b^2+ca)\leqslant(4t^2+tc)^2$等价于

$$(a-b)^2\left(\frac{1}{4}c^2+a^2+b^2+6ab-3ca-3cb\right)\geqslant 0$$

这是显然成立的,因为$a\geqslant b\geqslant c$. 于是,我们有

$$\frac{1}{\sqrt{4a^2+bc}}+\frac{1}{\sqrt{4b^2+ca}}+\frac{1}{\sqrt{4c^2+ab}}\geqslant\frac{2}{\sqrt{4t^2+tc}}+\frac{1}{\sqrt{4c^2+t^2}}$$

余下的只需证明

$$\frac{2}{\sqrt{4t^2+tc}}+\frac{1}{\sqrt{4c^2+t^2}}\geqslant\frac{4}{a+b+c}=\frac{4}{2t+c}\Leftrightarrow$$

$$\left(\frac{2}{\sqrt{4t^2+tc}}-\frac{1}{t}\right)+\left(\frac{1}{\sqrt{4c^2+t^2}}-\frac{1}{t}\right)\geqslant\frac{4}{2t+c}-\frac{2}{t}\Leftrightarrow$$

$$\frac{-c}{\sqrt{4t^2+tc}\,(2t+\sqrt{2t^2+tc})}+\frac{-4c^2}{t\sqrt{4c^2+t^2}\,(t+\sqrt{4c^2+t^2})}\geqslant\frac{-2c}{t(2t+c)}\Leftrightarrow$$

$$\frac{2}{t(2t+c)}-\frac{1}{\sqrt{4t^2+tc}\,(2t+\sqrt{2t^2+tc})}-\frac{4c}{t\sqrt{4c^2+t^2}\,(t+\sqrt{4c^2+t^2})}\geqslant 0$$

注意到

$$\frac{1}{3t(2t+c)}\geqslant\frac{1}{\sqrt{4t^2+tc}\,(2t+\sqrt{2t^2+tc})}\Leftrightarrow \tag{1}$$

$$9t^2(2t+c)^2\leqslant(4t^2+tc)(2t+\sqrt{4t^2+tc})^2\Leftrightarrow t^2+6tc+2c^2\leqslant$$

$$2t\sqrt{4t^2+tc}+c\sqrt{4t^2+tc}$$

这是显然成立的,因为 $t\geqslant c$. 下面我们将证明

$$\frac{5}{3t(2t+c)}\geqslant\frac{4c}{t\sqrt{4c^2+t^2}\,(t+\sqrt{4c^2+t^2})}\Leftrightarrow \tag{2}$$

$$5\sqrt{4c^2+t^2}\,(t+\sqrt{4t^2+c^2})\geqslant 12c(2t+c)$$

根据 Cauchy - Schwarz 不等式,我们有 $\sqrt{5(4c^2+t^2)}\geqslant 4c+t$. 类似地,$\sqrt{5(4t^2+c^2)}\geqslant 4t+c$,所以只需证明

$$(4c+t)[4c+(\sqrt{5}+1)t]\geqslant 12c(2t+c)\Leftrightarrow$$

$$(\sqrt{5}+1)t^2+(16-4\sqrt{5})tc+4c^2\geqslant 0$$

这是显然成立的. 综合式(1),(2)可知,不等式成立.

87. (Pham Kim Hung) 设 a,b,c 是非负实数,证明

$$\sqrt{\frac{ab}{4a^2+b^2+4c^2}}+\sqrt{\frac{bc}{4b^2+c^2+4a^2}}+\sqrt{\frac{ca}{4c^2+a^2+4b^2}}\leqslant 1$$

证明 不失一般性,假设 $a^2+b^2+c^2=3$. 由加权的 Jensen 不等式,我们有

$$\sum_{cyc}\sqrt{\frac{ab}{4a^2+b^2+4c^2}}=$$

$$\sum_{cyc}\frac{a^2+4b^2+4c^2}{27}\cdot\sqrt{\frac{27^2\cdot ab}{(4a^2+b^2+4c^2)(a^2+4b^2+4c^2)^2}}\leqslant$$

$$\sqrt{\sum_{cyc}\frac{27ab}{(4a^2+b^2+4c^2)(a^2+4b^2+4c^2)}}=\sqrt{\sum_{cyc}\frac{3ab}{(4-a^2)(4-b^2)}}$$

余下的只需证明

$$3\sum_{cyc}ab(4-c^2)\leqslant\prod_{cyc}(4-a^2)\Leftrightarrow$$

$$4\left(\sum_{cyc}ab\right)\left(\sum_{cyc}a^2\right)\leqslant\frac{16}{9}\left(\sum_{cyc}a^2\right)^2+4\sum_{cyc}a^2b^2+3\sum_{cyc}a^2bc-a^2b^2c^2\Leftrightarrow$$

$$36\sum_{cyc}a^3(b+c)+9\sum_{cyc}a^2bc+9a^2b^2c^2\leqslant 16\sum_{cyc}a^4+68\sum_{cyc}a^2b^2$$

因为 $3abc\sum_{cyc}a=abc(\sum_{cyc}a)(\sum_{cyc}a^2)\geqslant 9a^2b^2c^2$，所以只需证明

$$9\sum_{cyc}a^3(b+c)+3\sum_{cyc}a^2bc\leqslant 4\sum_{cyc}a^4+17\sum_{cyc}a^2b^2\Leftrightarrow$$

$$\sum_{cyc}\left(2a^2+2b^2+\frac{3c^2}{2}-5ab\right)(a-b)^2\geqslant 0$$

假设 $a\geqslant b\geqslant c$，则由 Abel 不等式，不等式是成立的. 因为

$$2b^2+2c^2+\frac{3}{2}a^2-5bc\geqslant 0$$

而且

$$\left(2a^2+2b^2+\frac{3c^2}{2}-5ab\right)+\left(2a^2+2c^2+\frac{3b^2}{2}-5ac\right)=$$

$$4a^2+\frac{9}{2}(b^2+c^2)-5a(b+c)\geqslant$$

$$4a^2+9\left(\frac{b+c}{2}\right)^2-10a\left(\frac{b+c}{2}\right)\geqslant 0$$

88. (IMO Shrtlist 2003) 设 n 是一个正整数，$(x_1,x_2,\cdots,x_n)$，$(y_1,y_2,\cdots,y_n)$ 是两个正数序列. 设 $(z_1,z_2,\cdots,z_n)$ 是正数序列，且满足 $z_{i+j}^2\geqslant x_iy_j(1\leqslant i,j\leqslant n)$，记 $M=\max\{z_2,\cdots,z_{2n}\}$，证明

$$\left(\frac{M+z_2+\cdots+z_{2n}}{2n}\right)^2\geqslant\left(\frac{x_1+x_2+\cdots+x_n}{n}\right)\left(\frac{y_1+y_2+\cdots+y_n}{n}\right)$$

证明　设 $X=\max\{x_1,x_2,\cdots,x_n\}$，$Y=\max\{y_1,y_2,\cdots,y_n\}$. 不失一般性，假设 $X=Y=1$（否则，使用 $\frac{x_i}{X}$ 替换 x_i，用 $\frac{y_i}{Y}$ 替换 y_i，用 $\frac{z_i}{\sqrt{XY}}$ 替换 z_i）. 根据 AM－GM 不等式，有下列更强的结果

$$M+z_2+\cdots+z_{2n}\geqslant x_1+x_2+\cdots+x_n+y_1+y_2+\cdots+y_n\qquad(*)$$

设 r 是某个实数. 我们将证明不等式 $(*)$ 右边的表达式中比 r 大的项数不大于左边表达式中比 r 大的项数. 事实上，如果 $r>1$（因为式 $(*)$ 右边表达式没有比 r 大的项），这是显然成立的. 现考虑 $r<1$ 的情况. 我们记

$$A=\{i\in\mathbf{N},1\leqslant i\leqslant n\mid x_i>r\},B=\{i\in\mathbf{N},1\leqslant i\leqslant n\mid y_i>r\}$$

则当然 $|A|,|B|\geqslant 1$.

假设 $A=\{i_1,i_2,\cdots,i_a\}$，$B=\{j_1,j_2,\cdots,j_b\}$，其中 $i_1<i_2<\cdots<i_a$，$j_1<j_2<\cdots<j_b$. 序列 $(z_2,z_3,\cdots,z_{2n})$ 中至少有 $a+b-1$ 项比 r 大

$$z_{i_1+j_1},z_{i_1+j_2},\cdots,z_{i_1+j_b},z_{i_2+j_b},\cdots,z_{i_a+j_b}$$

另一方面，注意到 $a+b-1\geqslant 1$，所以至少有一个数 z_i 比 r 大，因此 $M>r$. 这就意味着式 $(*)$ 左边的表达式至少有 $a+b$ 个项比 r 大.

由这个性质，我们得到对每一个自然数 $k(1\leqslant k\leqslant 2n)$，式 $(*)$ 左边第 k 个

最大数不小于式(*)右边表达式的第 k 个最大数. 所以,很明显,式(*)左边表达式的和不小于式(*)右边表达式的和. 证毕.

89. (Vasile Cirtoaje and Pham Kim Hung)(1) 设 a,b,c 是三个实数. 证明

$$a^4+b^4+c^4+ab^3+bc^3+ca^3 \geqslant 2(a^3b+b^3c+c^3a)$$

(2) 设 a,b,c 是三个实数,且满足 $a^2+b^2+c^2+ab+bc+ca=6$. 证明

$$a^3b+b^3c+c^3a+abc(a+b+c) \leqslant 6$$

(3) 求最好(最大) 的常数 k 满足对所有实数 a,b,c,不等式

$$a^4+b^4+c^4+k(ab+bc+ca)^2 \geqslant (1+3k)(a^3b+b^3c+c^3a)$$

成立.

证明 对于所有实数 a,b,c,我们有

$$(a^2-kab+kac-c^2)^2+(b^2-kbc+kba-a^2)^2+(c^2-kca+kcb-b^2)^2 \geqslant 0$$

展开之后,这个不等式变成

$$\sum_{cyc} a^4+(k^2-1)\sum_{cyc} a^2b^2+k\sum_{cyc} ab^3 \geqslant 2k\sum_{cyc} a^3b+(k^2-k)\sum_{cyc} a^2bc$$

(1) 令 $k=1$,我们有

$$a^4+b^4+c^4+ab^3+bc^3+ca^3 \geqslant 2(a^3b+b^3c+c^3a)$$

(2) 令 $k=2$,我们有

$$\left(\sum_{cyc} a^2\right)^2+\sum_{cyc} a^2b^2+\sum_{cyc} ab^3 \geqslant 4\sum_{cyc} a^3b+2abc\sum_{cyc} a \Leftrightarrow$$

$$\left(\sum_{cyc} a^2+\sum_{cyc} ab\right)^2 \geqslant 6\sum_{cyc} a^3b+6abc\sum_{cyc} a$$

如果

$$a^2+b^2+c^2+ab+bc+ca=6$$

则

$$a^3b+b^3c+c^3a+abc(a+b+c) \leqslant 6$$

(3) 我们有

$$[(a-b)^2+2c(a-c)]^2+[(b-c)^2+2a(b-a)]^2+$$
$$[(c-a)^2+2b(c-b)]^2 \geqslant 0$$

展开之后,不等式变成

$$6\sum_{cyc} a^4+4\sum_{cyc} a^2bc+2\sum_{cyc} a^2b^2 \geqslant 12\sum_{cyc} a^3b \Rightarrow$$

$$\sum_{cyc}(a^4+b^4+c^4)+\frac{1}{3}\left(\sum_{cyc} ab\right)^2 \geqslant 2\sum_{cyc} a^3b$$

于是,我们找到的最好的(最大) 常数 $k=\frac{1}{3}$.

注意 在这些结果中,有一个等号成立的特殊情况,它不同于 $a=b=c$. 例如在(1) 中,等号成立的条件是

$$a=2\cos 20°+1 \approx 2.88,\ b=2\cos 40° \approx 1.532,\ c=-1$$

90. (Pham Kim Hung) 设 a,b,c,d 是非负实数,且满足条件 $a+b+c+d=$

4. 证明:对所有正整数 $k,n\geqslant 2$,有

$$(k+a^n)(k+b^n)(k+c^n)(k+d^n)\geqslant (k+1)^4$$

证明 注意到,对于 $n\geqslant 2$,我们有

$$\left(\frac{k+a^n}{k+1}\right)^2\geqslant\left(\frac{k+a^2}{k+1}\right)^n$$

这个不等式可以很容易地由 AM - GM 不等式或者 Hölder 不等式得证.

根据这个不等式,我们有

$$\prod_{\text{cyc}}\left(\frac{k+a^n}{k+1}\right)^2\geqslant\prod_{\text{cyc}}\left(\frac{k+a^2}{k+1}\right)^n$$

所以,只需证明不等式在 $n=2$ 的情况成立即可.假设这个不等式对于 $n=2$ 为真,则对于 $k\geqslant 2$ 也为真,因为由 Hölder 不等式,我们有

$$\prod_{\text{cyc}}(k+a^2)=\prod_{\text{cyc}}[(k-2)+(2+a^2)]\geqslant$$

$$\left(k-2+\sqrt[4]{\prod_{\text{cyc}}(2+a^2)}\right)^4\geqslant(k+1)^4$$

所以,只需证明不等式在 $k=n=2$ 时成立,即

$$(2+a^2)(2+b^2)(2+c^2)(2+d^2)\geqslant 81$$

(1)对称分离方法.不等式等价于

$$\sum_{\text{cyc}}\ln(2+a^2)\geqslant 4\ln 3$$

考虑下列函数

$$f(x)=\ln(2+x^2)-\ln 3-\frac{2x}{3}+\frac{2}{3}$$

则其导数

$$f'(x)=\frac{2x}{2+x^2}-\frac{2}{3}=\frac{2}{3}(x-1)(2-x)$$

所以 $f(x)$ 在 $[0,1]\cup[2,+\infty)$ 上是减函数,在 $[1,2]$ 上是增函数,所以

$$\min_{0\leqslant x\leqslant t}f(x)=\min\{f(1),f(t)\}\quad t\in[0,4]\qquad(*)$$

由式$(*)$,我们有 $f(x)\geqslant f(1)=0(1\leqslant x\leqslant 2.5)$.如果 $a,b,c,d\leqslant 2.5$,则显然成立.因为

$$\sum_{\text{cyc}}f(a)\leqslant 0\Leftrightarrow\sum_{\text{cyc}}\ln(2+x^2)\leqslant\left(\frac{2x}{3}-\frac{2}{3}+\ln 3\right)=4\ln 3$$

否则,设 $a\geqslant 2.5$,记 $t=\dfrac{b+c+d}{3}$,则

$$\prod_{\text{cyc}}(2+a^2)\geqslant 16+8\sum_{\text{cyc}}a^2+4a^2(b^2+c^2+d^2)\geqslant 16+8a^2+24t^2+12a^2t^2$$

余下,只需证明,对所有 $t\leqslant 0.5$,有

$$g(t)=8\,(4-3t)^2+24t^2+12t^2\,(4-3a)^2\geqslant 65$$

因为 $4-3t\geqslant 2.5, t(4-3t)^2<4$，于是

$$g'(t)=-48(4-3t)+48t+24t(4-3t)^2-72t^2(4-3t)\leqslant$$
$$-48\times(2.5)^2+48\times(0.5)+24\times 4<0$$

我们可以得出

$$g(t)\geqslant g(0.5)=74.75>65$$

证毕. 等号成立的条件是 $a=b=c=d=1$.

(2) 注意到，如果 $a+b\leqslant 2$，则

$$(2+a^2)(2+b^2)\geqslant\left[2+\frac{(a+b)^2}{4}\right]^2$$

事实上，这个不等式等价于

$$2(a^2+b^2)-(a+b)^2-\frac{(a+b)^4}{16}-a^2b^2\geqslant 0\Leftrightarrow$$
$$(a-b)^2[16-(a+b)^2-4ab]\geqslant 0$$

这显然是成立的，因为 $a+b\leqslant 2$. 现在，假设 $d\geqslant c\geqslant b\geqslant a$，并且记

$$F(a,b,c,d)=\prod_{\text{cyc}}(2+a^2)$$

因为 $c+a\leqslant 2$，所以 $F(a,b,c,d)\geqslant F\left(\frac{a+c}{2},b,\frac{a+c}{2},d\right)$. 根据问题 83 的解答 (2)，有

$$F(a,b,c,d)\geqslant F(x,x,x,4-3x), x=\frac{a+b+c}{3}$$

余下的只需证明 $(2+x^2)^3[2+(4-3x)^2]\geqslant 81$，或者 $f(x)\geqslant 4\ln 3$. 其中

$$f(x)=3\ln(2+x^2)+\ln[2+(4-3x)^2]$$

很容易计算出

$$f'(x)=\frac{6x}{2+x^2}-\frac{6(4-3x)}{2+(4-3x)^2}=0\Leftrightarrow(x-1)\left(4-\frac{8}{x(4-3x)}\right)=0$$

如果 $x\neq 1$，我们必有 $x(4-3x)=2$. 所以，由 AM - GM 不等式，有

$$3x(4-3x)\leqslant 4\Rightarrow x(4-3x)\leqslant\frac{4}{3}<2$$

所以，方程 $f'(x)=0$ 只有一个正根 $x=1$. 因此，我们有

$$\max_{0\leqslant x\leqslant 1}f(x)=f(1)=4\ln 3$$

注意 使用类似于证法(2) 的方法，我们可以证明下列一般的问题. 设 a,b,c,d 是非负实数，且满足 $a+b+c+d=4$，对于 $k\geqslant 1$，证明

$$(k+a^2)(k+b^2)(k+c^2)(k+d^2)\geqslant$$
$$\min\{(k+1)^4,(k+\alpha^2)^3(k+(4-3\alpha)^2)\}$$

这里 α,k 满足 $k\leqslant\frac{4}{3},\alpha=\frac{2-\sqrt{4-3k}}{3}$.

为了证明它,注意到,如果 $k \geqslant 1$ 而且 $a+b \leqslant 2$,则

$$(k+a^2)(k+b^2) \geqslant \left[k+\frac{(a+b)^2}{4}\right]^2$$

通过选择特殊的 k 值,我们可以得到一些有趣的结果如下

$$(5+4a^2)(5+4b^2)(5+4c^2)(5+4d^2) \geqslant 6\ 480$$

$$(1+a^2)(1+b^2)(1+c^2)(1+d^2) \geqslant 10\left(1+\frac{1}{9}\right)^3 = \frac{10^4}{9^3}$$

$$(4+3a^2)(4+3b^2)(4+3c^2)(4+3d^2) \geqslant \min\left(7^4, \frac{2^{16}}{3^3}\right) = 7^4 = 2\ 401$$

91. 设 a,b,c 是正实数,且满足 $a^2+b^2+c^2=3$,证明

$$a^3b^2+b^3c^2+c^3a^2 \leqslant 3$$

证明 由 Cauchy - Schwarz 不等式,我们有

$$(a^3b^2+b^3c^2+c^3a^2)^2 \leqslant (a^2b^2+b^2c^2+c^2a^2)(a^4b^2+b^4c^2+c^4a^2)$$

余下证明,如果 $x+y+z=3$,则

$$(xy+yz+zx)(x^2y+y^2z+z^2x) \leqslant 3$$

其中,$x=a^2,y=b^2,z=c^2$.(译者注)

注意到

$$3(xy+yz+zx)(x^2y+y^2z+z^2x) = \left(\sum_{cyc} x\right)\left(\sum_{cyc} xy\right)\left(\sum_{cyc} x^2y\right) = \left(\sum_{cyc} xy\right)\left(\sum_{cyc} x^3y + \sum_{cyc} x^2y^2 + 3xyz\right)$$

设 $s=xy+yz+zx$,则由 Schur 不等式,由 $3abc \geqslant 4s-9$. 另外

$$\sum_{cyc} x^2 = 9-2s, \sum_{cyc} x^2y^2 = s^2-6xyz$$

考虑到问题 52,我们有

$$3\sum_{cyc} x^3y \leqslant (x^2+y^2+z^2)^2 = (9-2s)^2$$

我们有

$$3\left(\sum_{cyc} xy\right)\left(\sum_{cyc} x^3y + \sum_{cyc} x^2y^2 + 3xyz\right) \leqslant s[(9-2s)^2+3s^2-9abc] \leqslant s[(9-2s)^2+3s^2-3(4s-9)]$$

于是,只需证明

$$s[(9-2s)^2+3s^2-3(4s-9)] \leqslant 81 \Leftrightarrow (s-3)(7s^2-27s+27) \leqslant 0$$

这是显然成立,因为 $s \leqslant 3$. 等号成立的条件是 $a=b=c$.

注意 根据这个结果,我们可以很容易地得到(Cauchy 求反).

假设 $a,b,c>0,a+b+c=3$,证明

$$\frac{a}{1+b^3}+\frac{b}{1+c^3}+\frac{c}{1+a^3} \geqslant \frac{3}{2}$$

92. (Pham Kim Hung) 设 a,b,c 是任意正实数,证明

$$\left(a+\frac{b^2}{c}\right)^2+\left(b+\frac{c^2}{a}\right)^2+\left(c+\frac{a^2}{b}\right)^2 \geqslant \frac{12(a^3+b^3+c^3)}{a+b+c}$$

证明 不等式等价于

$$a^2+b^2+c^2+\frac{2ab^2}{c}+\frac{2bc^2}{a}+\frac{2ca^2}{b}+\frac{b^4}{c^2}+\frac{c^4}{a^2}+\frac{a^4}{b^2} \geqslant \frac{12(a^3+b^3+c^3)}{a+b+c}$$

使用下列恒等式

$$\sum_{cyc}\frac{b^4}{c^2}-\sum_{cyc}a^2=\sum_{cyc}(b-c)^2\left(1+\frac{b}{c}\right)^2$$

$$\sum_{cyc}\frac{ab^2}{c}-\sum_{cyc}ab=\sum_{cyc}\frac{a(b-c)^2}{c}$$

$$\frac{3\sum\limits_{cyc}a^3}{\sum\limits_{cyc}a}-\sum_{cyc}a^2=\frac{\sum\limits_{cyc}(b+c)(b-c)^2}{a+b+c}$$

于是,不等式可以改写成

$$\sum_{cyc}(b-c)^2\left[\left(1+\frac{b}{c}\right)^2-1-\frac{4(b+c)}{a+b+c}+\frac{2a}{c}\right] \geqslant 0$$

或者

$$S_a(b-c)^2+S_b(c-a)^2+S_c(a-b)^2 \geqslant 0$$

其中

$$S_a=\frac{b^2}{c^2}+\frac{4a}{a+b+c}+\frac{2(a+b)}{c}-4$$

$$S_b=\frac{c^2}{a^2}+\frac{4b}{a+b+c}+\frac{2(b+c)}{a}-4$$

$$S_c=\frac{a^2}{b^2}+\frac{4c}{a+b+c}+\frac{2(a+c)}{b}-4$$

(1) $c \geqslant b \geqslant a$. 当然,$S_b \geqslant 0$,而且

$$S_a+S_b=\frac{c^2}{a^2}+\frac{b^2}{c^2}+\frac{4(a+b)}{a+b+c}+\frac{2(b+c)}{a}+\frac{2(a+b)}{c}-8 >$$

$$\left(\frac{c^2}{a^2}+\frac{b^2}{c^2}-4\right)+\left(\frac{2c}{a}+\frac{2a}{c}-4\right)+\left(\frac{2b}{a}-2\right) \geqslant 0$$

类似地,我们有

$$S_c+S_b=\frac{c^2}{a^2}+\frac{a^2}{b^2}+\frac{4(b+c)}{a+b+c}+\frac{2(b+c)}{a}+\frac{2(a+c)}{b}-8 >$$

$$\left(\frac{c^2}{a^2}+\frac{a^2}{b^2}-2\right)+\left(\frac{2b}{a}+\frac{2a}{b}-4\right)+\left(\frac{2c}{a}-2\right) \geqslant 0$$

所以

$$S_a(b-c)^2+S_b(c-a)^2+S_c(a-b)^2 \geqslant$$

$$(S_a+S_b)(b-c)^2+(S_b+S_c)(a-b)^2\geqslant 0$$

(2)$a\geqslant b\geqslant c$. 当然,$S_a\geqslant 1,S_c\geqslant -1+\frac{4c}{a+b+c}$,而且

$$S_a+2S_b=\frac{2c^2}{a^2}+\frac{b^2}{c^2}+\frac{8b+4a}{a+b+c}+\frac{4(b+c)}{a}+\frac{2(a+b)}{c}-12>$$

$$\left(\frac{8b+4a}{a+b+c}-4\right)+\left(\frac{2b}{a}+\frac{2a}{c}-4\right)+\left(\frac{2c}{a}+\frac{2a}{c}-4\right)\geqslant 0$$

如果 $2b\geqslant a+c$,则

$$S_a+4S_b+S_c\geqslant\frac{4c^2}{a^2}+\frac{b^2}{c^2}+\frac{16b+4a+4c}{a+b+c}+\frac{8(b+c)}{a}+\frac{2(a+b)}{c}-21\geqslant$$

$$\frac{4c^2}{a^2}+\frac{b^2}{c^2}+\frac{8(b+c)}{a}+\frac{2(a+b)}{c}-13\geqslant$$

$$\frac{4c^2}{a^2}+\frac{16c}{a}+\frac{2a}{c}-10\geqslant 2\sqrt{32}-10>0$$

考虑下列情况:

如果 $a+c\leqslant 2b$,当然 $2(b-c)\geqslant a-c$. 如果 $S_b\geqslant 0$,则不等式显然成立. 否则,假设 $S_b\leqslant 0$,则

$$S_a(b-c)^2+S_b(c-a)^2+S_c(a-b)^2\geqslant(S_a+4S_b+S_c)(b-c)^2\geqslant 0$$

如果 $a+c\geqslant 2b$,我们将证明 $S_c+2S_b\geqslant 0$,即

$$g(c)=\frac{2c^2}{a^2}+\frac{a^2}{b^2}+\frac{8b+4c}{a+b+c}+\frac{4(b+c)}{a}+\frac{2(a+c)}{b}-12\geqslant 0$$

注意到,$g(c)$ 是 $c\geqslant 0$ 和 $c\geqslant 2b-a$ 的增函数,所以:

如果 $a\geqslant 2b$,我们有

$$g(c)\geqslant g(0)=\frac{a^2}{b^2}+\frac{8b}{a+b}+\frac{4b}{a}+\frac{2a}{b}-12=$$

$$\left(\frac{a+b}{b}+\frac{8b}{a+b}-6\right)+\left(\frac{a}{b}+\frac{4b}{a}-4\right)+\left(\frac{a^2}{b^2}-4\right)+\left(\frac{1}{3}-\frac{b}{a+b}\right)+\frac{2}{3}\geqslant 0$$

如果 $a\leqslant 2b$,我们很容易得到

$$g(c)\geqslant g(2b-a)=\frac{8b^2}{a^2}+\frac{a^2}{b^2}+\frac{4b}{a}-\frac{4a}{3b}-\frac{14}{3}\geqslant 0$$

即得结论,因为

$$S_a(b-c)^2+S_b(c-a)^2+S_c(a-b)^2\geqslant$$

$$(S_a+2S_b)(b-c)^2+(S_c+2S_b)(a-b)^2\geqslant 0$$

93. (Gabriel Dospinescu) 假设 n 是一个大于 2 的正整数,$a_1,a_2,\cdots,a_n$ 是 n 个实数. 证明:对于集合$\{1,2,\cdots,n\}$ 的任意非空子集 S,我们有

$$\left(\sum_{i\in S}a_i\right)^2\leqslant\sum_{1\leqslant i\leqslant j\leqslant n}(a_i+\cdots+a_j)^2$$

证明　首先证明一个引理.

引理:对于所有实数 $x_1,x_2,\cdots,x_{2k+1}$,有

$$\left(\sum_{0\leqslant i\leqslant k} x_{2i+1}\right)^2 \leqslant \sum_{1\leqslant i\leqslant j\leqslant 2k+1}(x_i+\cdots+x_j)^2 \qquad (*)$$

证明:设 $s_i=x_1+x_2+\cdots+x_i, i\in\{1,2,\cdots,k\}$,则

$$\sum_{0\leqslant i\leqslant k} x_{2i+1}=s_1+s_3-s_2+s_5-s_4+\cdots+s_{2k+1}-s_{2k}$$

式$(*)$左边的表达式可以改写成

$$\sum_{i=1}^{2k+1} s_i^2-2\sum_{i,j} s_{2i}s_{2j+1}+2\sum_{i<j} s_{2i}s_{2j}+2\sum_{i<j} s_{2i+1}s_{2j+1}+2$$

式$(*)$右边的表达式可以改写成

$$\sum_{i<j}(s_i-s_j)^2=(2k+1)\sum_{i=1}^{2k+1} s_i^2-2\sum_{i<j} s_is_j$$

于是,不等式等价于

$$2k\sum_{i=1}^{2k+1} s_i^2 \geqslant 4\sum_{i<j} s_{2i}s_{2j}+4\sum_{i<j} s_{2i+1}s_{2j+1}\Leftrightarrow$$

$$\sum_{1\leqslant i<j\leqslant k}(s_{2i}-s_{2j})^2+\sum_{1\leqslant i<j\leqslant k}(s_{2i+1}-s_{2j+1})^2+\sum_{1\leqslant i<j\leqslant k} s_{2i}^2\geqslant 0$$

这是显然成立的.

回到原来的问题,我们要证明对任意集合 $S\subset\{1,2,\cdots,n\}$,显然,如果 S 没有被分开的元素($S=\{i,i+1,\cdots,j\}$),则结论显然成立(因为右边表达式所有项目都出现在左边的表达式中). 假设 S 是一些分离的“分部”组成的,即

$$S=\{j_1,j_1+1,\cdots,j_2,j_3,j_3+1,\cdots,j_4,\cdots,j_{2m+1},j_{2m+1}+1,\cdots,j_{2m+2}\}$$

记

$$b_1=a_{j_1}+a_{j_1+1}+\cdots+a_{j_2}$$

$$b_2=a_{j_2+1}+\cdots+a_{j_3}$$

$$\vdots$$

$$b_{2k+1}=a_{j_{2m+1}}+a_{j_{2m+1}+1}+\cdots+a_{j_{2m+2}}$$

根据前面的引理,使用标记 $\sum\limits_{i\in S} a_i=\sum\limits_{j=0}^{k} b_{2j+1}$,我们有

$$\left(\sum_{i\in S} a_i\right)^2=\left(\sum_{j=0}^{k} b_{2j+1}\right)^2\leqslant\sum_{1\leqslant i\leqslant j\leqslant n}(b_i+\cdots+b_j)^2\leqslant \text{RHS}$$

因为每个数 $(b_i+\cdots+b_j)^2$ 都出现在右边的表达式中.

94. (Pham Kim Hung) 设 a,b,c 是非负实数,证明

$$\frac{a^3}{(a+b)^3}+\frac{b^3}{(b+c)^3}+\frac{c^3}{(c+a)^3}+\frac{5abc}{(a+b)(b+c)(c+a)}\geqslant 1$$

证明　不等式可以改写成如下形式

$$\frac{1}{(1+x)^3}+\frac{1}{(1+y)^3}+\frac{1}{(1+z)^3}+\frac{5}{(1+x)(1+y)(1+z)}\geqslant 1$$

其中,$x=\frac{b}{a},y=\frac{c}{b},z=\frac{a}{c}\Rightarrow xyz=1$,记

$$m=1-\frac{2}{1+x},n=1-\frac{2}{1+y},p=1-\frac{2}{1+z}\quad m,n,p\in[-1,1]$$

而且

$$(1+m)(1+n)(1+p)=(1-m)(1-n)(1-p)\Rightarrow m+n+p+mnp=0$$

问题变成

$$\sum_{cyc}(1-m)^3+5\prod_{cyc}(1-m)\geqslant 8\Leftrightarrow 3\sum_{cyc}m^2+5\sum_{cyc}mn\geqslant 3\sum_{cyc}m+\sum_{cyc}m^3\Leftrightarrow 3\sum_{cyc}m^2+5\sum_{cyc}mn\geqslant\sum_{cyc}m^3-3mnp$$

如果 $mn+np+pm\geqslant 0$,则 LHS $\geqslant 0$,否则,假设 $mn+np+pm\leqslant 0$,则

$$\text{LHS}=(m+n+p)^2-(mn+np+pm)\geqslant 0$$

所以,在每一种情况,都有 LHS $\geqslant 0$.

此外,$\text{RHS}=(m+n+p)(m^2+n^2+p^2-mn-np-pm)$ 和 $m+n+p$ 具有相同的符号,所以只需考虑 RHS $\geqslant 0$ 的情况,或等价于 $m+n+p\geqslant 0$. 设

$$t=m+n+p,u=mn+np+pm$$

则不等式变成

$$3(t^2-2u)+5u\geqslant t(t^2-3u)\Leftrightarrow t^2(3-t)+u(3t-1)\geqslant 0\tag{1}$$

根据 AM - GM 不等式,我们有

$$m^2+n^2+p^2\geqslant 3|mnp|^{\frac{2}{3}}\geqslant -3mnp=3(m+n+p)\Rightarrow$$
$$t^2-2u\geqslant 3t\Rightarrow 2u\leqslant t(t-3)\tag{2}$$

如果 $u\geqslant 0$,则 $3\sum_{cyc}m^2+5\sum_{cyc}mn\geqslant 2\sum_{cyc}m^2\geqslant\sum_{cyc}m^3-3mnp$. 否则,假设 $u\leqslant 0$. 则如果 $3t-1\leqslant 0$,则不等式也是显然的,所以只需考虑 $3t-1\geqslant 0$ 的情况. 替换式(2) 到式(1),余下只需证明

$$2t^2(3-t)+t(t-3)(3t-1)\geqslant 0\Leftrightarrow t(3-t)(1-t)\geqslant 0\Leftrightarrow t(3-t)(1+mnp)\geqslant 0$$

这是显然成立的,因为 $m,n,p\in[-1,1]$. 注意到式(1) 等号成立的条件是 $m=n=p=0$ 和 $m=n=1,p=-1$ 及其循环排列,但原始不等式等号成立的条件是 $a=b=c$.

注意 使用相同的方法,我们可以证明下列不等式.

设 a,b,c 是非负实数,证明

$$\frac{a^2}{(a+b)^2}+\frac{b^2}{(b+c)^2}+\frac{c^2}{(c+a)^2}+\frac{2abc}{(a+b)(b+c)(c+a)}\geqslant 1$$

我们使用 Cauchy - Schwarz 不等式,来证明这个问题.事实上,不等式等价于(替换之后)

$$\sum_{\text{cyc}}\frac{x^4}{(x^2+yz)^2}+\frac{2x^2y^2z^2}{(x^2+yz)(y^2+zx)(z^2+xy)}\geqslant 1$$

由 Cauchy - Schwarz 不等式,我们有

$$\sum_{\text{cyc}}\frac{x^4}{(x^2+yz)^2}\geqslant\frac{(x^2+y^2+z^2)^2}{(x^2+yz)^2+(y^2+zx)^2+(z^2+xy)^2}$$

余下,只需证明

$$\frac{(x^2+y^2+z^2)^2}{(x^2+yz)^2+(y^2+zx)^2+(z^2+xy)^2}+\frac{2x^2y^2z^2}{(x^2+yz)(y^2+zx)(z^2+xy)}\geqslant 1\Leftrightarrow$$

$$\frac{2x^2y^2z^2}{(x^2+yz)(y^2+zx)(z^2+xy)}\geqslant\frac{x^2y^2+y^2z^2+z^2x^2-x^4+y^4+z^4}{(x^2+yz)^2+(y^2+zx)^2+(z^2+xy)^2}\Leftrightarrow$$

$$\prod_{\text{cyc}}(x^2+yz)\Big(\sum_{\text{cyc}}\frac{1}{x^2}\Big)+2\sum_{\text{cyc}}(x^2+yz)^2\geqslant\prod_{\text{cyc}}(x^2+yz)\Big(\sum_{\text{cyc}}\frac{1}{yz}\Big)$$

展开,并合并同类项,得到等价的不等式

$$\sum_{\text{cyc}}a^2bc+2\sum_{\text{cyc}}a^2b^2+\sum_{\text{cyc}}\frac{a^3b^3}{c^2}+\sum_{\text{cyc}}\frac{c^4(a^2+b^2)}{ab}\geqslant$$

$$2\sum_{\text{cyc}}\frac{a^2b^2(a+b)}{c}+\sum_{\text{cyc}}a^3(b+c)$$

不等式改写成如下形式

$$S_a(b-c)^2+S_b(c-a)^2+S_c(a-b)^2\geqslant 0$$

其中

$$S_a=\frac{a^4}{2bc}+\frac{a^3(b^3+c^3)}{b^2c^2}+\frac{(b-c)^2}{2}-\frac{a^2}{2}$$

$$S_b=\frac{b^4}{2ca}+\frac{b^3(c^3+a^3)}{c^2a^2}+\frac{(c-a)^2}{2}-\frac{b^2}{2}$$

$$S_c=\frac{c^4}{2ab}+\frac{c^3(a^3+b^3)}{a^2b^2}+\frac{(a-b)^2}{2}-\frac{c^2}{2}$$

不失一般性,假设 $a\geqslant b\geqslant c$,则 $S_a,S_b\geqslant 0$. 此外

$$S_b+S_c\geqslant\frac{b^3(c^3+a^3)}{c^2a^2}-\frac{b^2+c^2}{2}\geqslant\frac{b^3a}{c^2}-b^2\geqslant 0$$

于是,我们有

$$\sum_{\text{cyc}}S_a(b-c)^2\geqslant(S_b+S_c)(a-b)^2\geqslant 0$$

译者注

证法一:做变换$\frac{b}{a}=\frac{yz}{x^2},\frac{c}{b}=\frac{zx}{y^2},\frac{a}{c}=\frac{xy}{z^2}$,则不等式变换

$$\sum\frac{x^4}{(x^2+yz)^2}+\frac{2x^2y^2z^2}{\prod(x^2+yz)}\geqslant 1$$

由 Cauchy - Schwarz 不等式,有

$$\sum\frac{x^4}{(x^2+yz)^2}\geqslant\frac{(\sum x^2)^2}{\sum(x^2+yz)^2}$$

所以,只需证明

$$\frac{(\sum x^2)^2}{\sum(x^2+yz)^2}+\frac{2x^2y^2z^2}{\prod(x^2+yz)}\geqslant 1\Leftrightarrow$$

$$(\sum x^2)^2\prod(x^2+yz)+2x^2y^2z^2\sum(x^2+yz)^2\geqslant\sum(x^2+yz)^2\cdot\prod(x^2+yz)\Leftrightarrow$$

$$\text{LHS}-\text{RHS}=xyz\sum x\cdot\prod(y-z)^2+\sum yz\cdot\sum y^2z^2(x-y)^2(x-z)^2+$$

$$\frac{1}{4}x^2y^2z^2\sum[(x-y)^4+(x^2-y^2)^2]\geqslant 0$$

其实,这个证法把问题变复杂了,没有必要做这样的变换,可以直接使用C - S不等式进行即可,见证法二.

证法二:由 Cauchy - Schwarz 不等式,有

$$\sum\frac{a^2}{(a+b)^2}=\sum\frac{a^2(a+c)^2}{(a+b)^2(a+c)^2}\geqslant\frac{[\sum a(a+c)]^2}{\sum(a+b)^2(a+c)^2}$$

所以,只需证明

$$\frac{[\sum a(a+c)]^2}{\sum(a+b)^2(a+c)^2}+\frac{2abc}{(a+b)(b+c)(c+a)}\geqslant 1\Leftrightarrow$$

$$\text{LHS}-\text{RHS}=\frac{2abc(\sum a^4-\sum b^2c^2)}{(a+b)(b+c)(c+a)\sum(a+b)^2(a+c)^2}\geqslant 0$$

不等式得证.

证法三:直接配方得

$$\sum\frac{a^2}{(a+b)^2}+\frac{2abc}{(a+b)(b+c)(c+a)}-1=\frac{\sum b(2a+b)(ca-bc)^2+\sum(a^2b-b^2c)^2}{3(a+b)^2(b+c)^2(c+a)^2}\geqslant 0$$

95. (Pham Kim Hung, Le Huu Dien Khue) 假设a,b,c是任意正实数,证明

$$(a^3+b^3+c^3)^2\geqslant 2(a^5b+b^5c+c^5a)+abc(a^3+b^3+c^3)$$

证明 不等式可以改写成如下形式

$$\sum_{cyc}a^6+2\sum_{cyc}a^3b^3\geqslant 2\sum_{cyc}a^5b+abc\sum_{cyc}a^3\Leftrightarrow$$

$$2(\sum_{cyc}a^6+\sum_{cyc}a^4b^2-2\sum_{cyc}a^5b)+(\sum_{cyc}a^4b^2+\sum_{cyc}a^4c^2-2abc\sum_{cyc}a^3)+$$

$$(2\sum_{cyc}a^3b^3-\sum_{cyc}a^4b^2-\sum_{cyc}a^2b^4)\geqslant(\sum_{cyc}a^4b^2-\sum_{cyc}a^4c^2)\Leftrightarrow$$

$$\sum_{cyc}(2a^4+c^4-a^2b^2)(a-b)^2 \geqslant (a^2-b^2)(b^2-c^2)(a^2-c^2) \qquad (*)$$

记 $M=(a-b)(b-c)(c-a)$. 假设 $a \geqslant b \geqslant c, a>c \Rightarrow M \geqslant 0$. 我们使用下列结果来证明不等式.

(1) $\sum_{cyc}(3a+2c-b)(a-b)^2 \geqslant 4M$.

(2) $\sum_{cyc}(11a^2+6c^2-b^2-4ab)(a-b)^2 \geqslant 8(a+b+c)M$.

(3) $\sum_{cyc}(4a^3+2c^3-a^2b-b^2a)(a-b)^2 \geqslant (a^2+b^2+c^2+3ab+3bc+3ca)M$.

这些不等式之间有很有趣的关系:(1)⇒(2)⇒(3). 为了证明(2) 和(3),我们首先证明(1).

(1) 的证明. 当然,只需证明不等式在 $c=\min\{a,b,c\}=0$ 的情况. 因为如果利用最小的正实数 c 来减小 a,b,c,则(1) 右边的表达式没有改变,而左边的表达式减小了. 如果 $c=0$,则(1) 变成

$$(3a-b)(a-b)^2+(3b+2a)b^2+(-a+2b)a^2 \geqslant 3ab(a-b) \Leftrightarrow$$
$$2a^3-8a^2b+10ab^2+2b^3 \geqslant 0 \Leftrightarrow h(x)=2x^3-8x^2+10x+2 \geqslant 0$$

其中 $x=\frac{a}{b}$. 注意到 $h'(x)=2(x-1)(3x-5)$,所以,很容易得到

$$h(x) \geqslant h\left(\frac{5}{3}\right) > 5 > 0$$

因此(1) 得证. 现在由(1) 来证明(2).

(2) 的证明. 设 $a=a_1+t=f_1(t), b=b_1+t=f_2(t), c=c_1+t=f_3(t)$,则(2) 等价于

$$f(t)=\sum_{cyc}[11f_1(t)^2-f_2(t)^2-4f_1(t)f_2(t)+6f_3(t)^2](a-b)^2-$$
$$8(f_1(t)+f_2(t)+f_3(t))M \geqslant 0$$

根据(1),我们有

$$f'(t)=\sum_{cyc}[18f_1(t)-6f_2(t)+12f_3(t)](a-b)^2-24M=$$
$$6\sum_{cyc}(3a-b+2c)(a-b)^2-24M \geqslant 0$$

所以 $f(t) \geqslant f(-c)$(因为 $t \geqslant -c$). 这个性质表明只需证明(2) 在 $c=0$ 的情况下成立即可

$$(11a^2-b^2-4ab)(a-b)^2+(11b^2+6a^2)b^2+(-a^2+6b^2)a^2 \geqslant$$
$$8(a+b)ab(a-b) \Leftrightarrow 11a^4-35a^3b+30a^2b^2+6ab^3+10b^4 \geqslant 0$$

这个不等式当然是成立的,因为 AM - GM 不等式表明

$$11a^4+30a^2b^2 \geqslant 2\sqrt{11\times 30}\,a^3b > 35a^3b$$

(2) 证明完成.

(3) 的证明. 类似地,根据(2) 以及基于上面同样的原因,我们认为,(3) 只需考虑 $\min\{a,b,c\}=c=0$ 的情况,此时,(3) 变成

$$(4a^3-a^2b)(a-b)^2+(4b^3+2a^3)b^2+2b^3a^2\geqslant$$
$$(a^2+b^2+3ab)ab(a-b)\Leftrightarrow$$
$$4a^5-10a^4b+6a^3b^2+3a^2b^3+ab^4+4b^5\geqslant 0$$

如果 $2a\geqslant 3b$,由于 $4a^5-10a^4b+6a^3b^2=2a^3(a-b)(2a-3b)\geqslant 0$,所以不等式成立. 否则,设 $2a\leqslant 3b$,则

$$4a^5-10a^4b+6a^3b^2+3a^2b^3\geqslant 4a^5-10a^4b+8a^3b^2\geqslant(2\sqrt{32}-10)a^4b\geqslant 0$$

(3) 证明完成.

式(*)的证明. 类似地,根据(3) 以及同样的原因,我们假设 $c=0$,则不等式变成简单的形式:$(a^3+b^3)^2\geqslant 2a^5b$,或者 $g(a)=a^6-2a^5b+2a^3b^3+b^6$. 容易证明 $g'(a)\geqslant 0$,所以 $g(a)\geqslant g(b)\geqslant 0$. 不等式证明完成,等号成立的条件是 $a=b=c$.

注意 上面的这个证法是基于混合变量法. 这个问题可以帮助我们证明一个非常困难的不等式,它是由一个匿名人提出的,如下.

设 a,b,c 是正实数,且满足 $abc=1$,证明:$\frac{a}{b^4+2}+\frac{b}{c^4+2}+\frac{c}{a^4+2}\geqslant 1$.

为了证明它,我们记 $a=\frac{y}{x},b=\frac{z}{y},c=\frac{x}{z}$,则由 Cauchy - Schwarz 不等式以及前面的结果,我们有

$$\sum_{cyc}\frac{a}{b^4+2}=\sum_{cyc}\frac{y^5}{xz^4+2xy^4}=\sum_{cyc}\frac{y^6}{xyz^4+3xy^5}\geqslant$$
$$\frac{(x^3+y^3+z^3)^2}{xyz(x^3+y^3+z^3)+2(xy^5+yz^5+zx^5)}\geqslant 1$$

96. (Pham Kim Hung) 设 a,b,c,d 是非负实数,且满足

$$(a+b+c+d)^2=3(a^2+b^2+c^2+d^2)$$

证明下列不等式

$$a^4+b^4+c^4+d^4\geqslant 28abcd$$

证明 设 $m=a+b,n=c+d,x=ab,y=cd$,则

$$(m+n)^2=3(m^2+n^2-2x-2y)$$

或者

$$3(x+y)=m^2+n^2-mn$$

因此,不等式变成

$$F=2(x^2+y^2)-4(m^2x+n^2y)-28xy+m^4+n^4\geqslant 0$$

现在,固定 m,n(作为常数看待),设 x,y 是变动的(作为变量看待)满足条件

$$x \leqslant \frac{m^2}{4}, y \leqslant \frac{n^2}{4}, x + y = s = \frac{m^2 + n^2 - mn}{3}$$

此时,F 可以改写成如下形式

$$F = 2s^2 + m^4 + n^4 - 4(m^2x + n^2y + 8xy)$$

因为

$$m^2x + n^2y + 8xy = m^2x + n^2(s - x) + 8x(s - x) = \\ -8x^2 + (m^2 - n^2 + 8s)x + n^2s = f(x)$$

是 x 的一个凸函数,如果仅当 $x = \frac{m^2}{4}$(作为 x 的上边界)或者 $x = \frac{m^2 - n^2 + 8s}{16}$(作为函数 $f'(x)$ 的唯一根,如果存在的话)$f(x)$ 达到它的最大值. 因此,问题分为两种情况.

情况 1:如果 $x = \frac{m^2 - n^2 + 8s}{16}$,则 $y = \frac{-m^2 + n^2 + 8s}{16}$. 设 $\alpha = m^2 + n^2, \beta = mn$,则

$$f(x) = \frac{(m^2 - n^2 + 8s)^2 + 32n^2s}{32} = \frac{\alpha^2 + 16s\alpha - 4\beta^2 + 64s^2}{32}$$

我们只需证明

$16s^2 + 8\alpha^2 - 16\beta^2 \geqslant \alpha^2 + 16s\alpha - 4\beta^2 + 64s^2 \Leftrightarrow 7\alpha^2 \geqslant 48s^2 + 16s\alpha + 12\beta^2 \Leftrightarrow$
$21\alpha^2 \geqslant 16(\alpha - \beta)^2 + 16\alpha(\alpha - \beta) + 36\beta^2 \Leftrightarrow 21\alpha^2 \geqslant 32\alpha^2 - 48\alpha\beta + 52\beta^2 \Leftrightarrow$
$-11\alpha^2 + 48\alpha\beta - 52\beta^2 \geqslant 0 \Leftrightarrow (-11\alpha + 26\beta)(\alpha - 2\beta) \geqslant 0$

注意到,$\alpha - 2\beta = (m - n)^2 \geqslant 0$,所以,只需证明

$$11\alpha \leqslant 26\beta \Leftrightarrow 11(m^2 + n^2) \leqslant 26mn \Leftrightarrow \frac{13 - \sqrt{48}}{11} \leqslant \frac{m}{n} \leqslant \frac{13 + \sqrt{48}}{11} \quad (*)$$

因为 $x \leqslant \frac{m^2}{4}, y \leqslant \frac{n^2}{4}$,必定有

$$\begin{cases} \frac{m^2 - n^2 + 8s}{16} \leqslant \frac{m^2}{4} \Rightarrow 8s \geqslant 3m^2 + n^2 \Rightarrow 5n^2 \leqslant 8mn + m^2 \Rightarrow \frac{n}{m} \leqslant \frac{4 + \sqrt{20}}{5} \\ \frac{n^2 - m^2 + 8s}{16} \leqslant \frac{n^2}{4} \Rightarrow 8s \geqslant 3n^2 + m^2 \Rightarrow 5m^2 \leqslant 8mn + n^2 \Rightarrow \frac{m}{n} \leqslant \frac{4 + \sqrt{20}}{5} \end{cases}$$

这些结果表明式($*$)是成立的,证明完成.

情况 2:如果 $x = \frac{m^2}{4}$,则 $y = \frac{4s - m^2}{4} = \frac{m^2 + 4n^2 - 4mn}{12}$. 我们必须证明

$2s^2 + m^4 + n^4 \geqslant 4\left(\frac{m^4}{4} + \frac{(m^2 + 4n^2 - 4mn)n^2}{12} + \frac{m^2(m^2 + 4n^2 - 4mn)}{6}\right) \Leftrightarrow$
$2(m^2 - mn + n^2)^2 + 9n^4 \geqslant 3(m^2n^2 + 4n^4 - 4mn^3) + 6(m^4 + 4m^2n^2 - 4m^3n) \Leftrightarrow$
$-4m^4 + 20m^3n - 21m^2n^2 + 8mn^3 - n^4 \geqslant 0 \Leftrightarrow$
$(2m - n)^2(-m^2 + 4mn - n^2) \geqslant 0$

由于 $y=\frac{m^2+4n^2-3mn}{12}\leqslant\frac{n^2}{4}\Rightarrow m^2+n^2\leqslant 3mn$,所以不等式是显然成立的. 这种情况证明完成.

因此,原不等式是成立的. 等号成立的条件是

$$(a,b,c,d)=(3,1,1,1)$$

或者 $(a,b,c,d)=(2+\sqrt{3},2+\sqrt{3},2-\sqrt{3},2-\sqrt{3})$ 及其循环排列.

97. (Pham Kim Hung) 设正实数 a,b,c 满足条件 $a+b+c=3$. 证明

$$\frac{a}{b^2+c}+\frac{b}{c^2+a}+\frac{c}{a^2+b}\geqslant\frac{3}{2}$$

证明 展开之后,不等式等价于

$$2\sum_{cyc}a^4+2\sum_{cyc}a^2b+3abc\geqslant 3a^2b^2c^2+\sum_{cyc}a^3b^2+3\sum_{cyc}ab^3$$

令 $M=ab+bc+ca$, $S=(a-b)(b-c)(a-c)$. 根据恒等式

$$2\sum_{cyc}a^2b=S+3M-3abc$$

$$2\sum_{cyc}a^3b^2=SM+3\sum_{cyc}a^2b^2-Mabc$$

$$2\sum_{cyc}ab^3=\sum_{cyc}a^3(b+c)-3S$$

不等式等价于

$$4\sum_{cyc}a^4+11S+6M+Mabc\geqslant 6a^2b^2c^2+SM+3\sum_{cyc}a^2b^2+3\sum_{cyc}a^3(b+c)$$

注意到 $abc(M+3)\geqslant 6a^2b^2c^2$,所以只需证明 $A\geqslant S(M-11)$,其中

$$A=4\sum_{cyc}a^4+6M-3\sum_{cyc}a^2b^2-3\sum_{cyc}a^3(b+c)-3abc$$

把 A 表示成平方的形式

$$3A=12\sum_{cyc}a^4+7abc\sum_{cyc}a-5\sum_{cyc}a^2b^2-7\sum_{cyc}a^3(b+c)\Rightarrow$$

$$6A=\sum_{cyc}(12a^2+12b^2+10ab-7c^2)(a-b)^2$$

因为 $M\leqslant 11$,假设 $S\leqslant 0$ 以及 $b\geqslant a\geqslant c$. 我们将证明

$$6A\geqslant -66S\Leftrightarrow 6A\geqslant 22(a+b+c)(a-b)(b-c)(c-a)\qquad (*)$$

如果 $\min(a,b,c)=0$,则不等式显然成立,因为

$6A=\sum_{cyc}(12a^2+12b^2+10ab-7c^2)(a-b)^2=$

$(12a^2+12b^2+10ab-7c^2)(a-b)^2+(12a^2-7b^2)a^2+(12b^2-7a^2)b^2=$

$10a^2b^2+(24a^2+24b^2+34ab)(a-b)^2\geqslant 10a^2b^2+\frac{41}{2}(a^2-b^2)^2\geqslant$

$2\sqrt{5.41}ab(b^2-a^2)>22ab(a-b)(a+b)$

现在假设 $\min(a,b,c)>0$. 因为式(1)是齐次的,要证明式(2)对于任意正实

数成立,可以撤销条件 $a+b+c=3$. 我们认为,如果用 $a+t,b+t,c+t$,来替换 a,b,c,则两边的差是增加的. 事实上

$$\sum_{\text{cyc}}[12(a+t)^2+12(b+t)^2+10(a+t)(b+t)-7(c+t)^2-12(a^2+b^2)-10ab+7c^2](a-b)^2\geqslant 66tS$$

于是,我们有

$$\sum_{\text{cyc}}(17a+17b-7c)(a-b)^2\geqslant 33(a-b)(b-c)(c-a) \qquad (2)$$

使用相同的方法并花费更多的时间(用 $a+t,b+t,c+t$,来替换 a,b,c,),我们只需证明式(2) 在 $\min(a,b,c)=c=0$ 的情况下即可. 或等价于

$$17(a+b)(a-b)^2+(17a-7b)a^2+(17b-7a)b^2\geqslant 22ab(b-a)$$

这显然是正确的,因为

$$\text{LHS}\geqslant 17(a+b)(a-b)^2+10(a^3+b^3)\geqslant 2\sqrt{17\times 10(a+b)(a^3+b^3)}(b-a)\geqslant \text{RHS}$$

等号成立的条件是 $a=b=c=1$,完成证明.

译者注

证明:不等式齐次化后,等价于

$$\sum\frac{a(a+b+c)}{3b^2+c(a+b+c)}\geqslant\frac{3}{2}$$

由 Cauchy - Schwarz 不等式,有

$$\sum\frac{a(a+b+c)}{3b^2+c(ab+c)}=\sum a\cdot\sum\frac{a^2(a+c)^2}{a(a+c)^2[3b^2+c(a+b+c)]}\geqslant\frac{\sum a\cdot[\sum(a^2+ac)]^2}{\sum a(a+c)^2[3b^2+c(a+b+c)]}$$

所以,只需证明

$$\frac{\sum a\cdot[\sum(a^2+ac)]^2}{\sum a(a+c)^2[3b^2+c(a+b+c)]}\geqslant\frac{3}{2}\Leftrightarrow$$

$$2\sum a\cdot[\sum(a^2+ac)]^2\geqslant 3\sum a(a+c)^2[3b^2+c(a+b+c)]\Leftrightarrow$$

$$\frac{1}{3}\sum(6a^3+19a^2b+a^2c+8ab^2+2b^2c+18abc)(a-c)^2\geqslant 0$$

98. (Pham Kim Hung) 设 a,b,c 是正实数,证明

$$\frac{1}{(2a+b)^2}+\frac{1}{(2b+c)^2}+\frac{1}{(2c+a)^2}\geqslant\frac{1}{ab+bc+ca}$$

证明 展开之后,不等式变成

$$\sum_{\text{cyc}}(4a^5b+4a^5c-12a^4b^2+12a^4c^2+5a^3b^3+8a^4bc-19a^3b^2c+5a^3c^2b-7a^2b^2c^2)\geqslant 0$$

或者

$$6\sum_{cyc} ab\,(a^2-b^2-2ab+2ac)^2+$$
$$\sum_{sym}(2a^5b-a^3b^3-4a^4bc+10a^3b^2c-7a^2b^2c^2)\geqslant 0$$

余下,只需证明

$$2\sum_{cyc}a^5(b+c)-2\sum_{cyc}a^3b^3-8\sum_{cyc}a^4bc+10abc\sum_{cyc}ab(a+b)-42a^2b^2c^2\geqslant 0$$

使用恒等式 $2(a-b)^2(b-c)^2(c-a)^2\geqslant 0$,我们得到

$$2\sum_{cyc}a^4(b^2+c^2)+4abc\sum_{cyc}a^2(b+c)-4\sum_{cyc}a^3b^3-12a^2b^2c^2-4abc\sum_{cyc}a^3\geqslant 0$$

最后,只需证明

$$2\sum_{cyc}a^5(b+c)+6abc\sum_{cyc}ab(a+b)+2\sum_{cyc}a^3b^3\geqslant$$
$$4abc\sum_{cyc}a^3+30a^2b^2c^2+2\sum_{cyc}a^4(b^2+c^2)$$

这个不等式可以写成平方形式

$$S_a(b-c)^2+S_b(c-a)^2+S_c(a-b)^2\geqslant 0$$

其中

$$S_a=2bc(b^2+bc+c^2)+a^3(b+c)-2abc(b+c)+6a^2bc$$
$$S_b=2ca(c^2+ca+a^2)+b^3(c+a)-2abc(c+a)+6c^2ab$$
$$S_c=2ab(a^2+ab+b^2)+c^3(a+b)-2abc(a+b)+6c^2ab$$

当然,S_a 是非负的,因为(使用 AM - GM 不等式)

$$S_a\geqslant bc(b+c)^2+6a^2bc-2abc(b+c)\geqslant 2(\sqrt{6}-1)abc(b+c)\geqslant 0$$

类似地,S_b 和 S_c 也是非负的. 所以,不等式成立,等号成立的条件是 $a=b=c$,证明完成.

99. (Pham Kim Hung) 设 $x_1\geqslant x_2\geqslant\cdots\geqslant x_{2n-1}\geqslant x_{2n}\geqslant 0$ 是实数,且满足 $x_1+x_2+\cdots+x_{2n}=2n-1$. 求下列表达式

$$P=(x_1^2+x_2^2)(x_3^2+x_4^2)\cdots(x_{2n-1}^2+x_{2n}^2)$$

的最大值.

解 虽然直接求解这个问题非常困难,但我们意外地发现,求解这个问题的一般情况是比较简单的. 事实上,我们的问题是下面一般结果的直接推论.

假设 $\varepsilon\leqslant\dfrac{k}{2n}$ 是正的常数,$x_1\geqslant x_2\geqslant\cdots\geqslant x_{2n-1}\geqslant x_{2n}\geqslant\varepsilon\geqslant 0$ 是实数,且满足

$$x_1+x_2+\cdots+x_{2n}=k=\text{const}$$

则表达式 $P_n=(x_1^2+x_2^2)(x_3^2+x_4^2)\cdots(x_{2n-1}^2+x_{2n}^2)$ 当且仅当 $x_1=x_2=\cdots=x_{2n-1}$,$x_{2n}=\varepsilon$ 时达到最大值.

我们将用归纳法来证明这个一般的结果. 在进行归纳步骤之前,我们以引理的形式给出下面的结果(它们的建立. 并不是偶然的,而是依据归纳步骤的进展情况创建的).

引理1:设 $x \geqslant y \geqslant z \geqslant t \geqslant 0, y+z=2\alpha$,则

$$(x^2+y^2)(z^2+t^2) \leqslant (x^2+\alpha^2)(\alpha^2+t^2)$$

证明:设 $y=\alpha+\beta, z=\alpha-\beta, \beta \geqslant 0$,则 $x \geqslant \alpha+\beta \geqslant \alpha-\beta \geqslant t$. 记

$$f(\beta)=[x^2+(\alpha+\beta)^2][(\alpha-\beta)^2+t^2]$$

则,只需证明 $f'(\beta) \leqslant 0$,这显然是成立的,因为

$$f'(\beta)=-2x^2(\alpha-\beta)+2t^2(\alpha+\beta)-2\beta(\alpha^2-\beta^2) \leqslant -2x^2t+2t^2x \leqslant 0$$

引理2:设 $x \geqslant y \geqslant z \geqslant 0, (2n-1)x+2y=(2n+1)\gamma(n \in \mathbf{N}, n \geqslant 2)$,则

$$x^{2n-2}(x^2+y^2)(y^2+z^2) \leqslant 2\gamma^{2n}(\gamma^2+z^2)$$

证明:存在一个实数 $\beta \geqslant 0$,满足条件 $x=\gamma+2\beta, y=\gamma-(2n-1)\beta$. 所以,必有 $\gamma-(2n-1)\beta \geqslant z$. 记

$$g(\beta)=(\gamma+2\beta)^{2n}(\gamma-(2n-1)\beta)^2+(\gamma+2\beta)^{2n-2}(\gamma-(2n-1)\beta)^4+\\(\gamma+2\beta)^{2n}z^2+(\gamma+2\beta)^{2n-2}(\gamma-(2n-1)\beta)^2z^2$$

显然,$g(\beta)=x^{2n-2}(x^2+y^2)(y^2+z^2)$. 只需证明 $g'(\beta) \leqslant 0$. 事实上(在 $g'(\beta)$ 的表达式中,记 $x=\gamma+2\beta, y=\gamma-(2n-1)\beta$ 以简化表示,但我们仍然认为它们是和变量 γ 相关的)

$$g'(\beta)=4nx^{2n-1}y^2-(4n-2)x^{2n}y+(4n-4)x^{2n-3}y^4-(8n-4)x^{2n-2}y^3+\\4nx^{2n-1}z^2+(4n-4)y^{2n-3}x^2z^2-(4n-2)x^{2n-2}yz^2$$

由于 $x \geqslant y \geqslant z$,我们有

$$4nx^{2n-1}z^2+(4n-4)y^{2n-3}x^2z^2-(4n-2)x^{2n-2}yz^2 \leqslant\\4nx^{2n-1}z^2-2x^{2n-2}yz^2 \leqslant 4nx^{2n-1}y^2-2x^{2n-2}y^3$$

于是,只需证明

$$8nx^{2n-1}y^2+(4n-4)x^{2n-3}y^4 \leqslant (4n-2)x^{2n}y+(8n-2)x^{2n-2}y^3 \Leftrightarrow\\4nx^2y+(2n-2)y^3 \leqslant (2n-1)x^3+(4n-1)xy^2 \Leftrightarrow\\(x-y)[(2n-1)x^2-(2n+1)xy+(2n-2)y^2] \geqslant 0$$

这是显然成立的,因为 $x \geqslant y$. 第二个引理证完.

我们也注意到,引理2对于 $n=1$ 仍然是成立的($n=1$ 的证明远远比 $n \geqslant 2$ 情况的证明要简单,所以,在这里我们不给出证明).

引理3:如果 $(2n+1)x+y=k=\text{const}(n \in \mathbf{N}, n \geqslant 1)$ 且 $x \geqslant y \geqslant \varepsilon \geqslant 0\left(\varepsilon \leqslant \dfrac{k}{2n+2}\right)$,则表达式 $x^{2n}(x^2+y^2)$ 当且仅当 $y=\varepsilon$ 时,达到最大值.

证明:我们可以假设 $(2n+1)x+y=2n+1$,记

$$h(x)=x^{2n+2}+(2n+1)^2x^{2n}(1-x)^2$$

我们只需证明 $h(x)$ 达到最大值,当且仅当 x 达到它的最大值(这就意味着 $y=\varepsilon$). 事实上

$$h'(x)=x^{2n-1}[(2n+2)x-(2n+1)]\{[(2n+1)^2+1]x-2n(2n+1)\}$$

注意到 $x\geqslant y$,所以,$x\geqslant x_0=\dfrac{2n+1}{2n+2}$. 在此范围内,$h'(x)$ 只有一个实根. 而且,如果 $1\geqslant x\geqslant x_0$,则 $h(x)$ 是增函数,引理得证.

回到原问题,首先证明原问题当 $n=2$ 时,为真. 事实上,应用引理1,2 和3,得到

$$(x_1^2+x_2^2)(x_3^2+x_4^2)$$

当且仅当 $x_2=x_3$(由引理1),从而 $x_1=x_2=x_3$(由引理2),从而 $x_4=\varepsilon$(引理3)时,取得最大值. 现假定原问题对 n 为真,我们来证明它对 $n+1$ 也为真. 固定 x_{2n+1} 和 x_{2n+2},则 $x_1+x_2+\cdots+x_{2n}=\text{const}$. 选取 $\varepsilon=x_{2n+1}$,由归纳假设,我们有

$$S=(x_1^2+x_2^2)(x_3^2+x_4^2)\cdots(x_{2n-1}^2+x_{2n}^2)$$

当且仅当

$$x_1=x_2=\cdots=x_{2n-1}=x,x_{2n}=x_{2n+1}=y,x_{2n+2}=z\Longrightarrow$$
$$P_{n+1}=S(x_{2n}^2+x_{2n+1}^2)\leqslant x^{2n-2}(x^2+y^2)(x^2+z^2)$$

(其中 $(2n-1)x+2y+z=k$) 时,达到最大值. 我们现在固定 z,记

$$r=\frac{(2n-1)x+2y}{2n+1}=\text{const}$$

应用引理2,我们有

$$P_{n+1}\leqslant 2r^{2n}(r^n+z^2)$$

现在,我们让 r 变动,并应用引理3,则原问题得证.

由原问题,我们可以推出

$$P=(x_1^2+x_2^2)(x_3^2+x_4^2)\cdots(x_{2n-1}^2+x_{2n}^2)\leqslant 2^{n-1}$$

当且仅当 $x_1=x_2=\cdots=x_{2n-1}=1,x_{2n}=0$,等号成立.

备注 $n=6$ 的情况,求表达式 $(x_1^2+x_2^2)(x_3^2+x_4^2)(x_5^2+x_6^2)$ 的最大值.

我们也有一个非常漂亮的解法. 事实上,根据引理1,2,只需确定表达式 R 的最大值

$$R=x^2(x^2+y^2)(y^2+z^2)$$

其中 $3x+2y+z=6$. 由 Cauchy - Schwarz 不等式,我们有

$$R\leqslant x^2(x^2+y^2)\left(y+\frac{z}{2}\right)^2=(2xy+xz)(2xy+xz)(x^2+y^2)\leqslant$$
$$\frac{1}{27}(x^2+y^2+4xy+2xz)$$

不难证明,如果 $x\geqslant y\geqslant z$,则

$$25(x^2+y^2+4xy+2xz)\leqslant 6(3x+2y+z)^2$$

刘培杰数学工作室
已出版(即将出版)图书目录——初等数学

书　名	出版时间	定　价	编号
新编中学数学解题方法全书(高中版)上卷(第 2 版)	2018－08	58.00	951
新编中学数学解题方法全书(高中版)中卷(第 2 版)	2018－08	68.00	952
新编中学数学解题方法全书(高中版)下卷(一)(第 2 版)	2018－08	58.00	953
新编中学数学解题方法全书(高中版)下卷(二)(第 2 版)	2018－08	58.00	954
新编中学数学解题方法全书(高中版)下卷(三)(第 2 版)	2018－08	68.00	955
新编中学数学解题方法全书(初中版)上卷	2008－01	28.00	29
新编中学数学解题方法全书(初中版)中卷	2010－07	38.00	75
新编中学数学解题方法全书(高考复习卷)	2010－01	48.00	67
新编中学数学解题方法全书(高考真题卷)	2010－01	38.00	62
新编中学数学解题方法全书(高考精华卷)	2011－03	68.00	118
新编平面解析几何解题方法全书(专题讲座卷)	2010－01	18.00	61
新编中学数学解题方法全书(自主招生卷)	2013－08	88.00	261
数学奥林匹克与数学文化(第一辑)	2006－05	48.00	4
数学奥林匹克与数学文化(第二辑)(竞赛卷)	2008－01	48.00	19
数学奥林匹克与数学文化(第二辑)(文化卷)	2008－07	58.00	36′
数学奥林匹克与数学文化(第三辑)(竞赛卷)	2010－01	48.00	59
数学奥林匹克与数学文化(第四辑)(竞赛卷)	2011－08	58.00	87
数学奥林匹克与数学文化(第五辑)	2015－06	98.00	370
世界著名平面几何经典著作钩沉——几何作图专题卷(共 3 卷)	2022－01	198.00	1460
世界著名平面几何经典著作钩沉(民国平面几何老课本)	2011－03	38.00	113
世界著名平面几何经典著作钩沉(建国初期平面三角老课本)	2015－08	38.00	507
世界著名解析几何经典著作钩沉——平面解析几何卷	2014－01	38.00	264
世界著名数论经典著作钩沉(算术卷)	2012－01	28.00	125
世界著名数学经典著作钩沉——立体几何卷	2011－02	28.00	88
世界著名三角学经典著作钩沉(平面三角卷Ⅰ)	2010－06	28.00	69
世界著名三角学经典著作钩沉(平面三角卷Ⅱ)	2011－01	38.00	78
世界著名初等数论经典著作钩沉(理论和实用算术卷)	2011－07	38.00	126
世界著名几何经典著作钩沉(解析几何卷)	2022－10	68.00	1564
发展你的空间想象力(第 3 版)	2021－01	98.00	1464
空间想象力进阶	2019－05	68.00	1062
走向国际数学奥林匹克的平面几何试题诠释. 第 1 卷	2019－07	88.00	1043
走向国际数学奥林匹克的平面几何试题诠释. 第 2 卷	2019－09	78.00	1044
走向国际数学奥林匹克的平面几何试题诠释. 第 3 卷	2019－03	78.00	1045
走向国际数学奥林匹克的平面几何试题诠释. 第 4 卷	2019－09	98.00	1046
平面几何证明方法全书	2007－08	35.00	1
平面几何证明方法全书习题解答(第 2 版)	2006－12	18.00	10
平面几何天天练上卷・基础篇(直线型)	2013－01	58.00	208
平面几何天天练中卷・基础篇(涉及圆)	2013－01	28.00	234
平面几何天天练下卷・提高篇	2013－01	58.00	237
平面几何专题研究	2013－07	98.00	258
平面几何解题之道. 第 1 卷	2022－05	38.00	1494
几何学习题集	2020－10	48.00	1217
通过解题学习代数几何	2021－04	88.00	1301
圆锥曲线的奥秘	2022－06	88.00	1541

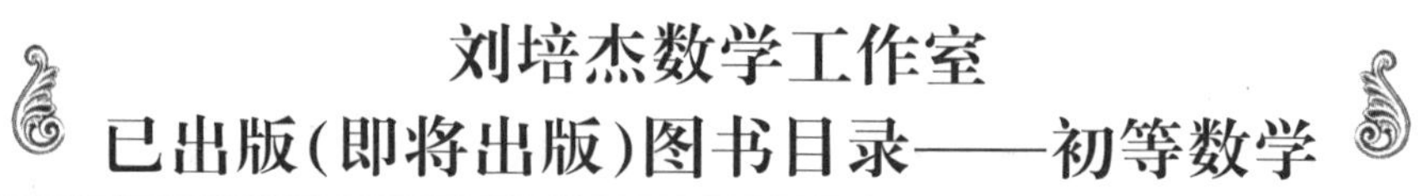

刘培杰数学工作室
已出版(即将出版)图书目录——初等数学

书　　名	出版时间	定　价	编号
最新世界各国数学奥林匹克中的平面几何试题	2007－09	38.00	14
数学竞赛平面几何典型题及新颖解	2010－07	48.00	74
初等数学复习及研究(平面几何)	2008－09	68.00	38
初等数学复习及研究(立体几何)	2010－06	38.00	71
初等数学复习及研究(平面几何)习题解答	2009－01	58.00	42
几何学教程(平面几何卷)	2011－03	68.00	90
几何学教程(立体几何卷)	2011－07	68.00	130
几何变换与几何证题	2010－06	88.00	70
计算方法与几何证题	2011－06	28.00	129
立体几何技巧与方法(第2版)	2022－10	168.00	1572
几何瑰宝——平面几何500名题暨1500条定理(上、下)	2021－07	168.00	1358
三角形的解法与应用	2012－07	18.00	183
近代的三角形几何学	2012－07	48.00	184
一般折线几何学	2015－08	48.00	503
三角形的五心	2009－06	28.00	51
三角形的六心及其应用	2015－10	68.00	542
三角形趣谈	2012－08	28.00	212
解三角形	2014－01	28.00	265
探秘三角形:一次数学旅行	2021－10	68.00	1387
三角学专门教程	2014－09	28.00	387
图天下几何新题试卷.初中(第2版)	2017－11	58.00	855
圆锥曲线习题集(上册)	2013－06	68.00	255
圆锥曲线习题集(中册)	2015－01	78.00	434
圆锥曲线习题集(下册·第1卷)	2016－10	78.00	683
圆锥曲线习题集(下册·第2卷)	2018－01	98.00	853
圆锥曲线习题集(下册·第3卷)	2019－10	128.00	1113
圆锥曲线的思想方法	2021－08	48.00	1379
圆锥曲线的八个主要问题	2021－10	48.00	1415
论九点圆	2015－05	88.00	645
近代欧氏几何学	2012－03	48.00	162
罗巴切夫斯基几何学及几何基础概要	2012－07	28.00	188
罗巴切夫斯基几何学初步	2015－06	28.00	474
用三角、解析几何、复数、向量计算解数学竞赛几何题	2015－03	48.00	455
用解析法研究圆锥曲线的几何理论	2022－05	48.00	1495
美国中学几何教程	2015－04	88.00	458
三线坐标与三角形特征点	2015－04	98.00	460
坐标几何学基础.第1卷,笛卡儿坐标	2021－08	48.00	1398
坐标几何学基础.第2卷,三线坐标	2021－09	28.00	1399
平面解析几何方法与研究(第1卷)	2015－05	18.00	471
平面解析几何方法与研究(第2卷)	2015－06	18.00	472
平面解析几何方法与研究(第3卷)	2015－07	18.00	473
解析几何研究	2015－01	38.00	425
解析几何学教程.上	2016－01	38.00	574
解析几何学教程.下	2016－01	38.00	575
几何学基础	2016－01	58.00	581
初等几何研究	2015－02	58.00	444
十九和二十世纪欧氏几何学中的片段	2017－01	58.00	696
平面几何中考.高考.奥数一本通	2017－07	28.00	820
几何学简史	2017－08	28.00	833
四面体	2018－01	48.00	880
平面几何证明方法思路	2018－12	68.00	913
折纸中的几何练习	2022－09	48.00	1559
中学新几何学(英文)	2022－10	98.00	1562
线性代数与几何	2023－04	68.00	1633

刘培杰数学工作室
已出版(即将出版)图书目录——初等数学

书　　名	出版时间	定　价	编号
平面几何图形特性新析.上篇	2019—01	68.00	911
平面几何图形特性新析.下篇	2018—06	88.00	912
平面几何范例多解探究.上篇	2018—04	48.00	910
平面几何范例多解探究.下篇	2018—12	68.00	914
从分析解题过程学解题:竞赛中的几何问题研究	2018—07	68.00	946
从分析解题过程学解题:竞赛中的向量几何与不等式研究(全2册)	2019—06	138.00	1090
从分析解题过程学解题:竞赛中的不等式问题	2021—01	48.00	1249
二维、三维欧氏几何的对偶原理	2018—12	38.00	990
星形大观及闭折线论	2019—03	68.00	1020
立体几何的问题和方法	2019—11	58.00	1127
三角代换论	2021—05	58.00	1313
俄罗斯平面几何问题集	2009—08	88.00	55
俄罗斯立体几何问题集	2014—03	58.00	283
俄罗斯几何大师——沙雷金论数学及其他	2014—01	48.00	271
来自俄罗斯的5000道几何习题及解答	2011—03	58.00	89
俄罗斯初等数学问题集	2012—05	38.00	177
俄罗斯函数问题集	2011—03	38.00	103
俄罗斯组合分析问题集	2011—01	48.00	79
俄罗斯初等数学万题选——三角卷	2012—11	38.00	222
俄罗斯初等数学万题选——代数卷	2013—08	68.00	225
俄罗斯初等数学万题选——几何卷	2014—01	68.00	226
俄罗斯《量子》杂志数学征解问题100题选	2018—08	48.00	969
俄罗斯《量子》杂志数学征解问题又100题选	2018—08	48.00	970
俄罗斯《量子》杂志数学征解问题	2020—05	48.00	1138
463个俄罗斯几何老问题	2012—01	28.00	152
《量子》数学短文精粹	2018—09	38.00	972
用三角、解析几何等计算解来自俄罗斯的几何题	2019—11	88.00	1119
基谢廖夫平面几何	2022—01	48.00	1461
基谢廖夫立体几何	2023—04	48.00	1599
数学:代数、数学分析和几何(10—11年级)	2021—01	48.00	1250
立体几何.10—11年级	2022—01	58.00	1472
直观几何学:5—6年级	2022—04	58.00	1508
平面几何:9—11年级	2022—10	48.00	1571

谈谈素数	2011—03	18.00	91
平方和	2011—03	18.00	92
整数论	2011—05	38.00	120
从整数谈起	2015—10	28.00	538
数与多项式	2016—01	38.00	558
谈谈不定方程	2011—05	28.00	119
质数漫谈	2022—07	68.00	1529

解析不等式新论	2009—06	68.00	48
建立不等式的方法	2011—03	98.00	104
数学奥林匹克不等式研究(第2版)	2020—07	68.00	1181
不等式研究(第二辑)	2012—02	68.00	153
不等式的秘密(第一卷)(第2版)	2014—02	38.00	286
不等式的秘密(第二卷)	2014—01	38.00	268
初等不等式的证明方法	2010—06	38.00	123
初等不等式的证明方法(第二版)	2014—11	38.00	407
不等式・理论・方法(基础卷)	2015—07	38.00	496
不等式・理论・方法(经典不等式卷)	2015—07	38.00	497
不等式・理论・方法(特殊类型不等式卷)	2015—07	48.00	498
不等式探究	2016—03	38.00	582
不等式探秘	2017—01	88.00	689
四面体不等式	2017—01	68.00	715
数学奥林匹克中常见重要不等式	2017—09	38.00	845

刘培杰数学工作室
已出版(即将出版)图书目录——初等数学

书　　名	出版时间	定　价	编号
三正弦不等式	2018－09	98.00	974
函数方程与不等式:解法与稳定性结果	2019－04	68.00	1058
数学不等式.第1卷,对称多项式不等式	2022－05	78.00	1455
数学不等式.第2卷,对称有理不等式与对称无理不等式	2022－05	88.00	1456
数学不等式.第3卷,循环不等式与非循环不等式	2022－05	88.00	1457
数学不等式.第4卷,Jensen不等式的扩展与加细	2022－05	88.00	1458
数学不等式.第5卷,创建不等式与解不等式的其他方法	2022－05	88.00	1459
同余理论	2012－05	38.00	163
[x]与{x}	2015－04	48.00	476
极值与最值.上卷	2015－06	28.00	486
极值与最值.中卷	2015－06	38.00	487
极值与最值.下卷	2015－06	28.00	488
整数的性质	2012－11	38.00	192
完全平方数及其应用	2015－08	78.00	506
多项式理论	2015－10	88.00	541
奇数、偶数、奇偶分析法	2018－01	98.00	876
不定方程及其应用.上	2018－12	58.00	992
不定方程及其应用.中	2019－01	78.00	993
不定方程及其应用.下	2019－02	98.00	994
Nesbitt不等式加强式的研究	2022－06	128.00	1527
最值定理与分析不等式	2023－02	78.00	1567
一类积分不等式	2023－02	88.00	1579
邦费罗尼不等式及概率应用	2023－05	58.00	1637
历届美国中学生数学竞赛试题及解答(第一卷)1950－1954	2014－07	18.00	277
历届美国中学生数学竞赛试题及解答(第二卷)1955－1959	2014－04	18.00	278
历届美国中学生数学竞赛试题及解答(第三卷)1960－1964	2014－06	18.00	279
历届美国中学生数学竞赛试题及解答(第四卷)1965－1969	2014－04	28.00	280
历届美国中学生数学竞赛试题及解答(第五卷)1970－1972	2014－06	18.00	281
历届美国中学生数学竞赛试题及解答(第六卷)1973－1980	2017－07	18.00	768
历届美国中学生数学竞赛试题及解答(第七卷)1981－1986	2015－01	18.00	424
历届美国中学生数学竞赛试题及解答(第八卷)1987－1990	2017－05	18.00	769
历届中国数学奥林匹克试题集(第3版)	2021－10	58.00	1440
历届加拿大数学奥林匹克试题集	2012－08	38.00	215
历届美国数学奥林匹克试题集:1972～2019	2020－04	88.00	1135
历届波兰数学竞赛试题集.第1卷,1949～1963	2015－03	18.00	453
历届波兰数学竞赛试题集.第2卷,1964～1976	2015－03	18.00	454
历届巴尔干数学奥林匹克试题集	2015－05	38.00	466
保加利亚数学奥林匹克	2014－10	38.00	393
圣彼得堡数学奥林匹克试题集	2015－01	38.00	429
匈牙利奥林匹克数学竞赛题解.第1卷	2016－05	28.00	593
匈牙利奥林匹克数学竞赛题解.第2卷	2016－05	28.00	594
历届美国数学邀请赛试题集(第2版)	2017－10	78.00	851
普林斯顿大学数学竞赛	2016－06	38.00	669
亚太地区数学奥林匹克竞赛题	2015－07	18.00	492
日本历届(初级)广中杯数学竞赛试题及解答.第1卷(2000～2007)	2016－05	28.00	641
日本历届(初级)广中杯数学竞赛试题及解答.第2卷(2008～2015)	2016－05	38.00	642
越南数学奥林匹克题选:1962－2009	2021－07	48.00	1370
360个数学竞赛问题	2016－08	58.00	677
奥数最佳实战题.上卷	2017－06	38.00	760
奥数最佳实战题.下卷	2017－05	58.00	761
哈尔滨市早期中学数学竞赛试题汇编	2016－07	28.00	672
全国高中数学联赛试题及解答:1981—2019(第4版)	2020－07	138.00	1176
2022年全国高中数学联合竞赛模拟题集	2022－06	30.00	1521

刘培杰数学工作室

已出版(即将出版)图书目录——初等数学

书　　名	出版时间	定　价	编号
20 世纪 50 年代全国部分城市数学竞赛试题汇编	2017－07	28.00	797
国内外数学竞赛题及精解:2018～2019	2020－08	45.00	1192
国内外数学竞赛题及精解:2019～2020	2021－11	58.00	1439
许康华竞赛优学精选集.第一辑	2018－08	68.00	949
天问叶班数学问题征解 100 题.Ⅰ,2016－2018	2019－05	88.00	1075
天问叶班数学问题征解 100 题.Ⅱ,2017－2019	2020－07	98.00	1177
美国初中数学竞赛:AMC8 准备(共 6 卷)	2019－07	138.00	1089
美国高中数学竞赛:AMC10 准备(共 6 卷)	2019－08	158.00	1105
王连笑教你怎样学数学:高考选择题解题策略与客观题实用训练	2014－01	48.00	262
王连笑教你怎样学数学:高考数学高层次讲座	2015－02	48.00	432
高考数学的理论与实践	2009－08	38.00	53
高考数学核心题型解题方法与技巧	2010－01	28.00	86
高考思维新平台	2014－03	38.00	259
高考数学压轴题解题诀窍(上)(第 2 版)	2018－01	58.00	874
高考数学压轴题解题诀窍(下)(第 2 版)	2018－01	48.00	875
北京市五区文科数学三年高考模拟题详解:2013～2015	2015－08	48.00	500
北京市五区理科数学三年高考模拟题详解:2013～2015	2015－09	68.00	505
向量法巧解数学高考题	2009－08	28.00	54
高中数学课堂教学的实践与反思	2021－11	48.00	791
数学高考参考	2016－01	78.00	589
新课程标准高考数学解答题各种题型解法指导	2020－08	78.00	1196
全国及各省市高考数学试题审题要津与解法研究	2015－02	48.00	450
高中数学章节起始课的教学研究与案例设计	2019－05	28.00	1064
新课标高考数学——五年试题分章详解(2007～2011)(上、下)	2011－10	78.00	140,141
全国中考数学压轴题审题要津与解法研究	2013－04	78.00	248
新编全国及各省市中考数学压轴题审题要津与解法研究	2014－05	58.00	342
全国及各省市 5 年中考数学压轴题审题要津与解法研究(2015 版)	2015－04	58.00	462
中考数学专题总复习	2007－04	28.00	6
中考数学较难题常考题型解题方法与技巧	2016－09	48.00	681
中考数学难题常考题型解题方法与技巧	2016－09	48.00	682
中考数学中档题常考题型解题方法与技巧	2017－08	68.00	835
中考数学选择填空压轴好题妙解 365	2017－05	38.00	759
中考数学:三类重点考题的解法例析与习题	2020－04	48.00	1140
中小学数学的历史文化	2019－11	48.00	1124
初中平面几何百题多思创新解	2020－01	58.00	1125
初中数学中考备考	2020－01	58.00	1126
高考数学之九章演义	2019－08	68.00	1044
高考数学之难题谈笑间	2022－06	68.00	1519
化学可以这样学:高中化学知识方法智慧感悟疑难辨析	2019－07	58.00	1103
如何成为学习高手	2019－09	58.00	1107
高考数学:经典真题分类解析	2020－04	78.00	1134
高考数学解答题破解策略	2020－11	58.00	1221
从分析解题过程学解题:高考压轴题与竞赛题之关系探究	2020－08	88.00	1179
教学新思考:单元整体视角下的初中数学教学设计	2021－03	58.00	1278
思维再拓展:2020 年经典几何题的多解探究与思考	即将出版		1279
中考数学小压轴汇编初讲	2017－07	48.00	788
中考数学大压轴专题微言	2017－09	48.00	846
怎么解中考平面几何探索题	2019－06	48.00	1093
北京中考数学压轴题解题方法突破(第 8 版)	2022－11	78.00	1577
助你高考成功的数学解题智慧:知识是智慧的基础	2016－01	58.00	596
助你高考成功的数学解题智慧:错误是智慧的试金石	2016－04	58.00	643
助你高考成功的数学解题智慧:方法是智慧的推手	2016－04	68.00	657
高考数学奇思妙解	2016－04	38.00	610
高考数学解题策略	2016－05	48.00	670
数学解题泄天机(第 2 版)	2017－10	48.00	850

刘培杰数学工作室

已出版(即将出版)图书目录——初等数学

书　　名	出版时间	定　价	编号
高考物理压轴题全解	2017—04	58.00	746
高中物理经典问题 25 讲	2017—05	28.00	764
高中物理教学讲义	2018—01	48.00	871
高中物理教学讲义:全模块	2022—03	98.00	1492
高中物理答疑解惑 65 篇	2021—11	48.00	1462
中学物理基础问题解析	2020—08	48.00	1183
初中数学、高中数学脱节知识补缺教材	2017—06	48.00	766
高考数学小题抢分必练	2017—10	48.00	834
高考数学核心素养解读	2017—09	38.00	839
高考数学客观题解题方法和技巧	2017—10	38.00	847
十年高考数学精品试题审题要津与解法研究	2021—10	98.00	1427
中国历届高考数学试题及解答.1949—1979	2018—01	38.00	877
历届中国高考数学试题及解答.第二卷,1980—1989	2018—10	28.00	975
历届中国高考数学试题及解答.第三卷,1990—1999	2018—10	48.00	976
数学文化与高考研究	2018—03	48.00	882
跟我学解高中数学题	2018—07	58.00	926
中学数学研究的方法及案例	2018—05	58.00	869
高考数学抢分技能	2018—07	68.00	934
高一新生常用数学方法和重要数学思想提升教材	2018—06	38.00	921
2018 年高考数学真题研究	2019—01	68.00	1000
2019 年高考数学真题研究	2020—05	88.00	1137
高考数学全国卷六道解答题常考题型解题诀窍:理科(全 2 册)	2019—07	78.00	1101
高考数学全国卷 16 道选择、填空题常考题型解题诀窍.理科	2018—09	88.00	971
高考数学全国卷 16 道选择、填空题常考题型解题诀窍.文科	2020—01	88.00	1123
高中数学一题多解	2019—06	58.00	1087
历届中国高考数学试题及解答:1917—1999	2021—08	98.00	1371
2000～2003 年全国及各省市高考数学试题及解答	2022—05	88.00	1499
2004 年全国及各省市高考数学试题及解答	2022—07	78.00	1500
突破高原:高中数学解题思维探究	2021—08	48.00	1375
高考数学中的"取值范围"	2021—10	48.00	1429
新课程标准高中数学各种题型解法大全.必修一分册	2021—06	58.00	1315
新课程标准高中数学各种题型解法大全.必修二分册	2022—01	68.00	1471
高中数学各种题型解法大全.选择性必修一分册	2022—06	68.00	1525
高中数学各种题型解法大全.选择性必修二分册	2023—01	58.00	1600
高中数学各种题型解法大全.选择性必修三分册	2023—04	48.00	1643
历届全国初中数学竞赛经典试题详解	2023—04	88.00	1624
新编 640 个世界著名数学智力趣题	2014—01	88.00	242
500 个最新世界著名数学智力趣题	2008—06	48.00	3
400 个最新世界著名数学最值问题	2008—09	48.00	36
500 个世界著名数学征解问题	2009—06	48.00	52
400 个中国最佳初等数学征解老问题	2010—01	48.00	60
500 个俄罗斯数学经典老题	2011—01	28.00	81
1000 个国外中学物理好题	2012—04	48.00	174
300 个日本高考数学题	2012—05	38.00	142
700 个早期日本高考数学试题	2017—02	88.00	752
500 个前苏联早期高考数学试题及解答	2012—05	28.00	185
546 个早期俄罗斯大学生数学竞赛题	2014—03	38.00	285
548 个来自美苏的数学好问题	2014—11	28.00	396
20 所苏联著名大学早期入学试题	2015—02	18.00	452
161 道德国工科大学生必做的微分方程习题	2015—05	28.00	469
500 个德国工科大学生必做的高数习题	2015—06	28.00	478
360 个数学竞赛问题	2016—08	58.00	677
200 个趣味数学故事	2018—02	48.00	857
470 个数学奥林匹克中的最值问题	2018—10	88.00	985
德国讲义日本考题.微积分卷	2015—04	48.00	456
德国讲义日本考题.微分方程卷	2015—04	38.00	457
二十世纪中叶中、英、美、日、法、俄高考数学试题精选	2017—06	38.00	783

刘培杰数学工作室
已出版(即将出版)图书目录——初等数学

书　　名	出版时间	定　价	编号
中国初等数学研究　2009卷(第1辑)	2009－05	20.00	45
中国初等数学研究　2010卷(第2辑)	2010－05	30.00	68
中国初等数学研究　2011卷(第3辑)	2011－07	60.00	127
中国初等数学研究　2012卷(第4辑)	2012－07	48.00	190
中国初等数学研究　2014卷(第5辑)	2014－02	48.00	288
中国初等数学研究　2015卷(第6辑)	2015－06	68.00	493
中国初等数学研究　2016卷(第7辑)	2016－04	68.00	609
中国初等数学研究　2017卷(第8辑)	2017－01	98.00	712
初等数学研究在中国.第1辑	2019－03	158.00	1024
初等数学研究在中国.第2辑	2019－10	158.00	1116
初等数学研究在中国.第3辑	2021－05	158.00	1306
初等数学研究在中国.第4辑	2022－06	158.00	1520
几何变换(Ⅰ)	2014－07	28.00	353
几何变换(Ⅱ)	2015－06	28.00	354
几何变换(Ⅲ)	2015－01	38.00	355
几何变换(Ⅳ)	2015－12	38.00	356
初等数论难题集(第一卷)	2009－05	68.00	44
初等数论难题集(第二卷)(上、下)	2011－02	128.00	82,83
数论概貌	2011－03	18.00	93
代数数论(第二版)	2013－08	58.00	94
代数多项式	2014－06	38.00	289
初等数论的知识与问题	2011－02	28.00	95
超越数论基础	2011－03	28.00	96
数论初等教程	2011－03	28.00	97
数论基础	2011－03	18.00	98
数论基础与维诺格拉多夫	2014－03	18.00	292
解析数论基础	2012－08	28.00	216
解析数论基础(第二版)	2014－01	48.00	287
解析数论问题集(第二版)(原版引进)	2014－05	88.00	343
解析数论问题集(第二版)(中译本)	2016－04	88.00	607
解析数论基础(潘承洞,潘承彪著)	2016－07	98.00	673
解析数论导引	2016－07	58.00	674
数论入门	2011－03	38.00	99
代数数论入门	2015－03	38.00	448
数论开篇	2012－07	28.00	194
解析数论引论	2011－03	48.00	100
Barban Davenport Halberstam 均值和	2009－01	40.00	33
基础数论	2011－03	28.00	101
初等数论 100 例	2011－05	18.00	122
初等数论经典例题	2012－07	18.00	204
最新世界各国数学奥林匹克中的初等数论试题(上、下)	2012－01	138.00	144,145
初等数论(Ⅰ)	2012－01	18.00	156
初等数论(Ⅱ)	2012－01	18.00	157
初等数论(Ⅲ)	2012－01	28.00	158

刘培杰数学工作室
已出版(即将出版)图书目录——初等数学

书　　名	出版时间	定　价	编号
平面几何与数论中未解决的新老问题	2013－01	68.00	229
代数数论简史	2014－11	28.00	408
代数数论	2015－09	88.00	532
代数、数论及分析习题集	2016－11	98.00	695
数论导引提要及习题解答	2016－01	48.00	559
素数定理的初等证明.第2版	2016－09	48.00	686
数论中的模函数与狄利克雷级数(第二版)	2017－11	78.00	837
数论:数学导引	2018－01	68.00	849
范氏大代数	2019－02	98.00	1016
解析数学讲义.第一卷,导来式及微分、积分、级数	2019－04	88.00	1021
解析数学讲义.第二卷,关于几何的应用	2019－04	68.00	1022
解析数学讲义.第三卷,解析函数论	2019－04	78.00	1023
分析·组合·数论纵横谈	2019－04	58.00	1039
Hall代数:民国时期的中学数学课本:英文	2019－08	88.00	1106
基谢廖夫初等代数	2022－07	38.00	1531
数学精神巡礼	2019－01	58.00	731
数学眼光透视(第2版)	2017－06	78.00	732
数学思想领悟(第2版)	2018－01	68.00	733
数学方法溯源(第2版)	2018－08	68.00	734
数学解题引论	2017－05	58.00	735
数学史话览胜(第2版)	2017－01	48.00	736
数学应用展观(第2版)	2017－08	68.00	737
数学建模尝试	2018－04	48.00	738
数学竞赛采风	2018－01	68.00	739
数学测评探营	2019－05	58.00	740
数学技能操握	2018－03	48.00	741
数学欣赏拾趣	2018－02	48.00	742
从毕达哥拉斯到怀尔斯	2007－10	48.00	9
从迪利克雷到维斯卡尔迪	2008－01	48.00	21
从哥德巴赫到陈景润	2008－05	98.00	35
从庞加莱到佩雷尔曼	2011－08	138.00	136
博弈论精粹	2008－03	58.00	30
博弈论精粹.第二版(精装)	2015－01	88.00	461
数学 我爱你	2008－01	28.00	20
精神的圣徒　别样的人生——60位中国数学家成长的历程	2008－09	48.00	39
数学史概论	2009－06	78.00	50
数学史概论(精装)	2013－03	158.00	272
数学史选讲	2016－01	48.00	544
斐波那契数列	2010－02	28.00	65
数学拼盘和斐波那契魔方	2010－07	38.00	72
斐波那契数列欣赏(第2版)	2018－08	58.00	948
Fibonacci数列中的明珠	2018－06	58.00	928
数学的创造	2011－02	48.00	85
数学美与创造力	2016－01	48.00	595
数海拾贝	2016－01	48.00	590
数学中的美(第2版)	2019－04	68.00	1057
数论中的美学	2014－12	38.00	351

刘培杰数学工作室
已出版(即将出版)图书目录——初等数学

书　　名	出版时间	定　价	编号
数学王者　科学巨人——高斯	2015－01	28.00	428
振兴祖国数学的圆梦之旅:中国初等数学研究史话	2015－06	98.00	490
二十世纪中国数学史料研究	2015－10	48.00	536
数字谜、数阵图与棋盘覆盖	2016－01	58.00	298
时间的形状	2016－01	38.00	556
数学发现的艺术:数学探索中的合情推理	2016－07	58.00	671
活跃在数学中的参数	2016－07	48.00	675
数海趣史	2021－05	98.00	1314
数学解题——靠数学思想给力(上)	2011－07	38.00	131
数学解题——靠数学思想给力(中)	2011－07	48.00	132
数学解题——靠数学思想给力(下)	2011－07	38.00	133
我怎样解题	2013－01	48.00	227
数学解题中的物理方法	2011－06	28.00	114
数学解题的特殊方法	2011－06	48.00	115
中学数学计算技巧(第2版)	2020－10	48.00	1220
中学数学证明方法	2012－01	58.00	117
数学趣题巧解	2012－03	28.00	128
高中数学教学通鉴	2015－05	58.00	479
和高中生漫谈:数学与哲学的故事	2014－08	28.00	369
算术问题集	2017－03	38.00	789
张教授讲数学	2018－07	38.00	933
陈永明实话实说数学教学	2020－04	68.00	1132
中学数学学科知识与教学能力	2020－06	58.00	1155
怎样把课讲好:大罕数学教学随笔	2022－03	58.00	1484
中国高考评价体系下高考数学探秘	2022－03	48.00	1487
自主招生考试中的参数方程问题	2015－01	28.00	435
自主招生考试中的极坐标问题	2015－04	28.00	463
近年全国重点大学自主招生数学试题全解及研究.华约卷	2015－02	38.00	441
近年全国重点大学自主招生数学试题全解及研究.北约卷	2016－05	38.00	619
自主招生数学解证宝典	2015－09	48.00	535
中国科学技术大学创新班数学真题解析	2022－03	48.00	1488
中国科学技术大学创新班物理真题解析	2022－03	58.00	1489
格点和面积	2012－07	18.00	191
射影几何趣谈	2012－04	28.00	175
斯潘纳尔引理——从一道加拿大数学奥林匹克试题谈起	2014－01	28.00	228
李普希兹条件——从几道近年高考数学试题谈起	2012－10	18.00	221
拉格朗日中值定理——从一道北京高考试题的解法谈起	2015－10	18.00	197
闵科夫斯基定理——从一道清华大学自主招生试题谈起	2014－01	28.00	198
哈尔测度——从一道冬令营试题的背景谈起	2012－08	28.00	202
切比雪夫逼近问题——从一道中国台北数学奥林匹克试题谈起	2013－04	38.00	238
伯恩斯坦多项式与贝齐尔曲面——从一道全国高中数学联赛试题谈起	2013－03	38.00	236
卡塔兰猜想——从一道普特南竞赛试题谈起	2013－06	18.00	256
麦卡锡函数和阿克曼函数——从一道前南斯拉夫数学奥林匹克试题谈起	2012－08	18.00	201
贝蒂定理与拉姆贝克莫斯尔定理——从一个拣石子游戏谈起	2012－08	18.00	217
皮亚诺曲线和豪斯道夫分球定理——从无限集谈起	2012－08	18.00	211
平面凸图形与凸多面体	2012－10	28.00	218
斯坦因豪斯问题——从一道二十五省市自治区中学数学竞赛试题谈起	2012－07	18.00	196

 刘培杰数学工作室 已出版(即将出版)图书目录——初等数学 

书　　名	出版时间	定　价	编号
纽结理论中的亚历山大多项式与琼斯多项式——从一道北京市高一数学竞赛试题谈起	2012－07	28.00	195
原则与策略——从波利亚"解题表"谈起	2013－04	38.00	244
转化与化归——从三大尺规作图不能问题谈起	2012－08	28.00	214
代数几何中的贝祖定理(第一版)——从一道 IMO 试题的解法谈起	2013－08	18.00	193
成功连贯理论与约当块理论——从一道比利时数学竞赛试题谈起	2012－04	18.00	180
素数判定与大数分解	2014－08	18.00	199
置换多项式及其应用	2012－10	18.00	220
椭圆函数与模函数——从一道美国加州大学洛杉矶分校(UCLA)博士资格考题谈起	2012－10	28.00	219
差分方程的拉格朗日方法——从一道 2011 年全国高考理科试题的解法谈起	2012－08	28.00	200
力学在几何中的一些应用	2013－01	38.00	240
从根式解到伽罗华理论	2020－01	48.00	1121
康托洛维奇不等式——从一道全国高中联赛试题谈起	2013－03	28.00	337
西格尔引理——从一道第 18 届 IMO 试题的解法谈起	即将出版		
罗斯定理——从一道前苏联数学竞赛试题谈起	即将出版		
拉克斯定理和阿廷定理——从一道 IMO 试题的解法谈起	2014－01	58.00	246
毕卡大定理——从一道美国大学数学竞赛试题谈起	2014－07	18.00	350
贝齐尔曲线——从一道全国高中联赛试题谈起	即将出版		
拉格朗日乘子定理——从一道 2005 年全国高中联赛试题的高等数学解法谈起	2015－05	28.00	480
雅可比定理——从一道日本数学奥林匹克试题谈起	2013－04	48.00	249
李天岩－约克定理——从一道波兰数学竞赛试题谈起	2014－06	28.00	349
受控理论与初等不等式:从一道 IMO 试题的解法谈起	2023－03	48.00	1601
布劳维不动点定理——从一道前苏联数学奥林匹克试题谈起	2014－01	38.00	273
伯恩赛德定理——从一道英国数学奥林匹克试题谈起	即将出版		
布查特－莫斯特定理——从一道上海市初中竞赛试题谈起	即将出版		
数论中的同余数问题——从一道普特南竞赛试题谈起	即将出版		
范·德蒙行列式——从一道美国数学奥林匹克试题谈起	即将出版		
中国剩余定理:总数法构建中国历史年表	2015－01	28.00	430
牛顿程序与方程求根——从一道全国高考试题解法谈起	即将出版		
库默尔定理——从一道 IMO 预选试题谈起	即将出版		
卢丁定理——从一道冬令营试题的解法谈起	即将出版		
沃斯滕霍姆定理——从一道 IMO 预选试题谈起	即将出版		
卡尔松不等式——从一道莫斯科数学奥林匹克试题谈起	即将出版		
信息论中的香农熵——从一道近年高考压轴题谈起	即将出版		
约当不等式——从一道希望杯竞赛试题谈起	即将出版		
拉比诺维奇定理	即将出版		
刘维尔定理——从一道《美国数学月刊》征解问题的解法谈起	即将出版		
卡塔兰恒等式与级数求和——从一道 IMO 试题的解法谈起	即将出版		
勒让德猜想与素数分布——从一道爱尔兰竞赛试题谈起	即将出版		
天平称重与信息论——从一道基辅市数学奥林匹克试题谈起	即将出版		
哈密尔顿－凯莱定理:从一道高中数学联赛试题的解法谈起	2014－09	18.00	376
艾思特曼定理——从一道 CMO 试题的解法谈起	即将出版		

刘培杰数学工作室

已出版(即将出版)图书目录——初等数学

书　　名	出版时间	定　价	编号
阿贝尔恒等式与经典不等式及应用	2018－06	98.00	923
迪利克雷除数问题	2018－07	48.00	930
幻方、幻立方与拉丁方	2019－08	48.00	1092
帕斯卡三角形	2014－03	18.00	294
蒲丰投针问题——从 2009 年清华大学的一道自主招生试题谈起	2014－01	38.00	295
斯图姆定理——从一道"华约"自主招生试题的解法谈起	2014－01	18.00	296
许瓦兹引理——从一道加利福尼亚大学伯克利分校数学系博士生试题谈起	2014－08	18.00	297
拉姆塞定理——从王诗宬院士的一个问题谈起	2016－04	48.00	299
坐标法	2013－12	28.00	332
数论三角形	2014－04	38.00	341
毕克定理	2014－07	18.00	352
数林掠影	2014－09	48.00	389
我们周围的概率	2014－10	38.00	390
凸函数最值定理:从一道华约自主招生题的解法谈起	2014－10	28.00	391
易学与数学奥林匹克	2014－10	38.00	392
生物数学趣谈	2015－01	18.00	409
反演	2015－01	28.00	420
因式分解与圆锥曲线	2015－01	18.00	426
轨迹	2015－01	28.00	427
面积原理:从常庚哲命的一道 CMO 试题的积分解法谈起	2015－01	48.00	431
形形色色的不动点定理:从一道 28 届 IMO 试题谈起	2015－01	38.00	439
柯西函数方程:从一道上海交大自主招生的试题谈起	2015－02	28.00	440
三角恒等式	2015－02	28.00	442
无理性判定:从一道 2014 年"北约"自主招生试题谈起	2015－01	38.00	443
数学归纳法	2015－03	18.00	451
极端原理与解题	2015－04	28.00	464
法雷级数	2014－08	18.00	367
摆线族	2015－01	38.00	438
函数方程及其解法	2015－05	38.00	470
含参数的方程和不等式	2012－09	28.00	213
希尔伯特第十问题	2016－01	38.00	543
无穷小量的求和	2016－01	28.00	545
切比雪夫多项式:从一道清华大学金秋营试题谈起	2016－01	38.00	583
泽肯多夫定理	2016－03	38.00	599
代数等式证题法	2016－01	28.00	600
三角等式证题法	2016－01	28.00	601
吴大任教授藏书中的一个因式分解公式:从一道美国数学邀请赛试题的解法谈起	2016－06	28.00	656
易卦——类万物的数学模型	2017－08	68.00	838
"不可思议"的数与数系可持续发展	2018－01	38.00	878
最短线	2018－01	38.00	879
数学在天文、地理、光学、机械力学中的一些应用	2023－03	88.00	1576
从阿基米德三角形谈起	2023－01	28.00	1578
幻方和魔方(第一卷)	2012－05	68.00	173
尘封的经典——初等数学经典文献选读(第一卷)	2012－07	48.00	205
尘封的经典——初等数学经典文献选读(第二卷)	2012－07	38.00	206
初级方程式论	2011－03	28.00	106
初等数学研究(Ⅰ)	2008－09	68.00	37
初等数学研究(Ⅱ)(上、下)	2009－05	118.00	46,47
初等数学专题研究	2022－10	68.00	1568

刘培杰数学工作室
已出版(即将出版)图书目录——初等数学

书　名	出版时间	定　价	编号
趣味初等方程妙题集锦	2014－09	48.00	388
趣味初等数论选美与欣赏	2015－02	48.00	445
耕读笔记(上卷):一位农民数学爱好者的初数探索	2015－04	28.00	459
耕读笔记(中卷):一位农民数学爱好者的初数探索	2015－05	28.00	483
耕读笔记(下卷):一位农民数学爱好者的初数探索	2015－05	28.00	484
几何不等式研究与欣赏.上卷	2016－01	88.00	547
几何不等式研究与欣赏.下卷	2016－01	48.00	552
初等数列研究与欣赏·上	2016－01	48.00	570
初等数列研究与欣赏·下	2016－01	48.00	571
趣味初等函数研究与欣赏.上	2016－09	48.00	684
趣味初等函数研究与欣赏.下	2018－09	48.00	685
三角不等式研究与欣赏	2020－10	68.00	1197
新编平面解析几何解题方法研究与欣赏	2021－10	78.00	1426
火柴游戏(第2版)	2022－05	38.00	1493
智力解谜.第1卷	2017－07	38.00	613
智力解谜.第2卷	2017－07	38.00	614
故事智力	2016－07	48.00	615
名人们喜欢的智力问题	2020－01	48.00	616
数学大师的发现、创造与失误	2018－01	48.00	617
异曲同工	2018－09	48.00	618
数学的味道	2018－01	58.00	798
数学千字文	2018－10	68.00	977
数贝偶拾——高考数学题研究	2014－04	28.00	274
数贝偶拾——初等数学研究	2014－04	38.00	275
数贝偶拾——奥数题研究	2014－04	48.00	276
钱昌本教你快乐学数学(上)	2011－12	48.00	155
钱昌本教你快乐学数学(下)	2012－03	58.00	171
集合、函数与方程	2014－01	28.00	300
数列与不等式	2014－01	38.00	301
三角与平面向量	2014－01	28.00	302
平面解析几何	2014－01	38.00	303
立体几何与组合	2014－01	28.00	304
极限与导数、数学归纳法	2014－01	38.00	305
趣味数学	2014－03	28.00	306
教材教法	2014－04	68.00	307
自主招生	2014－05	58.00	308
高考压轴题(上)	2015－01	48.00	309
高考压轴题(下)	2014－10	68.00	310
从费马到怀尔斯——费马大定理的历史	2013－10	198.00	Ⅰ
从庞加莱到佩雷尔曼——庞加莱猜想的历史	2013－10	298.00	Ⅱ
从切比雪夫到爱尔特希(上)——素数定理的初等证明	2013－07	48.00	Ⅲ
从切比雪夫到爱尔特希(下)——素数定理100年	2012－12	98.00	Ⅲ
从高斯到盖尔方特——二次域的高斯猜想	2013－10	198.00	Ⅳ
从库默尔到朗兰兹——朗兰兹猜想的历史	2014－01	98.00	Ⅴ
从比勃巴赫到德布朗斯——比勃巴赫猜想的历史	2014－02	298.00	Ⅵ
从麦比乌斯到陈省身——麦比乌斯变换与麦比乌斯带	2014－02	298.00	Ⅶ
从布尔到豪斯道夫——布尔方程与格论漫谈	2013－10	198.00	Ⅷ
从开普勒到阿诺德——三体问题的历史	2014－05	298.00	Ⅸ
从华林到华罗庚——华林问题的历史	2013－10	298.00	Ⅹ

刘培杰数学工作室
已出版(即将出版)图书目录——初等数学

书　　名	出版时间	定　价	编号
美国高中数学竞赛五十讲.第1卷(英文)	2014-08	28.00	357
美国高中数学竞赛五十讲.第2卷(英文)	2014-08	28.00	358
美国高中数学竞赛五十讲.第3卷(英文)	2014-09	28.00	359
美国高中数学竞赛五十讲.第4卷(英文)	2014-09	28.00	360
美国高中数学竞赛五十讲.第5卷(英文)	2014-10	28.00	361
美国高中数学竞赛五十讲.第6卷(英文)	2014-11	28.00	362
美国高中数学竞赛五十讲.第7卷(英文)	2014-12	28.00	363
美国高中数学竞赛五十讲.第8卷(英文)	2015-01	28.00	364
美国高中数学竞赛五十讲.第9卷(英文)	2015-01	28.00	365
美国高中数学竞赛五十讲.第10卷(英文)	2015-02	38.00	366
三角函数(第2版)	2017-04	38.00	626
不等式	2014-01	38.00	312
数列	2014-01	38.00	313
方程(第2版)	2017-04	38.00	624
排列和组合	2014-01	28.00	315
极限与导数(第2版)	2016-04	38.00	635
向量(第2版)	2018-08	58.00	627
复数及其应用	2014-08	28.00	318
函数	2014-01	38.00	319
集合	2020-01	48.00	320
直线与平面	2014-01	28.00	321
立体几何(第2版)	2016-04	38.00	629
解三角形	即将出版		323
直线与圆(第2版)	2016-11	38.00	631
圆锥曲线(第2版)	2016-09	48.00	632
解题通法(一)	2014-07	38.00	326
解题通法(二)	2014-07	38.00	327
解题通法(三)	2014-05	38.00	328
概率与统计	2014-01	28.00	329
信息迁移与算法	即将出版		330
IMO 50年.第1卷(1959-1963)	2014-11	28.00	377
IMO 50年.第2卷(1964-1968)	2014-11	28.00	378
IMO 50年.第3卷(1969-1973)	2014-09	28.00	379
IMO 50年.第4卷(1974-1978)	2016-04	38.00	380
IMO 50年.第5卷(1979-1984)	2015-04	38.00	381
IMO 50年.第6卷(1985-1989)	2015-04	58.00	382
IMO 50年.第7卷(1990-1994)	2016-01	48.00	383
IMO 50年.第8卷(1995-1999)	2016-06	38.00	384
IMO 50年.第9卷(2000-2004)	2015-04	58.00	385
IMO 50年.第10卷(2005-2009)	2016-01	48.00	386
IMO 50年.第11卷(2010-2015)	2017-03	48.00	646

刘培杰数学工作室
已出版(即将出版)图书目录——初等数学

书　　名	出版时间	定　价	编号
数学反思(2006—2007)	2020—09	88.00	915
数学反思(2008—2009)	2019—01	68.00	917
数学反思(2010—2011)	2018—05	58.00	916
数学反思(2012—2013)	2019—01	58.00	918
数学反思(2014—2015)	2019—03	78.00	919
数学反思(2016—2017)	2021—03	58.00	1286
数学反思(2018—2019)	2023—01	88.00	1593
历届美国大学生数学竞赛试题集.第一卷(1938—1949)	2015—01	28.00	397
历届美国大学生数学竞赛试题集.第二卷(1950—1959)	2015—01	28.00	398
历届美国大学生数学竞赛试题集.第三卷(1960—1969)	2015—01	28.00	399
历届美国大学生数学竞赛试题集.第四卷(1970—1979)	2015—01	18.00	400
历届美国大学生数学竞赛试题集.第五卷(1980—1989)	2015—01	28.00	401
历届美国大学生数学竞赛试题集.第六卷(1990—1999)	2015—01	28.00	402
历届美国大学生数学竞赛试题集.第七卷(2000—2009)	2015—08	18.00	403
历届美国大学生数学竞赛试题集.第八卷(2010—2012)	2015—01	18.00	404
新课标高考数学创新题解题诀窍:总论	2014—09	28.00	372
新课标高考数学创新题解题诀窍:必修1~5分册	2014—08	38.00	373
新课标高考数学创新题解题诀窍:选修2—1,2—2,1—1,1—2分册	2014—09	38.00	374
新课标高考数学创新题解题诀窍:选修2—3,4—4,4—5分册	2014—09	18.00	375
全国重点大学自主招生英文数学试题全攻略:词汇卷	2015—07	48.00	410
全国重点大学自主招生英文数学试题全攻略:概念卷	2015—01	28.00	411
全国重点大学自主招生英文数学试题全攻略:文章选读卷(上)	2016—09	38.00	412
全国重点大学自主招生英文数学试题全攻略:文章选读卷(下)	2017—01	58.00	413
全国重点大学自主招生英文数学试题全攻略:试题卷	2015—07	38.00	414
全国重点大学自主招生英文数学试题全攻略:名著欣赏卷	2017—03	48.00	415
劳埃德数学趣题大全.题目卷.1:英文	2016—01	18.00	516
劳埃德数学趣题大全.题目卷.2:英文	2016—01	18.00	517
劳埃德数学趣题大全.题目卷.3:英文	2016—01	18.00	518
劳埃德数学趣题大全.题目卷.4:英文	2016—01	18.00	519
劳埃德数学趣题大全.题目卷.5:英文	2016—01	18.00	520
劳埃德数学趣题大全.答案卷:英文	2016—01	18.00	521
李成章教练奥数笔记.第1卷	2016—01	48.00	522
李成章教练奥数笔记.第2卷	2016—01	48.00	523
李成章教练奥数笔记.第3卷	2016—01	38.00	524
李成章教练奥数笔记.第4卷	2016—01	38.00	525
李成章教练奥数笔记.第5卷	2016—01	38.00	526
李成章教练奥数笔记.第6卷	2016—01	38.00	527
李成章教练奥数笔记.第7卷	2016—01	38.00	528
李成章教练奥数笔记.第8卷	2016—01	48.00	529
李成章教练奥数笔记.第9卷	2016—01	28.00	530

刘培杰数学工作室
已出版(即将出版)图书目录——初等数学

书　　名	出版时间	定　价	编号
第19～23届"希望杯"全国数学邀请赛试题审题要津详细评注(初一版)	2014—03	28.00	333
第19～23届"希望杯"全国数学邀请赛试题审题要津详细评注(初二、初三版)	2014—03	38.00	334
第19～23届"希望杯"全国数学邀请赛试题审题要津详细评注(高一版)	2014—03	28.00	335
第19～23届"希望杯"全国数学邀请赛试题审题要津详细评注(高二版)	2014—03	38.00	336
第19～25届"希望杯"全国数学邀请赛试题审题要津详细评注(初一版)	2015—01	38.00	416
第19～25届"希望杯"全国数学邀请赛试题审题要津详细评注(初二、初三版)	2015—01	58.00	417
第19～25届"希望杯"全国数学邀请赛试题审题要津详细评注(高一版)	2015—01	48.00	418
第19～25届"希望杯"全国数学邀请赛试题审题要津详细评注(高二版)	2015—01	48.00	419
物理奥林匹克竞赛大题典——力学卷	2014—11	48.00	405
物理奥林匹克竞赛大题典——热学卷	2014—04	28.00	339
物理奥林匹克竞赛大题典——电磁学卷	2015—07	48.00	406
物理奥林匹克竞赛大题典——光学与近代物理卷	2014—06	28.00	345
历届中国东南地区数学奥林匹克试题集(2004～2012)	2014—06	18.00	346
历届中国西部地区数学奥林匹克试题集(2001～2012)	2014—07	18.00	347
历届中国女子数学奥林匹克试题集(2002～2012)	2014—08	18.00	348
数学奥林匹克在中国	2014—06	98.00	344
数学奥林匹克问题集	2014—01	38.00	267
数学奥林匹克不等式散论	2010—06	38.00	124
数学奥林匹克不等式欣赏	2011—09	38.00	138
数学奥林匹克超级题库(初中卷上)	2010—01	58.00	66
数学奥林匹克不等式证明方法和技巧(上、下)	2011—08	158.00	134,135
他们学什么:原民主德国中学数学课本	2016—09	38.00	658
他们学什么:英国中学数学课本	2016—09	38.00	659
他们学什么:法国中学数学课本.1	2016—09	38.00	660
他们学什么:法国中学数学课本.2	2016—09	28.00	661
他们学什么:法国中学数学课本.3	2016—09	38.00	662
他们学什么:苏联中学数学课本	2016—09	28.00	679
高中数学题典——集合与简易逻辑・函数	2016—07	48.00	647
高中数学题典——导数	2016—07	48.00	648
高中数学题典——三角函数・平面向量	2016—07	48.00	649
高中数学题典——数列	2016—07	58.00	650
高中数学题典——不等式・推理与证明	2016—07	38.00	651
高中数学题典——立体几何	2016—07	48.00	652
高中数学题典——平面解析几何	2016—07	78.00	653
高中数学题典——计数原理・统计・概率・复数	2016—07	48.00	654
高中数学题典——算法・平面几何・初等数论・组合数学・其他	2016—07	68.00	655

刘培杰数学工作室
已出版(即将出版)图书目录——初等数学

书　　名	出版时间	定　价	编号
台湾地区奥林匹克数学竞赛试题.小学一年级	2017—03	38.00	722
台湾地区奥林匹克数学竞赛试题.小学二年级	2017—03	38.00	723
台湾地区奥林匹克数学竞赛试题.小学三年级	2017—03	38.00	724
台湾地区奥林匹克数学竞赛试题.小学四年级	2017—03	38.00	725
台湾地区奥林匹克数学竞赛试题.小学五年级	2017—03	38.00	726
台湾地区奥林匹克数学竞赛试题.小学六年级	2017—03	38.00	727
台湾地区奥林匹克数学竞赛试题.初中一年级	2017—03	38.00	728
台湾地区奥林匹克数学竞赛试题.初中二年级	2017—03	38.00	729
台湾地区奥林匹克数学竞赛试题.初中三年级	2017—03	28.00	730

书　　名	出版时间	定　价	编号
不等式证题法	2017—04	28.00	747
平面几何培优教程	2019—08	88.00	748
奥数鼎级培优教程.高一分册	2018—09	88.00	749
奥数鼎级培优教程.高二分册.上	2018—04	68.00	750
奥数鼎级培优教程.高二分册.下	2018—04	68.00	751
高中数学竞赛冲刺宝典	2019—04	68.00	883

书　　名	出版时间	定　价	编号
初中尖子生数学超级题典.实数	2017—07	58.00	792
初中尖子生数学超级题典.式、方程与不等式	2017—08	58.00	793
初中尖子生数学超级题典.圆、面积	2017—08	38.00	794
初中尖子生数学超级题典.函数、逻辑推理	2017—08	48.00	795
初中尖子生数学超级题典.角、线段、三角形与多边形	2017—07	58.00	796

书　　名	出版时间	定　价	编号
数学王子——高斯	2018—01	48.00	858
坎坷奇星——阿贝尔	2018—01	48.00	859
闪烁奇星——伽罗瓦	2018—01	58.00	860
无穷统帅——康托尔	2018—01	48.00	861
科学公主——柯瓦列夫斯卡娅	2018—01	48.00	862
抽象代数之母——埃米·诺特	2018—01	48.00	863
电脑先驱——图灵	2018—01	58.00	864
昔日神童——维纳	2018—01	48.00	865
数坛怪侠——爱尔特希	2018—01	68.00	866
传奇数学家徐利治	2019—09	88.00	1110

书　　名	出版时间	定　价	编号
当代世界中的数学.数学思想与数学基础	2019—01	38.00	892
当代世界中的数学.数学问题	2019—01	38.00	893
当代世界中的数学.应用数学与数学应用	2019—01	38.00	894
当代世界中的数学.数学王国的新疆域(一)	2019—01	38.00	895
当代世界中的数学.数学王国的新疆域(二)	2019—01	38.00	896
当代世界中的数学.数林撷英(一)	2019—01	38.00	897
当代世界中的数学.数林撷英(二)	2019—01	48.00	898
当代世界中的数学.数学之路	2019—01	38.00	899

刘培杰数学工作室

已出版(即将出版)图书目录——初等数学

书　　名	出版时间	定　价	编号
105 个代数问题:来自 AwesomeMath 夏季课程	2019—02	58.00	956
106 个几何问题:来自 AwesomeMath 夏季课程	2020—07	58.00	957
107 个几何问题:来自 AwesomeMath 全年课程	2020—07	58.00	958
108 个代数问题:来自 AwesomeMath 全年课程	2019—01	68.00	959
109 个不等式:来自 AwesomeMath 夏季课程	2019—04	58.00	960
国际数学奥林匹克中的 110 个几何问题	即将出版		961
111 个代数和数论问题	2019—05	58.00	962
112 个组合问题:来自 AwesomeMath 夏季课程	2019—05	58.00	963
113 个几何不等式:来自 AwesomeMath 夏季课程	2020—08	58.00	964
114 个指数和对数问题:来自 AwesomeMath 夏季课程	2019—09	48.00	965
115 个三角问题:来自 AwesomeMath 夏季课程	2019—09	58.00	966
116 个代数不等式:来自 AwesomeMath 全年课程	2019—04	58.00	967
117 个多项式问题:来自 AwesomeMath 夏季课程	2021—09	58.00	1409
118 个数学竞赛不等式	2022—08	78.00	1526
紫色彗星国际数学竞赛试题	2019—02	58.00	999
数学竞赛中的数学:为数学爱好者、父母、教师和教练准备的丰富资源.第一部	2020—04	58.00	1141
数学竞赛中的数学:为数学爱好者、父母、教师和教练准备的丰富资源.第二部	2020—07	48.00	1142
和与积	2020—10	38.00	1219
数论:概念和问题	2020—12	68.00	1257
初等数学问题研究	2021—03	48.00	1270
数学奥林匹克中的欧几里得几何	2021—10	68.00	1413
数学奥林匹克题解新编	2022—01	58.00	1430
图论入门	2022—09	58.00	1554
澳大利亚中学数学竞赛试题及解答(初级卷)1978～1984	2019—02	28.00	1002
澳大利亚中学数学竞赛试题及解答(初级卷)1985～1991	2019—02	28.00	1003
澳大利亚中学数学竞赛试题及解答(初级卷)1992～1998	2019—02	28.00	1004
澳大利亚中学数学竞赛试题及解答(初级卷)1999～2005	2019—02	28.00	1005
澳大利亚中学数学竞赛试题及解答(中级卷)1978～1984	2019—03	28.00	1006
澳大利亚中学数学竞赛试题及解答(中级卷)1985～1991	2019—03	28.00	1007
澳大利亚中学数学竞赛试题及解答(中级卷)1992～1998	2019—03	28.00	1008
澳大利亚中学数学竞赛试题及解答(中级卷)1999～2005	2019—03	28.00	1009
澳大利亚中学数学竞赛试题及解答(高级卷)1978～1984	2019—05	28.00	1010
澳大利亚中学数学竞赛试题及解答(高级卷)1985～1991	2019—05	28.00	1011
澳大利亚中学数学竞赛试题及解答(高级卷)1992～1998	2019—05	28.00	1012
澳大利亚中学数学竞赛试题及解答(高级卷)1999～2005	2019—05	28.00	1013
天才中小学生智力测验题.第一卷	2019—03	38.00	1026
天才中小学生智力测验题.第二卷	2019—03	38.00	1027
天才中小学生智力测验题.第三卷	2019—03	38.00	1028
天才中小学生智力测验题.第四卷	2019—03	38.00	1029
天才中小学生智力测验题.第五卷	2019—03	38.00	1030
天才中小学生智力测验题.第六卷	2019—03	38.00	1031
天才中小学生智力测验题.第七卷	2019—03	38.00	1032
天才中小学生智力测验题.第八卷	2019—03	38.00	1033
天才中小学生智力测验题.第九卷	2019—03	38.00	1034
天才中小学生智力测验题.第十卷	2019—03	38.00	1035
天才中小学生智力测验题.第十一卷	2019—03	38.00	1036
天才中小学生智力测验题.第十二卷	2019—03	38.00	1037
天才中小学生智力测验题.第十三卷	2019—03	38.00	1038

刘培杰数学工作室

已出版(即将出版)图书目录——初等数学

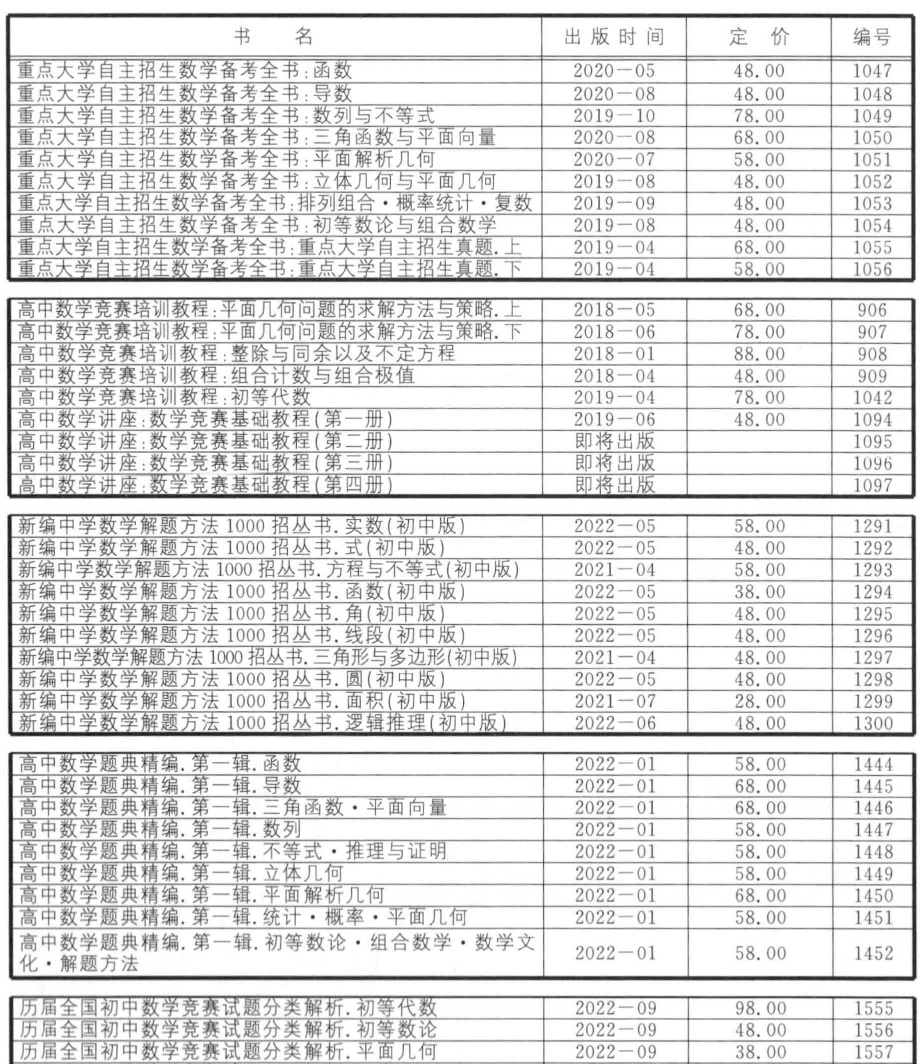

书 名	出版时间	定 价	编号
重点大学自主招生数学备考全书:函数	2020—05	48.00	1047
重点大学自主招生数学备考全书:导数	2020—08	48.00	1048
重点大学自主招生数学备考全书:数列与不等式	2019—10	78.00	1049
重点大学自主招生数学备考全书:三角函数与平面向量	2020—08	68.00	1050
重点大学自主招生数学备考全书:平面解析几何	2020—07	58.00	1051
重点大学自主招生数学备考全书:立体几何与平面几何	2019—08	48.00	1052
重点大学自主招生数学备考全书:排列组合·概率统计·复数	2019—09	48.00	1053
重点大学自主招生数学备考全书:初等数论与组合数学	2019—08	48.00	1054
重点大学自主招生数学备考全书:重点大学自主招生真题.上	2019—04	68.00	1055
重点大学自主招生数学备考全书:重点大学自主招生真题.下	2019—04	58.00	1056
高中数学竞赛培训教程:平面几何问题的求解方法与策略.上	2018—05	68.00	906
高中数学竞赛培训教程:平面几何问题的求解方法与策略.下	2018—06	78.00	907
高中数学竞赛培训教程:整除与同余以及不定方程	2018—01	88.00	908
高中数学竞赛培训教程:组合计数与组合极值	2018—04	48.00	909
高中数学竞赛培训教程:初等代数	2019—04	78.00	1042
高中数学讲座:数学竞赛基础教程(第一册)	2019—06	48.00	1094
高中数学讲座:数学竞赛基础教程(第二册)	即将出版		1095
高中数学讲座:数学竞赛基础教程(第三册)	即将出版		1096
高中数学讲座:数学竞赛基础教程(第四册)	即将出版		1097
新编中学数学解题方法 1000 招丛书.实数(初中版)	2022—05	58.00	1291
新编中学数学解题方法 1000 招丛书.式(初中版)	2022—05	48.00	1292
新编中学数学解题方法 1000 招丛书.方程与不等式(初中版)	2021—04	58.00	1293
新编中学数学解题方法 1000 招丛书.函数(初中版)	2022—05	38.00	1294
新编中学数学解题方法 1000 招丛书.角(初中版)	2022—05	48.00	1295
新编中学数学解题方法 1000 招丛书.线段(初中版)	2022—05	48.00	1296
新编中学数学解题方法 1000 招丛书.三角形与多边形(初中版)	2021—04	48.00	1297
新编中学数学解题方法 1000 招丛书.圆(初中版)	2022—05	48.00	1298
新编中学数学解题方法 1000 招丛书.面积(初中版)	2021—07	28.00	1299
新编中学数学解题方法 1000 招丛书.逻辑推理(初中版)	2022—06	48.00	1300
高中数学题典精编.第一辑.函数	2022—01	58.00	1444
高中数学题典精编.第一辑.导数	2022—01	68.00	1445
高中数学题典精编.第一辑.三角函数·平面向量	2022—01	68.00	1446
高中数学题典精编.第一辑.数列	2022—01	58.00	1447
高中数学题典精编.第一辑.不等式·推理与证明	2022—01	58.00	1448
高中数学题典精编.第一辑.立体几何	2022—01	58.00	1449
高中数学题典精编.第一辑.平面解析几何	2022—01	68.00	1450
高中数学题典精编.第一辑.统计·概率·平面几何	2022—01	58.00	1451
高中数学题典精编.第一辑.初等数论·组合数学·数学文化·解题方法	2022—01	58.00	1452
历届全国初中数学竞赛试题分类解析.初等代数	2022—09	98.00	1555
历届全国初中数学竞赛试题分类解析.初等数论	2022—09	48.00	1556
历届全国初中数学竞赛试题分类解析.平面几何	2022—09	38.00	1557
历届全国初中数学竞赛试题分类解析.组合	2022—09	38.00	1558

联系地址:哈尔滨市南岗区复华四道街 10 号　哈尔滨工业大学出版社刘培杰数学工作室

网　　址:http://lpj.hit.edu.cn/

邮　　编:150006

联系电话:0451—86281378　　13904613167

E-mail:lpj1378@163.com